農学生命科学を学ぶための 入門生物学［改訂版］

鳥 山 欽 哉 編

東北大学出版会

Introductory Biology for Agricultural Life Science
〔Revised Edition〕

Kinya TORIYAMA
Tohoku University Press, Sendai
ISBN978-4-86163-343-0

序

　生命科学（Life Science）は，ヒトの生命ならびにヒトとかかわり合う動植物のしくみを究明し，人類の健全性に寄与する学問である。ヒトは，食料，感染症，環境，文化など多様な面で動植物と密接に関係している。農学生命科学（Agricultural Life Science）は，「ヒトと動植物」の関係を，動植物サイドから遺伝子→細胞→個体→集団のレベルでさまざまなしくみや戦略を用いて専門的に研究・理解することにより，資源動植物の開発，食料増産，食品機能の改善，砂漠の緑化，地球温暖化の軽減など，ひろく人類の繁栄と発展に貢献することを主眼とする。

　本書（農学生命科学を学ぶための入門生物学：Introductory Biology for Agricultural Life Science）は，高校で「生物」を履修していない学生でも農学生命科学分野にスムーズに入っていけるように配慮し，食料資源として有用な，穀物・野菜・家畜・魚・発酵微生物等を主な対象として，読みやすく，わかりやすいをモットーとした入門書として2011年に初版を出版した。この度，内容を見直すとともに，新しい知見を加えて改訂版を刊行することとした。

　本書は7章で構成され，1章は細胞小器官の構造と機能，2章は生体分子の構成と役割，3章は遺伝の仕組み，4章は生殖細胞の形成と個体発生，5章は個体の機能，6章は環境と生態系の動態，7章は生物の分類と環境を支える遺伝資源の多様性を取り上げた。本書の内容が多岐にわたっているのは，これから更なる飛躍と重要性が高まる農学生命科学を考究する学生にとって，本書が必読されるよき入門書になることを期しているからである。農学を志望する学生が専門分野に進む前に，本書を通して農学生命科学の導入の理解と魅力を一層深めることができれば，われわれ執筆者にとって幸いこの上もない。

　最後に，本書を刊行するに当たり，東北大学大学院農学研究科の多くの教員からご協力，ご助言を頂いた。また，本書の出版を快く引き受けて下さった東北大学出版会に心からお礼を申し上げる。

　2020年3月

鳥山　欽哉

表紙
（左）メスのハチに擬態したランの花（*Ophrys speculum*）鳥山欽哉原図
（右）ランの花に擬態したハナカマキリ（*Hymenopus coronatus*）小林敦樹原図

農学生命科学を学ぶための
入門生物学［改訂版］

編集

　　大越　和加，金山　喜則，北澤　春樹，中嶋　正道，
　　鳥山　欽哉（代表），原田　昌彦，牧野　周

執筆者（50音順）
東北大学大学院農学研究科

青木　優和	6-2, 6-3
安藤　杉尋	1-2-4, 5-1-5
伊藤　絹子	6-4
伊藤　豊彰*	6-5-1, 6-5-2
伊藤　幸博	3-2, 3-3-3, 4-1-1
上本　吉伸	7-3
大越　和加	6-1
金山　喜則	4-1-2, 5-1-2
喜久里　基	1-2-5, 5-2-3
北澤　春樹	1-2-2, 1-2-3, 2-2-1, 2-3-2
白川　仁	2-1-1, 2-1-2
種村健太郎	4-2
都築　毅	2-2-3, 2-3-4
中嶋　正道	7-1, 7-2, 7-4
西田　瑞彦	6-5-1, 6-5-2
野地　智法	1-1-1, 1-2-1, 1-2-4, 5-2-1
原　健士朗	3-3-4
原田　昌彦	2-2-2, 2-3-1, 2-3-3, 3-1, 3-3-1, 3-32
二井　勇人	2-1-3
本間　香貴	5-1-4
牧野　周	1-1-2, 1-2-5, 5-1-3
米山　裕	1-1-3, 5-2-4
盧　尚建	5-2-2

*現　新潟食料農業大学食料産業学部

目　　次

1章　細胞の機能と構造 ————————————————————— 1

　1-1　細胞の構造 ……………………………………………………… *1*

　　　1-1-1　動物細胞　1

　　　1-1-2　植物細胞　9

　　　1-1-3　微生物　10

　1-2　細胞の機能 …………………………………………………… *12*

　　　1-2-1　タンパク質の合成と分泌　12

　　　1-2-2　膜輸送と物質の取り込み　14

　　　1-2-3　レセプターを介する細胞間の情報認識　18

　　　1-2-4　細胞の増殖分化　21

　　　1-2-5　細胞のエネルギー代謝　26

2章　生命現象の科学 ————————————————————— 35

　2-1　タンパク質と酵素 ……………………………………………… *35*

　　　2-1-1　アミノ酸とタンパク質　35

　　　2-1-2　タンパク質の構造と性質　40

　　　2-1-3　酵素の機能と生化学　42

　2-2　糖、核酸および脂質の生化学 ………………………………… *46*

　　　2-2-1　糖の構造、分類および機能性　46

　　　2-2-2　核酸の構造、分類および機能性　50

　　　2-2-3　脂質の構造、分類および役割　56

　2-3　生体高分子の生合成 ………………………………………… *59*

　　　2-3-1　アミノ酸の生合成　59

　　　2-3-2　糖質の生合成　60

　　　2-3-3　核酸の生合成　62

　　　2-3-4　脂質の生合成　64

3章　遺伝 ————————————————————————————— 69

　3-1　遺伝子の分子機構 ……………………………………………… *69*

　　　3-1-1　遺伝子の本体　69

　　　3-1-2　DNAの複製　75

　　　3-1-3　遺伝子の転写と翻訳　79

　3-2　遺伝の機構 …………………………………………………… *88*

　　　3-2-1　メンデルの法則と遺伝子間の相互作用　88

　　　3-2-2　連鎖と組換え　90

　　　3-2-3　細胞質遺伝　92

　　　3-2-4　突然変異　93

　3-3　バイオテクノロジー …………………………………………… *94*

　　　3-3-1　遺伝子組換えバイオテクノロジー　94

　　　　　3-3-2　ゲノム編集　96

　　　　　3-3-3　トランスジェニック植物　97

　　　　　3-3-4　トランスジェニック動物　98

4章　植物と動物の生殖細胞と個体発生 ──────────────── **101**

　　4-1　植物の生殖 ･･･*101*

　　　　　4-1-1　植物の生殖と生殖細胞の形成　101

　　　　　4-1-2　生殖細胞の受精　104

　　4-2　動物の生殖 ･･･*107*

　　　　　4-2-1　生殖細胞の分化と生殖器　108

　　　　　4-2-2　精子の成熟・貯蔵および射精　111

　　　　　4-2-3　精子の形態　111

　　　　　4-2-4　卵子の成熟と受精能力の発現　111

　　　　　4-2-5　受精と胚の発生　112

　　　　　4-2-6　動物の形態形成と遺伝子　115

5章　植物と動物の生理 ──────────────────────── **117**

　　5-1　植物の生理 ･･･*117*

　　　　　5-1-1　成長と分化　117

　　　　　5-1-2　環境応答と情報伝達　120

　　　　　5-1-3　栄養と代謝　122

　　　　　5-1-4　個体と物質生産　126

　　　　　5-1-5　生体防御　128

　　5-2　動物の生理 ･･･ *133*

　　　　　5-2-1　動物の組織　133

　　　　　5-2-2　神経系と内分泌系　145

　　　　　5-2-3　物質代謝と制御　150

　　　　　5-2-4　生体防御系　155

6章　生物と生態系 ──────────────────────────── **165**

　　6-1　生物の存在様式 ･･･ *165*

　　　　　6-1-1　生物と環境　165

　　　　　6-1-2　生物の存在単位　168

　　6-2　個体群の動態 ･･･*169*

　　　　　6-2-1　個体群の数的変化　169

　　　　　6-2-2　個体群の変動　170

　　6-3　生物群集の動態 ･･ *172*

　　　　　6-3-1　生物群集の成り立ち　172

　　　　　6-3-2　種間関係と群集の形成　173

　　6-4　生態系の動態 ･･･*176*

　　　　　6-4-1　生物系の構成　176

6-4-2 生物生産　178

6-4-3 食物連鎖と栄養段階　179

6-4-4 物質循環　182

6-5 地球環境の変化と生態系の保全 ……………………………………… *184*

6-5-1 地球環境の変化と生態系への影響　185

6-5-2 環境・生態系の保全と持続的食料生産の調和　189

7章　遺伝資源の利用と保全 ─────────────────────── **195**

7-1 現存する多種多様な生物と分類 …………………………………*196*

7-2 生物集団の遺伝的多様性 …………………………………………*197*

7-2-1 集団の遺伝的組成　197

7-2-2 ハーディー・ワインベルグの法則　198

7-2-3 ハーディー・ワインベルグの法則を乱す要因　199

7-2-4 ハーディー・ワインベルグの法則の応用　204

7-2-5 遺伝的多様性の定量化　204

7-3 量的形質の遺伝と品種改良の基礎 ……………………………… *205*

7-3-1 量的形質をどのように捉えるか　206

7-3-2 遺伝率と遺伝相関　206

7-3-3 選抜と交配　208

7-3-4 育種価の予測　209

7-3-5 DNAマーカーを用いた育種　210

7-4 生物の多様性と遺伝資源の保全 …………………………………*211*

7-4-1 開発と種の絶滅　211

7-4-2 人為管理下での遺伝資源の再生　214

7-4-3 管理単位の決定　215

7-4-4 レッドリストとレッドデータブック　215

7-4-5 生物多様性の保全に関する国際条約や措置　216

7-4-6 生物多様性のまとめ　217

索引……………………………………………………………………………… 221

1 細胞の機能と構造

1-1　細胞の構造

　細胞（cell）は独立して生存が可能な生命の最小単位である。すなわち，生命活動を営み，生物体を作り上げる構造的かつ機能的単位である。このような細胞学説は，ドイツの植物学者であるSchleidenと動物の解剖学者であるSchwannによって確立された。細胞の微細構造の詳細は電子顕微鏡によって明らかにされ，真核細胞（eukaryote）と原核細胞（prokaryote）とに大別される。前者は核膜に包まれた核を持つ細胞で，細菌とラン藻（シアノバクテリア）を除く，すべての微生物，動植物の細胞が属する。真核細胞の細胞質（cytoplasm）には細胞小器官（cell organella）が発達し，それぞれ特有の機能を果たす。後者は核膜を持たず，有糸分裂をおこなわない細胞であり，細菌とラン藻（シアノバクテリア）が属する。原核細胞は葉緑体やミトコンドリアの祖先と考えられている。

1-1-1　動物細胞

　動物細胞は細胞膜に包まれ，細胞内は核と細胞質に分けられる。核は核膜に囲まれた遺伝物質の貯蔵所である。細胞体の主要な部分である細胞質には，細胞小器官と封入体が存在し，これらは細胞基質に浮遊する。細胞小器官は動物細胞に共通する構造で，固有の形態と機能をもつ小器官で，ミトコンドリア，小胞体，ゴルジ装置，水解小体などがある。封入体は細胞の代謝産物あるいは生産物の集積物で，脂肪滴，分泌顆粒，色素，グリコーゲン顆粒などがある（表1-1，図1-1）。

　細胞の生きている部分を構成している物質は原形質（protoplasm）と総称され，核と細胞質をつくっている物質をさす。原形質の化学組成は，重量比で一般的に水（80～90%），タンパク質（10～20%），デオキシリボ核酸（DNA：0.4%），リボ核酸（RNA：0.7%），脂質（2～3%），炭水化物（1%），無機質（1.5%）で，その物理化学的性状は水を分散媒とする多分散系である。原形質は，不均質で粘性が高いゾルの性質を示す部分と粘性が低く流動性を示すゲル部分があり，それらは可逆的にゾル－ゲル転換を行う。哺乳動物では，原形質の浸透圧は0.9%の食塩水とほぼ等張である。

　哺乳動物の細胞は，原則として，すべて真核細胞で有糸分裂をおこなう。大きさは，多くは径が10～30μmであり，血小板のような3μm以下のものから卵細胞のように200μmに達するものもある。

(1)　細胞膜（cell membrane）

　細胞膜は細胞の内外の境界を形成する膜（厚さ：7.5-10nm）で，細胞質を外部環境と異なる状態で維持する。その基本構造は脂質二重層（lipid bilayer）とタンパク質からなる。細胞膜のタンパク質と脂質の構造と構成については，SingerとNicolsonが提案した流動モザイクモデル（fluid mosaic model）が受け入れられている

表1-1　細胞の成り立ち
［羽柴輝良監（2009）「応用生命科学のための生物学入門」改訂版，培風館より引用］

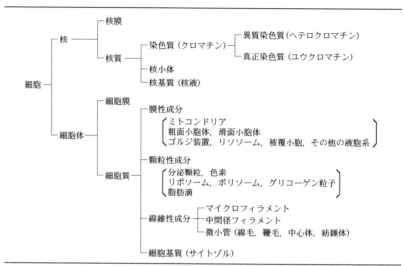

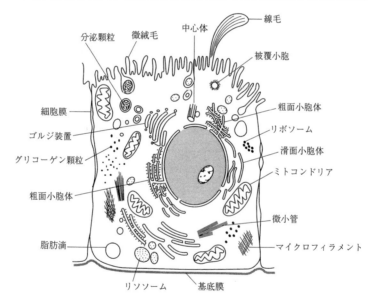

図1-1　細胞の模式図
［羽柴輝良監（2009）「応用生命科学のための生物学入門」改訂版，培風館より引用］

（図1-2）。このモデルでは，タンパク質は脂質二重層にモザイク状に埋め込まれ，流動性をもって分布する。

　細胞膜の脂質はすべて両親媒性であり，最も多く存在する脂質はリン脂質で，親水性の頭部と疎水性の尾部からなる。リン脂質の親水性部分は外側に，疎水性の非極性部分は内側に配列して，二重層を構成する。一方，タンパク質もリン脂質と同じく両親媒性であり，膜を通過する部分は疎水性で，親水性部分は膜の外側に位置する。これらの膜タンパク質には，膜輸送や受容体として作用する膜貫通分子が含まれる。ミトコンドリア内膜と外膜，ゴルジ装置膜，小胞体膜，核膜などの生体膜は基本的に細胞膜と同じ構造である。細胞膜の外表面には糖衣（glycocalyx）とよばれる糖鎖が存在し，膜タン

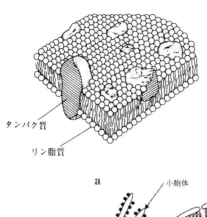

図1-2 生体膜の流動モザイクモデル
［羽柴輝良監 (2009)「応用生命科学の
ための生物学入門」改訂版, 培風館よ
り引用］

タンパク質
リン脂質

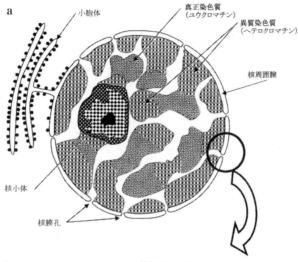

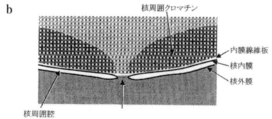

図1-3 核膜の模式図
［福田勝洋編 (2006)「図説動物形態学」朝倉書店より引用］

パク質と結合する。

　細胞膜は細胞の境界を決める限界膜として, 細胞内外の物質移動に関与するだけでなく, 物質の取り込みと輸送, 情報の認識と伝達などの細胞の生存にとって重要な機能を有する。

(2) 核 (nucleus)

　核は細胞の遺伝情報の保存と伝達を行う特有の構造をとり, 核内には, 遺伝情報をつかさどるDNA, 核タンパク質とRNAが含まれる。細胞分裂間期の核は, 表面が二重の核膜 (nuclear envelope) で包まれ, 核膜には, 直径50〜100 nmの小孔状の多数の核膜孔 (nuclear pore) とよばれる核質と細胞質をつなぐ通路が存在する。核質には核小体 (nucleolus) と染色質 (chromatin) が存在する。核膜は核内膜と核外膜からなり, 前者は直接核質を包み, 後者は小胞体膜と連続し, 表面にはリボソーム (ribosome) が付着する。核内膜と核外膜は核膜孔の縁で連絡し, 両核膜の間隙の扁平嚢状構造は核周囲腔 (perinuclear space) とよばれ, 小胞体の内腔

と連続する（図1-3）。核膜孔には，多種類のタンパク質からなる核膜孔複合体（nuclear pore complex）があり，核-細胞質間のRNAやタンパク質などの物質輸送を調節する。

> **核膜孔複合体**：核膜孔複合体は，約30種類のタンパク質がそれぞれ複数個組み合わさった八方対称の形をしている。これらのタンパク質は，柱状サブユニット，環状サブユニット，内腔サブユニット，輪状サブユニットの4つの要素を構成する。核膜孔複合体は一般的な哺乳類の細胞の核膜には3000～4000個存在し，1～数個の通路を有する。この通路は，5000ダルトン（dalton, Da）以下の小分子から60000 Da以上の巨大分子を両方向へ輸送する。

　核質の染色質は，DNAのからみ合った糸状構造が全体に拡がり，核タンパク質と結合する。電子顕微鏡により，染色質は電子密度の高い異質染色質（ヘテロクロマチン：heterochromatin）とその間に存在する低電子密度の真正染色質（ユウクロマチン：euchromatin）に分類される（図1-3）。異質染色質は密にまとめられた休止状態の染色質と核タンパク質からなり，核小体周囲部や核辺縁部に集塊を作る。真正染色質はDNAがほぐれてDNAの合成やDNAを転写してRNAを盛んに作る場である。核小体は，RNAを主成分とするほぼ球形の不均質な小体で，限界膜はなく，核内に1ないし数個存在する。核小体では，リボソームの生成とリボソームRNA（ribosomal RNA：rRNA）の加工が行われる。

　成長期の細胞や機能の活発な細胞では，核はやや大型で真正染色質部が多く，染色質が分散しているため核は明るく見え，核小体が良く発達する。細胞は通常単核であるが，軟骨細胞や肝細胞では2核の場合もあり，骨格筋細胞や破骨細胞などは多核である。一方，哺乳動物の赤血球は，成熟する過程で脱核が起こるため無核である。

　細胞の有糸分裂時の核膜の消失と再構築には，核内膜の内側に存在する中間径フィラメントである核ラミンからなる核ラミナの網目構造が深く関与するとされている。分裂前期での核膜の断片化は，ラミンのリン酸化が引き金となって起こる核ラミナの崩壊により，分裂周期の初期での核膜の再構築は，この過程の逆行でラミンの脱リン酸化による核膜断片の融合により引き起こされると考えられている。

(3) ミトコンドリア（mitochondria）

　ミトコンドリアは細胞内に糸状あるいは顆粒状構造物として散在するので，糸粒体ともよばれる。大きさは細胞により異なるが，一般に，長径0.5-5.0 μm，短径0.1～1.0 μmで，約6 nmの内外2重の膜で包まれる。外膜（outer membrane）と内膜（inner membrane）の間には間隙（周囲腔：intermembrane space）があり，内膜は内側にむかってひだ状の隆起（クリステ：crista）を作る（図1-4）。クリステは通常，ミトコンドリアの長軸に直角に伸び，立体的には棚板状のひだである。ステロイドホルモンを分泌する副腎皮質，卵巣，精巣の細胞では，クリステは管状あるいは小胞状をとることが多い。内膜に囲まれた区画，すなわち各クリステの間の部分はミトコンドリア基質（mitochondrial matrix）で，ミトコンドリア顆粒，核酸，リボソームなどが存在する。

　ミトコンドリアの主要な働きは細胞の呼吸，エネルギーの産生すなわちATPを生成することである。ATPの生成に必要なTCA回路の諸酵

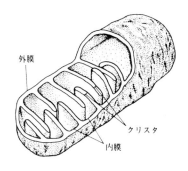

図1-4　ミトコンドリアの模式図
［羽柴輝良監（2009）「応用生命科学のための生物学入門」改訂版，培風館より引用］

素はミトコンドリア基質に，電子伝達系のタンパ
ク質群は内膜に存在する。クリステの発達は電
子伝達系の酵素に富む内膜の表面積を広げ，エ
ネルギー生産効率を増大させる。ATPはミトコ
ンドリア膜を通過して，細胞活動のエネルギー
として利用される。ミトコンドリアはまた細胞内
のカルシウム濃度の調節に関与し，ミトコンドリ
ア顆粒内にカルシウムを濃縮することができる。

　ミトコンドリアは独自の核酸を備え，自己複製
能を持ち，分裂，増殖する。また，ミトコンドリ
アはリボソームRNAや転移RNAを有し，ミト
コンドリア内膜タンパク質の一部を合成する。

> **ミトコンドリアの起源**：これまでの研究から，
> ミトコンドリアが嫌気的な生物として出発した
> 真核生物が10億年以上前にエンドサイトーシ
> スで取り込んだ酸化的リン酸化系を有する原
> 核生物（細菌）から進化したという内部共生説
> が受け入れられている。その根拠として，①
> ミトコンドリア独自の環状DNAを持つ，②2
> 分裂で自己増殖をする，③リボソームの大き
> さが細菌のものと類似している，④2枚の膜を
> 持つ，⑤大きさがほぼ細菌と同じであるなど
> が挙げられる。
>
> 　植物細胞の葉緑体もミトコンドリアと同様
> にラン藻の内部共生で進化したものと考えら
> れている。

（4）小胞体（endoplasmic reticulum）

　小胞体は閉鎖された細胞内の管状および嚢状
の膜構造物であり，粗面小胞体（rough endo-
plasmic reticulum：rER）と滑面小胞体（smooth
endoplasmic reticulum：sER）に分類される（図
1-5）。粗面小胞体膜の外側にはタンパク質合成
の場であるリボソーム（ribosome）が付着してお
り，分泌タンパク質，膜タンパク質やリソソーム
酵素などは，粗面小胞体膜上の付着リボソーム
で合成され，小胞体腔に遊離し，ゴルジ装置に
送られる。滑面小胞体は付着リボソームを持た
ず，通常細管状の網目状構造をとる。滑面小胞
体はトリグリセリド，コレステロール，ステロイ
ドホルモンを合成する細胞で良く発達する。粗
面小胞体と滑面小胞体は連続し（図1-5），細胞
の機能に応じて，局所的に発達する。

（5）ゴルジ装置（Golgi apparatus）

　ゴルジ装置はGolgi C.によって1898年に発
見された細胞内網状構造であり，ゴルジ層板
（Golgi stackまたはGolgi lamella），ゴルジ小
胞（Golgi vesicle），ゴルジ空胞（Golgi vacuole）
からなる（図1-6）。ゴルジ層板は膜に囲まれた
扁平な嚢（ゴルジ嚢：cisterna）が層板状に重な
り，円板状に湾曲し，凸面と凹面と区別され
る。小胞体に面した凸面（粗面小胞体から送ら
れてくるタンパク質を受け取る側）は形成面ま
たはシス面と，反対に湾曲した凹面（分泌顆粒
ができあがる側）は成熟面またはトランス面と
よばれる（図1-6）。ゴルジ小胞はゴルジ装置の

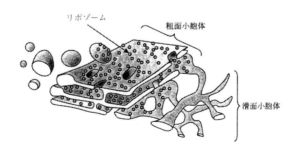

図1-5　小胞体の構造

［福田勝洋編（2006）「図説動物形態学」朝倉書店より引用］

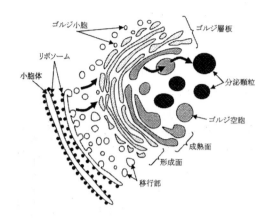

図1-6　ゴルジ装置と小胞体との関係を示す模式図
　　　　［福田勝洋編（2006）「図説動物形態学」朝倉書店
　　　　より引用］

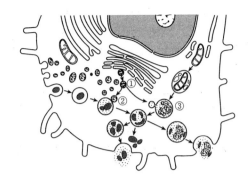

図1-7　水解小体の機能　①一次リソソーム　②ファ
　　　　ゴリソソーム　③オートリソソーム
　　　　［羽柴輝良監（2009）「応用生命科学のための生物学
　　　　入門」改訂版，培風館より引用］

周囲に存在する小胞で，小胞体先端の移行領域で形成されてシスゴルジ領域に融合する輸送小胞（transport vesicle）やゴルジ嚢で形成されてゴルジ嚢間の輸送に当たる小胞である。ゴルジ空胞はゴルジ嚢の一部または一端の空胞状構造であるとされている。ゴルジ装置の機能は，小胞体で合成されて運ばれてきた物質を選別し，配送することである。その主な働きとして，イ）分泌物の形成，ロ）タンパク質への糖の付加，ハ）糖衣の形成，ニ）水解小体の形成，ホ）分泌タンパク質前駆体の修飾（プロセッシング）などが挙げられる。

（6）水解小体（リソソーム：lysosome）

　水解小体は，約9nmの膜に包まれた直径0.2−1.0μmの顆粒である。その内部構造は均一物質，不均一物質，小粒子の集団，層板構造などさまざまであり，形も一様ではない。水解小体には，40種以上の水解酵素が存在し，細胞外物質（細菌，ウイルス，毒素など）や過剰な細胞内小器官などを消化する。

　水解小体での細胞内消化には，細胞外物質を消化する他食作用（heterophagy）と細胞自身の構成物を消化する自食作用（autophagy）がある。他食作用では，細胞外異物はのみこみ現象（endocytosis）によって小胞として取り込ま

れ，一次水解小体（primary lysosome：加水分解酵素のみを含むリソソーム）と融合して，たべこみ融解小体（phagolysosome）となり，取り込まれた物質は酵素により分解され，開口分泌（exocytosis）によって細胞外に排出される（図1-7）。一方，自食作用では，自己貪食現象により，細胞内の不要な構造物は小胞（autophagosome）を形成し，一次水解小体と融合して自家融解小体（autolysosome）となり，他食作用と同様に消化そして排出される（図1-7）。不消化物は残渣小体（residual body）として細胞質中に残存する。消化活動を行っているリソソーム，すなわち，たべこみ融解小体，自家融解小体などは二次水解小体とよばれる。

　リソソーム酵素は，他の分泌タンパク質と同様に粗面小胞体で合成され，ゴルジ装置で修飾を受け，ゴルジ装置のトランス側に運ばれ，小胞すなわち一次水解小体内に包み込まれる。

（7）ペルオキシソーム（peroxisome）

　ペルオキシソームはペルオキシダーゼ，カタラーゼなどの酸化酵素を含む径が約0.5μmほどの1層の限界膜を持つ球形の小体である。内部は，均質あるいは微細果粒状の内容物からなり，擬似結晶様芯を持つものもある。ペルオキシソームは自己複製し，そのタンパク質の大部分は，細胞質から選択的に取り込まれる。哺乳動物の肝臓や腎臓の尿細管の細胞には，ペルオキ

シソームが多く存在し，アルコール，フェノール，ホルムアルデヒド等の解毒反応に関与する。

> **細胞内でのタンパク質の輸送経路**：細胞内の区画から別の区画（細胞質から細胞小器官，細胞小器官から別の細胞小器官）へのタンパク質の移動には，膜を通過する輸送（膜輸送），小胞による輸送（小胞輸送），開閉型輸送がある。細胞質からミトコンドリアや小胞体には膜輸送され，小胞体からゴルジ装置，ゴルジ装置からリソソームや分泌顆粒には小胞輸送される。一方，核質と細胞質間の輸送は，開閉型輸送で行われる。タンパク質がどの輸送系で移動し，どこに落ち着くかを決めるシグナルは，タンパク質自身のアミノ酸配列に含まれている。

（8）中心体（centrosome）

中心体は核近傍の細胞質の中心部に位置し，しばしばゴルジ装置に囲まれる。中心体は，双心子という一対の円筒状の中心子からなることが多い。中心子は互いに直交して形成さ

れ，平行に配列する9個のトリプレット微小管（図1-8b）で構成される。中心体は自己複製能をもつ小器官で，微小管形成中心（microtubule organizing centers：MTOCs）であり，細胞の有糸分裂時には両極に分かれて紡錘糸の形成にあたる（（10）d.色素を参照）。

（9）細胞骨格（cytoskelton）

動物の細胞質には，細胞骨格とよばれる高度に発達した線維状の構造物が存在する。細胞骨格には，異なるタンパク質で構成される3種の存在が確認され，マイクロフィラメント（microfilamentまたはactin filament），中間径フィラメント（intermediate filament），微小管（microtubule）に区別される。

マイクロフィラメントは，平均直径6nmでアクチンからなり，細胞機能に応じて，細胞膜の直下で集合して太い束，すなわちストレス線維を形成する。

中間径フィラメントは，直径約7～11nmで，その構成タンパク質は細胞種により異なる。中間径フィラメントには，上皮性の細胞に共通に

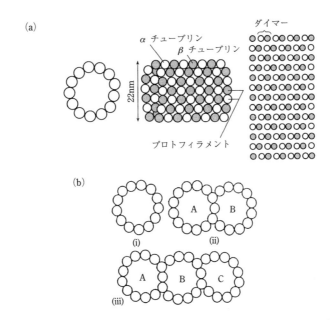

図1-8　微小管の構成タンパク質と断面模式図　(a) チューブリンの重合はαチューブリンとβチューブリンからなるダイマー（二量体）が重なって13本のプロトフィラメントをつくり，これが中空の芯のまわりに並ぶようにおこる。(b) 微小管の断面模式図。(i) シングレット，(ii) ダブレット，(iii) トリプレット

［羽柴輝良監(2009)「応用生命科学のための生物学入門」改訂版，培風館より引用］

存在する上皮性ケラチン，骨格筋や心筋等に存在するデスミン，すべての間葉系の細胞に存在するビメンチン，神経細胞に存在するニューロフィラメント，グリア細胞（脳，脊髄および末梢神経系にある支持細胞）に存在するグリアフィラメントなどが存在する。

微小管は細胞骨格の中で最も太く，直径約25 nmの小管状の構造をとる。その構成タンパク質は，α-チューブリンとβ-チューブリンであり，これらの2量体が同じ向きで線状に重合したプロトフィラメントが13本管状に連なって，構造を形成する（図1-8a）。微小管には，細胞質内に1本で存在するシングレット（singlet），鞭毛や線毛にみられる規則正しく並んだ2本が組みになるダブレット（doublet）や中心子と鞭毛や線毛の付着部位に存在する基底小体にみられる3つ組のトリプレット（triplet）が存在する（図1-8b）。

細胞骨格の主な機能は細胞の空間的な構成や力学的な性質を決定することである。マイクロフィラメントは細胞表面の形状や細胞の移動に，中間径フィラメントは細胞の機械的強度に，微小管は膜で囲まれた細胞小器官の位置や細胞内輸送の方向の決定に必要である。

(10) 封入体（inclusion）

細胞内には，その他の細胞小器官として特定の細胞に存在する封入体がある。封入体は，細胞の活動の程度によって量的に変化し，能動的機能を持たない小体で，代表的なものは分泌顆粒，脂肪滴，グリコーゲン顆粒，色素などである。

a. 分泌顆粒（secretory granule）

ゴルジ装置で形成される膜で包まれた顆粒状の小体で，その内容物は細胞外に放出される。内分泌腺や外分泌腺の腺細胞に多く存在する。

b. 脂肪滴（lipid droplet）

脂肪滴はリン脂質の単分子層とそれに結合したタンパク質に囲まれた小体である。ほとんどすべての細胞に脂肪滴が存在し，特に白色脂肪細胞や褐色脂肪細胞でその発達が著しい。

c. グリコーゲン顆粒（glycogen granule）

糖質は栄養物として摂取され，筋肉や肝臓等

多くの細胞の細胞質中にグリコーゲン顆粒として蓄えられる。グリコーゲン顆粒は，グルコースが枝分かれしてつながっている直径が約35 nmの大型多糖である。

d. 色素（pigment）

色素には，細胞内で形成された内生色素と細胞外から取り入れられた外生色素があり，多くは単位膜で包まれており，顆粒状を呈する。主な内生色素として，血色素，メラニン，ポリフスチン，ルテイン等がある。

(11) エクソソーム（Exosome）

細胞外の物質を細胞が取り込む（エンドサイトーシスの）過程で生じるエンドソーム（取り込んだ物質を含む膜小胞）の内部が陥入することで，さらに小さな50-150 nmの膜小胞がエンドソーム内に形成され，それが細胞外に放出されたものをエクソソームという（図1-9）。エクソソームの膜表面には，細胞が発現する各種の膜タンパク質が存在しており，またエクソソーム内には，熱ショックタンパク質や多胞体形成関連タンパク質などのタンパク質に加え，マイクロRNAと呼ばれる20〜25塩基程度の微小な核酸が含まれている。エクソソームは，細胞が作る様々な物質を内包した状態で細胞外に放出されることから，細胞間の情報伝達に重要な役割を有している。

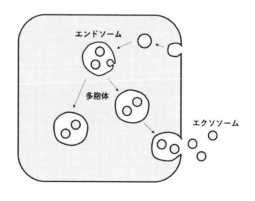

図1-9　エクソソームの模式図

■ **演習問題** ■

1)細胞膜の基本構造と機能を次の語句を用いて
　説明せよ。
　「リン脂質，情報伝達，疎水性，受容体，流
　　動モザイク，膜輸送，脂質二重層，親水性，
　　膜タンパク質」

2)核の構造と機能を次の語句を用いて説明せよ。
　「核小体，真正染色質，核膜孔，染色質，開
　　閉型輸送，リボソーム，核膜孔複合体，
　　DNA，核周囲腔，RNA，異質染色質」

3)ミトコンドリアの微細構造を述べ，ATPが効
　率的に生成される理由をその構造的特徴から
　説明せよ。

4)小胞体を構造上から分類し，その機能的相違
　について説明せよ。

5)ゴルジ装置は層状の膜系の細胞小器官である。
　この構造的特徴がゴルジ装置のどのような機
　能と関連するのか説明せよ。

6)リソソームは細胞外の異物や細胞内の不要物
　を消化する機能を持つ。その消化機能を説明
　するとともに，リソソーム機能が欠失した場
　合に細胞でどのようなことが起こるか考察せ
　よ。

7)細胞骨格を分類し，それらの構造的特徴を述
　べよ。さらに，個々の細胞骨格の構成タンパ
　ク質さらに機能的相違を説明せよ。

1-1-2　植物細胞

　植物細胞の基本的な構造は動物細胞と似てい
るが，典型的な植物細胞には，動物細胞に見ら
れない葉緑体などの色素体，細胞壁，および発
達した液胞が見られる（図1-10）。

(1)　色素体と葉緑体

　色素体（プラスチッド，plastid）とは，植物細
胞に固有に存在する葉緑体やその類縁の細胞小
器官の総称で，分裂組織に存在するプロプラス
チッドから分化したものである。葉緑体につい
ては，本章1-2-5(3)で詳しく述べる。色素体
は，ミトコンドリアと同様，二重の包膜に包ま
れていて，自らの有するいくつかのタンパク質
をコードする遺伝子とそれらの複製，転写，翻

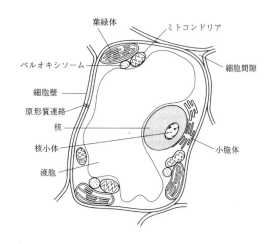

図1-10　植物細胞（葉肉細胞）のモデル

訳系を持っている。組織特異的な分化が著しく，
大きさ，形状，内部構造や機能は多様で，次に
述べるようなものがある。a.光合成を営む葉緑
体，b. 非緑色細胞（根など）の白色体，c. 黄化組
織のエチオプラスト（葉緑体の前駆体），d. 貯蔵
デンプンを貯えるアミロプラスト，e. トマト，ニ
ンジンなどに見られる色素カロチノイドを蓄積
する有色体などである。

(2)　液胞

　液胞（vacuole）は，植物や酵母に見られる内部
が酸性の細胞小器官で，液胞膜（tonoplast）とよ
ばれる一枚の生体膜で囲まれている。成熟した
植物細胞では，その体積の80～90%をも占める。
液胞は，植物細胞における貯蔵庫的な役割を果
たし，数多くの重要な代謝産物や不要物を貯蔵
または蓄積している。例えば，多くのカチオン
や硝酸などの無機類，スクロースなどの光合成
産物，有機酸，アミノ酸のほかアントシアンな
どの色素，アルカロイドなどの二次代謝産物な
どである。また，タンパク質分解酵素などの高
い加水分解酵素活性も有し，細胞内の分解系と
しても働いている。

(3)　細胞壁

　細胞壁（cell wall）は，原形質膜をおおってい
る物理的に丈夫な構造体で，細胞の形を規定
し，その支持と保護に役立っている。生物界で

細胞壁を持つものは，植物のほかに，細菌，ラン藻（シアノバクテリア），菌類，真核藻類などがある。植物の細胞壁の主成分はセルロース（cellulose）とよばれる炭水化物で，リグニンという二次代謝産物がたまると木化する。細胞壁どうしはペクチン質という多糖炭水化物で接着しあっているが，直径約20〜40 nmの小さな穴が多数あいていて，この穴を通じてとなりあう細胞と物質の交換や連絡をとっている（原形質連絡）。

■ 演習問題 ■
1) 植物細胞と動物細胞の違いについて説明せよ。

1-1-3　微生物
(1) 微生物の種類と分類

　微生物（microorganismあるいはmicrobe）とは顕微鏡を使って初めて観察することができる微小な生物の総称で，一般的に単細胞性の生物である。この生命の基本単位である細胞は，電子顕微鏡による観察から，核をもたない原核細胞（prokaryotic cell）と核をもつ真核細胞（eukaryotic cell）の2つのグループに大別することができる。原核生物（prokaryotes）である細菌（bacteria）は，大きさが1〜数μmの細胞で，遺伝物質である染色体DNAがはだかの状態で細胞質に存在している。一方，真核生物（eukaryotes）は，染色体が核膜で覆われた核内に局在しており，真菌（fungi），原虫（protozoa），藻類（algae，注：原核生物であるシアノバクテリアは藍藻blue-green algaeと呼ばれ藻類に含まれる）などが含まれる。核以外に各種細胞小器官をもつこれらの真核微生物の細胞としての体制は，動物や植物と同じである。

　科学としての生物の分類学は，18世紀のスウェーデンの植物学者Linnaeus, C.に始まるが，原核生物である細菌の明確な分類学的位置が記載されたのは20世紀半ばになってからで，Whittaker, R.H.の5界説が最初である。その後，すべての細胞に共通して存在するリボソームの構成要素であるリボソームRNA（原核生物

では16S rRNA，真核生物では18S rRNA）をコードしているDNA配列（16S rDNAあるいは18S rDNA）を解析する分子系統分類がWoese, C.により提唱され，それまで原核生物の仲間と考えられていたメタン生成菌，高度好塩菌，および高度好酸菌が進化的に細菌とはかけ離れた起源をもつことが明らかとなった。その相違は真核生物と原核生物の違いと同じくらい大きく，原核生物はこれまで知られている一般細菌のグループであるバクテリア（Bacteria，以前は真性細菌（Eubacteria）と呼ばれていた）と，その多くが極限環境に生息するアーキア（Archaea，以前は古細菌（Archaebacteria）と呼ばれていた）に分かれた。そして，5界説など従来の生物の最上位の分類階級であった界（kingdom）の上位に位置する分類階級としてドメイン（domain）が提案され，現在地球上の生物は3つのドメインであるバクテリア，アーキア，ユーカリア（Eukarya）に分類されることが広く受け入れられている。これらの各ドメインの生物の特徴を表（表1-2）に示した。

(2) 原核細胞（バクテリア，アーキア）の構造

　原核生物であるバクテリア（細菌）とアーキアの細胞構造はともに真核生物であるユーカリアの細胞より単純であり，リン脂質二重層からなる膜構造は，基本的に外界と細胞内を区切る細胞膜のみである（後述するようにグラム陰性菌は細胞壁の外側にさらに外膜という膜構造をもつ）。現在，病気の原因となるアーキアは知られておらず，原核細胞の細胞構造に関しては詳細な研究がなされている。

　a. 細胞壁（cell wall）

　細菌の形は主に，球菌（coccus），桿菌（bacillus），およびらせん菌（spirillum）の3種類に分けられる。この細菌の形を決めているのは，細胞膜の外側の構造物であるペプチドグリカンからなる細胞壁である。Gram, C.によって19世紀後半開発されたグラム染色は，細菌の多くをその細胞壁の構造に基づいてグラム陽性菌とグラム陰性菌の2つのグループに簡便に分類することができる非常に実用性の高い分別染色法で

表1-2　原核生物（バクテリア，アーキア）と真核生物（ユーカリア）の比較

性状	原核生物		ユーカリア
	バクテリア	アーキア	
大きさ	通常長さまたは直径が数μm	通常長さまたは直径が数μm	通常長さまたは直径が数十μm
核	なし	なし	あり
細胞小器官	なし	なし	あり
細胞壁	通常存在，ペプチドグリカンを含む	存在，ペプチドグリカンを欠く	存在しない，あるいは他の成分からなる
遺伝情報システム	細菌型	真核生物型	真核生物型
代謝，エネルギー獲得システム	細菌型	細菌型	真核生物型
典型的な生物	大腸菌，シアノバクテリア	メタン生成菌，高度好塩菌，高度好酸機	藻類，原生動物，菌類（真菌，カビ），植物，動物

ある。その構造的特徴は，グラム陽性菌の細胞壁は厚く，グラム陰性菌の細胞壁は薄いことである（図1-11）。グラム陰性菌はこの細胞壁の外側に脂質層からなる外膜をもっている。

b. 細胞（質）膜（cytoplasmic membrane）

細胞壁の内側に存在するリン脂質二重層からなる膜構造で，細胞内部と外部環境を区切っている。細胞膜は，物質の細胞内への輸送，代謝産物の排出，エネルギー産生，分泌タンパク質・細胞壁の合成など多くの機能を担っている。グラム陰性菌の細胞膜は，外膜（outer membrane）に対して内膜（inner membrane）ともよばれる。グラム陰性菌の内膜と外膜の間隙をペリプラズム（periplasm）とよび，ペリプラズム内にグラム陽性菌の厚いペプチドグリカン層に比べ薄いペプチドグリカン層が存在する。

c. 細胞質（cytoplasm）

バクテリア（細菌）には核がないため染色体DNAが繊維状の塊の状態で細胞質に存在する。多くの細菌は染色体外遺伝子であるプラスミド（plasmid）が細胞質に存在する。また，細胞質はタンパク質合成の場であるリボソームで満たされている。細菌の種類によっては，細胞膜が陥入してできたメソゾーム（mesosome）や代謝産物が集積した貯蔵顆粒（storage granule）がみられる。

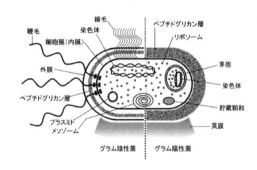

図1-11　バクテリアの模式図

d. 莢膜（capsule）

細胞の最外層の周囲に主に多糖からなる莢膜とよばれる粘液層をもつ細菌がいる。この莢膜は病原因子として作用し動物の免疫系から細菌を守っている。

e. 鞭毛（flagella）

鞭毛は菌体から外部に突き出ている1本から多数本の毛様体構造物（径10～20 nm×長さ数μm）で細菌の運動器官である。この鞭毛をスクリューのように回転させて運動する。また，赤痢菌や肺炎球菌のように無鞭毛の細菌がいる。これらの細菌は運動性がない。

f. 線毛（pili）

鞭毛より細く短い細胞外の構造物で，宿主細胞表面への付着や細菌の接合（conjugation）に関与することが知られている。

　g. 芽胞（spore）

　加熱，紫外線，化学薬剤などの処理や乾燥に対して非常に抵抗性のある構造物である芽胞を細胞内に作る細菌がいる。芽胞は栄養不足や乾燥など細菌の増殖に不都合な環境で形成される休眠状態の細菌といえる。

（3）真菌，原虫，藻類の特徴

　真菌，原虫，藻類は真核生物であり，細胞の基本構造は動物細胞あるいは植物細胞の構造と同じである（1-1-1および1-1-2参照）。

　a. 真菌（fungi）

　真菌は，カビ，酵母，キノコを含む広範な従属栄養生物の一群で，生態系において有機物の分解を通して物質（元素）循環の重要な役割を果たしている。真菌の核は細胞あたり1個とは限らず多核の場合もある。

　b. 原虫（protozoa）

　動物様原生生物ともよばれ，運動性を特色とする従属栄養生物である。多くは単細胞性であり，寄生性のマラリア原虫やトリパノゾーマなどは医学的に重要な研究対象である。

　c. 藻類（algae）

　藻類とは酸素発生型の光合成を行う系統的に多様なグループからなる生物である。水中で生育するものが多く単細胞（藍藻，ミドリムシなど）のものから植物体様の多細胞形態（コンブ，ワカメ，ノリなど）をとるものがある。藍藻は原核生物でありシアノバクテリアとも呼ばれ，藻類という分類で扱うときには藍藻と呼び藻類に含まれる。藻類は地球生態系における重要な基礎生産を担っている。

代替燃料を作る微細藻類：地球温暖化，化石燃料の枯渇，原油価格の高騰などの諸問題に対応するためにバイオマスを原料とした「バイオ燃料」の実用化研究が進んでいる。ガソリンと混合利用するバイオエタノールはすでに実用化され生産量が拡大しているが，原料として穀物を利用することから食料価格の高騰を招くという問題がある。そこで，現在では非可食植物を原料とする第二世代のバイオエタノール生産に向けた研究が進んでいる。一方，光合成能力をもつ藻類は代謝産物としてオイルを生産し，微細藻類によるバイオ燃料の単位面積あたりの生産効率は植物由来のバイオ燃料に比べはるかに高いことから次世代のバイオ燃料生産技術として期待されている。

■ 演習問題 ■

1）生物の進化の過程で出現した真核細胞の誕生に関して，細胞内共生説が唱えられ一般的に受け入れられている。この説はどのようなものか説明せよ。

1-2　細胞の機能

1-2-1　タンパク質の合成と分泌
（1）タンパク質の合成

　細胞内で合成されるタンパク質には，細胞の基質を構成する構造タンパク質，代謝に関与する酵素，細胞外に放出される分泌タンパク質，細胞の膜系を構成する膜タンパク質などがあり，核でつくられるmRNAの情報に従って，細胞質のリボソームで合成される。

　リボソームは大小不同の2個のサブユニットからなる直径約20 nmの小顆粒であり，真核細胞では60Sのサブユニット（大亜粒子）と40Sのサブユニット（小亜粒子）から構成される（図1-12）。リボソームには，細胞内に遊離する遊離リボソームと小胞体と結合する付着リボソームがある。遊離リボソームは単独で存在することもあるが，mRNA分子に結合し，10〜20個のらせん状配列の小集団であるポリリボソーム（polyribosome）を形成する。このポリリボソームは細胞基質の構造タンパク質や一部の酵素タンパク質を合成する。

　分泌タンパク質や膜タンパク質は付着リボソームで合成され，小胞体腔に遊離する。付着リボソームにおけるタンパク質合成は，小亜粒子がmRNAに結合し，これに大亜粒子が結合することにより，リボソームが順次配列して，ポ

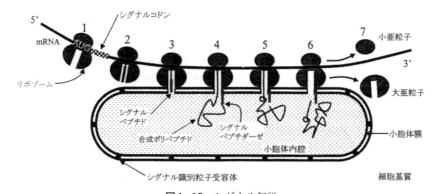

図1-12 シグナル仮説
［福田勝洋編（2006）「図説動物形態学」朝倉書店より引用］

リリボソームとなり，そのポリリボソーム上で
mRNAの暗号を解読することによって翻訳が
開始される。Bobelのシグナル仮説（図1-12）で
は，分泌タンパク質やリソソーム酵素等の合成
は，初めに，合成タンパク質のシグナルの役目
を果たすシグナルペプチド（シグナル配列）がリ
ボソームで合成され，このシグナルペプチドが
リボソーム大亜粒子の中に出現すると，シグナ
ル認識粒子（signal-recognition particle : SRP）
とSRP受容体（SRP receptor）を介して，小胞体
膜に誘導され，合成された分泌タンパク質は小
胞体膜を通過し，小胞体腔に輸送される。分泌
タンパク質の合成，輸送が終了すると，シグナ
ルペプチドはシグナルペプチダーゼによって切
断され，翻訳を終えたリボソームは小胞体から
離れ，細胞質の遊離リボソームのプールに入る。
粗面小胞体腔に移行したタンパク質はほとんど
が前駆体であり，粗面小胞体末端から輸送小胞
に包まれてゴルジ装置に運ばれる。

(2) 分泌

　ゴルジ装置と向かい合う粗面小胞体末端の部
位はリボソームを欠き，小胞体膜が小さな突起
を形成し，小胞状にちぎれて小胞を形成する。
この小胞内に含まれる分泌タンパク質は，小胞
輸送によりゴルジ装置のシス面に運ばれる。

　ゴルジ装置での分泌タンパク質の輸送とその
修飾は，Furquharの小胞輸送モデル（vesicular
transport model）で説明される（図1-13）。ゴル

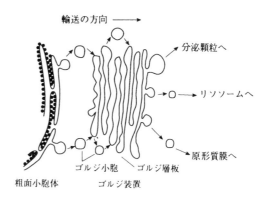

図1-13 ゴルジ装置における物質の小胞輸送モデル
［羽柴輝良監（2009）「応用生命科学のための生物学
入門」改訂版，培風館より引用］

ジ装置のシス側に小胞で運び込まれた分泌タン
パク質は，ゴルジ層板を一層毎にトランス側に
向けてゴルジ小胞によって輸送される。ゴルジ
層板を移動する過程で前駆体ペプチドとして合
成されたタンパク質は濃縮，糖付加，ペプチド
鎖の限定分解等を受け，トランス面で分泌物と
して膜で包まれた小胞内に詰め込まれ，さらに
濃縮を受け分泌顆粒となる。分泌顆粒は細胞表
面に移動し，細胞膜と融合して開口部より，内
容物を細胞外に放出する。

　細胞の分泌経路には，構成性分泌経路と調節
性分泌経路が存在し，前者はすべての細胞で行
われ，多数の水溶性タンパク質がこの経路で常
時分泌される。後者は，分泌細胞で起こり，分
泌顆粒内に貯蔵されたタンパク質は外界からの
シグナル刺激に応じて分泌される。

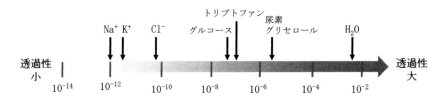

図1-14　種々の分子の脂質二重層に対する透過係数［Alberts B., et al./中村桂子他　監訳（2010）「細胞の分子生物学　第5版」，ニュートンプレスより改変］

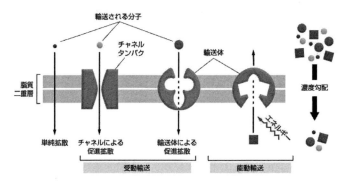

図1-15　膜輸送体による受動輸送と能動輸送［Alberts B., et al./中村桂子他　監訳（2010）「細胞の分子生物学　第5版」，ニュートンプレスより改変］

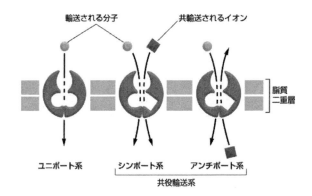

図1-16　膜輸送体による受動輸送と能動輸送［Alberts B., et al./中村桂子他　監訳（2010）「細胞の分子生物学　第5版」，ニュートンプレスより改変］

■ **演習問題** ■

1）内分泌細胞では，糖タンパク質ホルモンが合成そして細胞外に放出される。このホルモンの合成から放出までの一連の過程を粗面小胞体とゴルジ装置の機能と関連付けて説明せよ。

1-2-2　膜輸送と物質の取り込み

　細胞は，細胞膜によって外界と境界を形成し，外界からの物質の取り込みや情報の認識および伝達を行っている。これらは，細胞が生存し，増殖あるいは分化する上で最も基本的かつ重要な機能である。

（1）膜輸送の仕組み

　分子が細胞膜の脂質二重層を通過する際，一般に分子が小さいほど透過性は高い。また，脂質二重層が疎水性であることから，分子が疎水性または非極性であるほど透過性が高くなる。例えば，酸素や二酸化炭素あるいは水などの小さな分子は容易に細胞膜を通過でき，濃度の高い方から低い方へと移動する。一方，アミ

ノ酸や糖などのやや大きな分子や電荷をもった
イオンはほとんど通過できない（図1-14）。し
かし細胞が増殖・分化するためには，細胞膜
は，イオン，アミノ酸，ヌクレオチド，糖ある
いは多くの細胞代謝産物といった極性分子も
通過させる必要がある。これら通過しにくい分
子の細胞内外への輸送には，膜輸送タンパク
質（membrane transport protein）が必要とな
る（図1-15）。膜輸送タンパク質は，運搬体タン
パク質（carrier protein）とチャネルタンパク質
（channel protein）に大別される。チャネルタン
パク質の全てと運搬体タンパク質の多くは，分
子を濃度の高い方から低い方に輸送する。これ
は，受動輸送（passive transport）あるいは促進
拡散（facilitated diffusion）とよばれ，膜内外の
濃度勾配や電位勾配によるため，エネルギーを
必要としない。しかし，一部の運搬体タンパク
質は，細胞自身がATPなどのエネルギーを積極
的に消費することで，分子の濃度勾配に依存せ
ず，目的の方向に分子を輸送することができる。
これを能動輸送（active transport）という。
　輸送体のなかには，単一の溶質を膜の一方か
ら他方へ輸送するユニポート系（uniporter）や，
共役輸送体（coupled transporter）といわれ，一
つの溶質の輸送に別の溶質の輸送が関係する輸
送系もある。後者には，2つの溶質の輸送方向が
同じシンポート系（symport）と，溶質が逆向き
で輸送されるアンチポート系（antiport）がある
（図1-16）。

(2) エンドサイトーシス

　細胞は巨大な分子や粒子を細胞外から取り
込み，細胞表面から細胞内部のリソソームへと
運ぶことができる。これをエンドサイトーシス
（endocytosis）といい，細胞膜の一部が，それ
らの物質を徐々に取り込み，陥入して次第にく
びれて膜から離れ，分子や粒子を取り込んだエ
ンドサイトーシス小胞（endocytosis vesicle）と
なる。エンドサイトーシスには，形成する小胞
の大きさにより，2種類に大別され，主として
液体や溶質を取り込み，直径150 nm以下の小胞
を形成して取り込む飲作用（ピノサイトーシス：

pinocytosis）と，微生物やその断片などの大き
な粒子を，直径250 nm以上の大型の小胞（食胞：
phagosome）に取り込む食作用（ファゴサイトー
シス：phagocytosis）がある。飲作用は，ほと
んどの真核細胞で常時行われているが，巨大な
分子などを取り込む食作用は，特殊な食細胞に
よって行われている。ほ乳類の食細胞には，主
としてマクロファージ（macrophage）および単
球（monocyte），好中球（neutrophil）や樹状細
胞（Dendritic cell）の3つのカテゴリーがある。
これらの細胞は，侵入した病原微生物等を食胞
に取り込み，食胞がリソソームと融合すること
で，リソソーム内の酵素により取り込まれた物
質が分解し消化されるため，感染防御に重要な
細胞である。未消化物質は，リソソーム内に残
留し，残余小体（residual body）となり，エキソ
サイトーシス（exocytosis）により細胞外に排出
される。消化物質の一部は，抗原情報としてT
細胞などの免疫担当細胞に受け渡される。また，
取り込まれた細胞膜成分の一部については，輸
送小胞により食胞から回収され，再び細胞膜に
戻されるので，リソソームに行き消化されること
はない。マクロファージには，老化した赤血球
などやアポトーシスにより死滅した細胞を取り
込み除去する重要な任務もあることから，"体内
の掃除屋"ともいわれており，重要な機能として
位置づけられている。
　分子や粒子が食細胞に取り込まれるためには，
食細胞表面への結合が必要となる。食細胞の表
面には，食作用に関連する様々な受容体群が存
在する。飲作用が，細胞の要求とは無関係に起
こるのに対し，食作用は，細胞表面の受容体が
活性化され，細胞内部に送られるシグナル応答
により開始される。代表的なものとして抗体が
ある。抗体は，Fc領域を外に向けて病原微生物
に結合し，菌体を被覆する。マクロファージ，
樹状細胞や好中球は，自身の細胞表面にFc受容
体（Fc receptor）を発現しているため，被覆され
た病原微生物等を認識することができ，その後
仮足を伸長させて取り込み，仮足の先端同士を
融合させることで小胞を形成することができる。

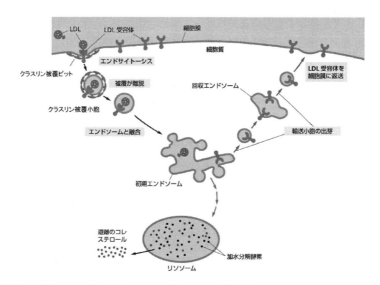

図1-17　受容体を介するエンドサイトーシス（LDLの取り込み）［Alberts B., et al./中村桂子他監訳（2010）「細胞の分子生物学　第5版」，ニュートンプレスより改変］

食作用に関わるその他の受容体として，抗体とともに病原微生物を標的として破壊する補体（complement）成分を認識するものや，微生物表面に存在する糖鎖を認識するもの，また，アポトーシスによって死滅した細胞表面に露出するフォスファチジルセリンを認識するものなどがある。このように，受容体を介してある特定の物質を認識し，特異的に取り込む機構（receptor-mediated endocytosis）がある（図1-17）。この機構は，特定の物質（リガンド：ligand）が，細胞表面のクラスリン被覆ピット（clathrin-coated pit）に集合した受容体に結合すると，リガンド-受容体-複合体が，細胞の内側に陥入，くびれてクラスリン被覆小胞（clathrin-coated vesicle）となって細胞内に取り込まれる。受容体を介した取り込み機構は，リガンドを選択的に取り込むことができるため，細胞外に存在する微量成分であっても，外液を取り込むことなく，特異的かつ大量に取り込むことができる。この機構において最も研究が進んだ例は，ほ乳類細胞によるコレステロールの取り込みである（図1-17）。コレステロールのほとんどは，低密度リポタンパク質（low-density lipoprotein）粒子として血管内を運搬される。細胞は，膜合成のため

にコレステロールが必要になると，LDL受容体（LDL receptor）タンパク質が合成され細胞膜に出現し，拡散によりクラスリン被覆ピットに行き，LDL粒子と結合し，細胞内に取り込む。被覆小胞が細胞内部に深く侵入するとクラスリン被覆が速やかに離脱し，小胞は互いに，あるいは他の小胞と融合して大型の初期エンドソーム（early endosome）を形成する。LDLとLDL受容体がエンドソーム内の低pH環境に入ると，受容体はエンドソームから出た細管状部位に移動し，LDLを解離する。受容体は，初期エンドソームから伸びた長い管から出芽してできた回収エンドソーム（recycling endosome）を介して細胞表面に送られ再利用される。受容体から解離したLDLは，最終的にリソソームに入り，LDL粒子中のコレステロールエステルが加水分解されて遊離のコレステロールとなり，細胞膜の形成に利用できるようになる。細胞内に遊離のコレステロールが過剰に蓄積されると，細胞におけるコレステロール生合成やLDL受容体の合成が停止され，コレステロールの合成と取り込みが抑制される。エンドサイトーシスに関わる受容体は，これまでに25種類以上が報告されているが，それらは全てクラスリンに依存して

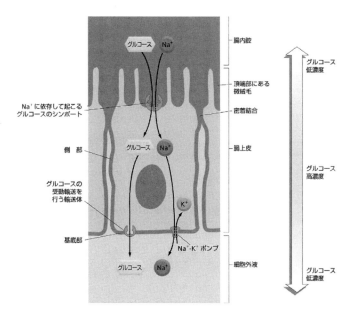

図1-18　腸管上皮細胞を横断する輸送 [Alberts B., et al./中村桂子他　監訳 (2010)
「細胞の分子生物学　第5版」, ニュートンプレスより転載]

いる。クラスリン被覆ピット1個につき, 各種の
受容体が1000個程度まで収容可能ともいわれて
いる。

> **肥満とマクロファージ**：貪食能を有するマク
> ロファージは, 生体内に侵入した病原体や死
> 細胞を捕食し消化することから, 免疫システ
> ムに重要な細胞として位置づけられている。
> 一方, 肥満の脂肪組織にはマクロファージの
> 浸潤が多く, 脂肪組織における炎症性が増強
> され, アディポサイトカイン産生調節の破綻
> が生じ, 肥満やメタボリックシンドロームを
> 誘発する炎症性変化に発展するとされている。
> （肥満研究, Vol.12, No.1, 2006トピックスの内
> 容から）

(3) ナトリウム－カリウムポンプ

　細胞内におけるK^+の濃度は, 細胞外より10～
20倍高いが, Na^+はこの逆である。したがって,
このような濃度差を維持するためには, 細胞膜
に存在するナトリウム－カリウムポンプ (Na^+-
K^+ pump) が必要となる。このポンプは, 大き
な電気化学的勾配に逆らってNa^+を細胞外に,
K^+を細胞内に能動輸送するATP駆動型のアン

チポートを行う。輸送にはATPが加水分解さ
れエネルギーが消費されることから, Na^+-K^+
ATPアーゼ (Na^+-K^+ ATPase) ともよばれ,
Ca^{2+}ポンプとも良く似ている。なお, 植物では
H^+-ATP (プロトンポンプ) によって作られる
電気的勾配（過分極）を用いてK^+を取り込む。
動物細胞が必要とするエネルギーの約1/3は,
このポンプを動かすために使われており, 細胞
内でATP1分子が加水分解されるごとに, 3個
のNa^+が細胞外へ, 2個のK^+が細胞内に輸送さ
れる。ATP駆動型ポンプには3種類あり, 輸送
サイクルの間に輸送体自体がリン酸化されるP
型ポンプ (P-type pump), 細菌の細胞膜やミト
コンドリアの内膜等にみられ, 様々なサブユニッ
トからなるタービン様構造を有するF型ポンプ
(F-type pump) およびイオン以外の小分子の輸
送に関わるABC輸送体 (ABC transporter) に
分類される。前述のナトリウム－カリウムポンプ
は, P型ポンプに属する。

　腸管上皮細胞などでは, 細胞膜に輸送体が
不均一に分布し, 吸収した溶質を細胞横断輸送
(transcellular transport) している。この輸送
により, 溶質は上皮細胞層を通過し, 細胞外液

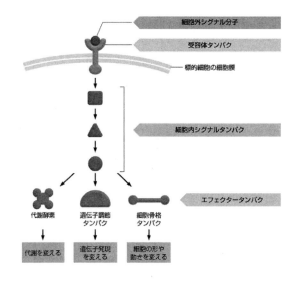

図1-19　細胞外シグナル分子による簡単な細胞内シグナル伝達経路

［Alberts B., et al./中村桂子他監訳（2010）「細胞の分子生物学　第5版」，ニュートンプレスより転載］

に運搬され血液に入ることができる（図1-18）。腸管上皮細胞の腸管管腔側の細胞膜頂端部には，Na^+を共役輸送因子とするシンポート系が存在し，細胞内にグルコースなどの栄養分を能動輸送するため，細胞内外に極めて大きな濃度勾配が生じる。一方，細胞の横部や基底部には，Na^+に依存しない輸送体タンパク質があり，取り込んだ栄養分を濃度勾配に従って受動的に細胞外に排出している。また，基底部には，ナトリウム－カリウムポンプも存在する。

> **トランスポーターと創薬**：トランスポーターの働きにより，細胞膜は特定の物質だけを通すことができるが，その働きは臓器によって異なる。薬が細胞に入るためには，トランスポーターの働きが重要な鍵を握っており，例えば異常な細胞だけに発現するトランスポーターが見つかれば，これを通る薬を創ることにより，副作用のない創薬が容易になる。特に難しいとされる脳疾患の創薬は，脳血管の細胞膜のトランスポーターが，薬を脳に運べるかどうかの鍵を握っている。（東北大学まなびの杜No.14，2000特集「脳の病気を治す薬を作るために」の内容から）

■ 演習問題 ■

1）細胞内外の物質輸送のシステムで，エンドサイトーシスとエキソサイトーシスの違いについて説明せよ。

1-2-3　レセプターを介する細胞間の情報認識

　細胞間の情報伝達や認識は，主として細胞外シグナル分子（extracellular signal molecule）と細胞膜に存在する受容体タンパク質（receptor protein）を介して行われる。受容体はリガンド結合により活性化され，細胞内シグナル伝達経路（intracellular signaling pathway）を活性化し，細胞内代謝経路や細胞形態の変化および遺伝子発現から様々な因子の分泌等が誘導される（図1-19）。

（1）受容体の分類

　細胞表面受容体タンパク質は，その機構によって大きく分けて以下の3つに分類される。

　a. イオンチャネル共役型受容体
　　（ion-channel-coupled receptor）

　神経細胞や筋細胞などの間で，迅速なシナプス型シグナル伝達に関わる（図1-20A）。少量の神経伝達物質の結合により，イオンチャネルタンパク質が一時的に開閉し，細胞膜のイオン透

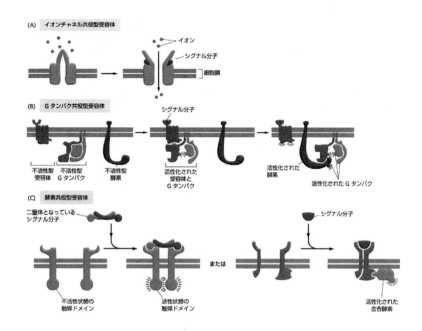

図1-20 細胞表面受容体の種類

[Alberts B., et al./中村桂子他 監訳 (2010)「細胞の分子生物学 第5版」, ニュートンプレスより転載]

過性を変化させ, シナプスの興奮性を短時間で変化させる。

b. Gタンパク質共役型受容体

(G-protein-coupled receptor : GPCR)

酵素やイオンチャネルなどの受容体から離れた膜タンパク質の活性を間接的に調節する（図1-20B）。受容体とそれらの膜タンパク質の結合は, 三量体GTPタンパク質 (trimeric GTP-binding protein, 略してGタンパク質 (G protein)) を介する。受容体に結合するタンパク質が酵素ならば, 活性化により細胞内メディエーター分子の濃度が変化し, イオンチャネルならば, 細胞膜のイオン透過性が変化する。活性化された細胞内メディエーター分子は, 別の細胞内シグナルタンパク質に作用する。Gタンパク質共役型受容体の多くは, 相同な複数回膜貫通型タンパク質のファミリーに属する。

c. 酵素共役型受容体

(enzyme-coupled receptor)

活性化されると, 直接酵素として働くか, 酵素と直接会合する（図1-20C）。1回膜貫通タンパク質で, 細胞外にリガンド結合部位があり, 細胞内に触媒部位あるいは酵素結合部位を有する。他の2つの受容体と比べ構造は一様ではないが, その多くはタンパク質キナーゼやタンパク質キナーゼとの会合により活性化されると, 伝達に関係する一群のタンパク質をリン酸化する。

> **オーファンGタンパク質共役型受容体**：Gタンパク質共役型受容体は, 細胞膜上に発現している受容体の中では, 最大のファミリーを形成しており, 最も重要な創薬ターゲットとなっている。その多くは, リガンドが未同定であり, 生物現象の飛躍的解明や, 新たな医薬創出のためのターゲットとして有望視されており, 新規なリガンドが発見されつつある。

(2) シグナル伝達

多くの細胞内シグナルタンパク質は, 受容体を介してシグナルを受けると不活性な構造から活性な構造変化を伴い, 別な過程のスイッチで不活性な構造に戻るまで活性状態を保つ。細胞内のシグナル伝達経路で働く重要な分子スイッチにはリン酸化 (phosphorylation) とGTP結合 (GTP binding) の2種類があるが, どちらもリ

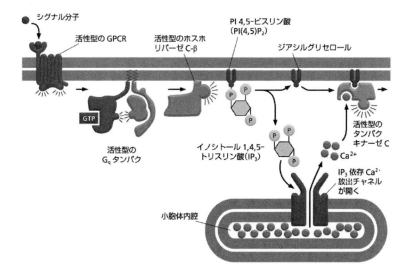

図1-21　GPCRによるCa²⁺を介するPKCの活性化
[Alberts B., et al./中村桂子他　監訳(2010)「細胞の分子生物学　第5版」，ニュートンプレスより転載]

ン酸基を得るか失うかでタンパク質の活性と不活性が決まる。前者では，タンパク質キナーゼ（protein kinase）により1個以上のリン酸基が付加されるとスイッチが入り，タンパク質フォスファターゼ（protein phosphataze）によりリン酸基が除去されると逆方向になる。この調節は，キナーゼとフォスファターゼ活性のバランスに依存する。ヒトのタンパク質の約3割は，共有結合したリン酸基を有し，ヒトゲノムには，約520種類のタンパク質キナーゼと約150種類のタンパク質フォスファターゼの遺伝子が存在する。ほ乳類細胞は，常時何百種類ものタンパク質キナーゼを利用していると考えられている。

　リン酸化により制御されるシグナルタンパク質は，自身がタンパク質キナーゼである場合が多く，主としてリン酸化連鎖（カスケード）反応（phosphorylation cascade）を構成する。リン酸化により活性化したキナーゼが，次のキナーゼをリン酸化し，その繰り返しでシグナルの伝達が進みながら増幅され，他のシグナル伝達経路に影響する場合もある。主なキナーゼとして，セリン／スレオニンキナーゼ（serine/threoninekinase）があり，タンパク質のセリンあるいは低頻度でスレオニン残基をリン酸化する。その他，チロシンキナーゼ（tyrosine

kinase）もあり，両方に関わるキナーゼも存在する。一方，後者のGTP結合タンパク質は，GTP結合で活性化され，GDP結合で不活性化される。GTP結合タンパク質には，Gタンパク質共役型受容体で活性化されシグナル伝達に関与する三量体GTP結合タンパク質と，多種類の細胞表面受容体からのシグナル伝達に関わる単量体GTP結合タンパク質（monomeric GTP-binding protein）がある。

　GPCRの多くは，Gタンパク質を介して膜結合型フォスフォリパーゼC-β（phospholipase C-β）を活性化させる。フォスファチジルイノシトール4,5-ビスリン酸（phosphatidylinositol 4,5-bisphosphate, PI (4,5) P_2）が活性化フォスフォリパーゼC-βによって加水分解され，生じたイノシトール1,4,5-トリスリン酸（IP_3）が小胞体膜に存在するIP_3依存Ca^{2+}放出チャネルに結合することで，放出チャネルが開きCa^{2+}が細胞質ゾルに流出する（図1-21）。一方，PI (4,5) P_2から派生したジアシルグリセロールは，細胞膜上でフォスファチジルセリンとCa^{2+}とともに，細胞膜に移動してきたタンパク質キナーゼC（protein kinase C：PKC）を活性化する。

　さらに，多くの細胞外シグナルタンパク質は，受容体チロシンキナーゼ（receptor tyrosine

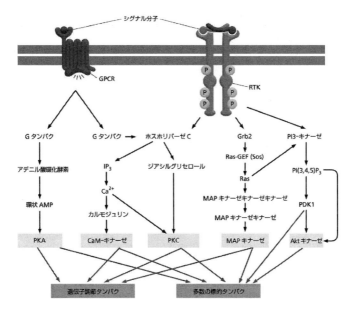

図1-22　GPCRおよびRTKを介する細胞内シグナル伝達経路
［Alberts B., et al./中村桂子他　監訳（2010）「細胞の分子生物学　第5版」，ニュートンプレスより転載］

kinase：RTK）を介することが知られており，代表的なシグナル因子として，上皮増殖因子（epidermal growth factor：EGF），線維芽細胞増殖因子（fibroblast growth factor：FGF），インスリン（insulin），インスリン様増殖因子1（insulin-like growth factor-1：IGF-1），血管内皮増殖因子（vascular endothelial growthfactor：VEGF），マクロファージコロニー刺激因子（macrophage colony stimulating factor：MCSF），血小板由来増殖因子（platelet-derived growth factor：PDGF），肝細胞増殖因子（hepatocyte growth factor：HGF）や神経成長因子（nerve growth factor：NGF）などがある。細胞内シグナル伝達経路には，RTKとGPCRが活性化する共通経路もあり，例えば，ホスホリパーゼCを介するイノシトールリン脂質経路により，遺伝子調節や多くのタンパク質発現に関与している（図1-22）。

■ 演習問題 ■

1）シグナル伝達経路で働く重要な2種類の分子スイッチが知られているが，それぞれの特徴についてまとめなさい。

1-2-4　細胞の増殖分化
(1) 細胞分裂と細胞周期

　細胞は分裂によってのみ増殖が可能であり，その生物としての特徴を保持する形で細胞分裂が行われる必要がある。細胞周期（cell cycle）は遺伝的に同一な娘細胞を作るためにDNA複製（replication）にひき続く染色糸分裂，染色体分裂，核分裂という一連の過程から成り立つ。また，細胞が二つに分裂するためにすべての細胞器官を倍増させる必要があることから，細胞小器官の複製のための生合成経路の調節も必要不可欠である。細胞分裂には体細胞でみられる体細胞分裂（mitosis）と，生殖細胞でみられる減数分裂（meiosis）がある。本項では体細胞の増殖と分化の仕組みについて述べる。

　a. 細胞分裂
　ⅰ）動物細胞
　体細胞分裂の場合，分裂が行われる分裂期（M期, mitotic phase）は，前期（prophase）・前中期（prometaphase）・中期（metaphase）・後期（anaphase）・終期（telophase）の有糸分裂期と細胞質分裂期に分けられる。細胞質分裂は後期の終わりに始まり，M期の終わりまで続く。前期で

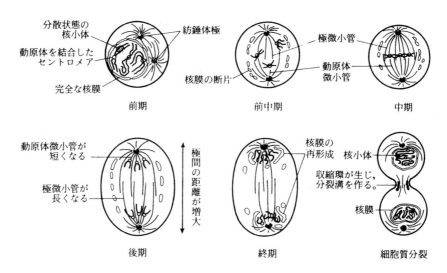

図1-23　動物細胞の分裂（M）期の模式図
［羽柴輝良監（2009）「応用生命科学のための生物学入門」改訂版，培風館より引用］

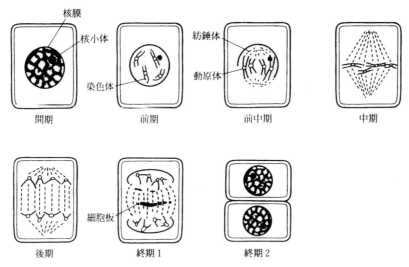

図1-24　植物の体細胞分裂の模式図
［羽柴輝良監（2009）「応用生命科学のための生物学入門」改訂版，培風館より引用］

は，間期に分散していたクロマチン（chromatin）が凝集し，染色糸（chromonema）となり，最終的に染色体（chromosome）を形成する。S期ですでに染色体は，複製を終了して，2本の染色分体（chromatid）となる。前期が終わりに近づくと，中心体のあるものでは倍加していた中心体（centrosome）が2極に分かれ，細胞微小管（cytoplasmic microtube）が分散し，中心体にむかって放射状にのび始める。中心体のないものでは，両極に極帽（polar cap）という微小管形成

中心が生じ，有糸分裂紡錘体が形成され始める。前中期には，核膜（nuclear membrane）が消失し，小胞体様の断片となって細胞質中に分散する。染色分体上のセントロメア（centromere）というDNA配列の両側に動原体（kinetochore）が結合し，そこに紡錘体微小管（spindle microtube）の一部が結合する。これを動原体微小管（kinetochore microtube）という。両極を結ぶ微小管は極微小管（polar microtube），紡錘体の外に存在する微小管は星状体微小管（astral

microtube）とよばれる。中期では，動原体に
よってまだ結合した状態にある染色分体が，動
原体微小管によって両極から引っ張られるため
に赤道面（metaphase plate）上でつり合った位
置にある。後期になると，各染色体で対をなし
ていた動原体が分離し，染色分体は動原体にむ
かって引っ張られる。このとき，動原体微小管
はしだいに短くなるが，極微小管はのびて紡錘
体の両極は互いに遠ざかる。終期になると，分
離した染色体が極に到達し，動原体微小管が消
失する。再び染色体のまわりに核膜が形成され
始め，染色体がしだいにほぐれ，間期のような
クロマチンの状態になる。また，有糸分裂が終
了するころから，細胞質分裂が始まる。動物細
胞の場合は，一般に分裂時の赤道面に収縮環
（contractile ring）が形成され，分裂溝（cleaving
furrow）が生じ，細胞質がくびれきれる形で二
つの細胞が形成される（図1-23）。

　ii）植物細胞

　植物細胞では，分裂を行うM期（mitotic
phase）は，前期・前中期・中期・後期・終期に
分けられる。この概要は，動物細胞のM期に酷
似しており，ここでは植物細胞に特有な様式に
ついて述べる。前期が終わりに近づくと，両極
に極帽という微小管形成中心（MTOC）が生じ，
有糸分裂紡錘体が形成され始める。前中期には，
核膜と核小体が消失する。動物細胞では，中心
体が微小管形成中心としてはたらき，星状体を
形成するとともに染色体にむかって微小管をの
ばすが，植物細胞では，中心体はなく，微小管
は極帽から染色体にむかって伸長する。中期に
なると，染色体は動原体部分で紡錘糸に付着し，
赤道上に配列する。後期には，紡錘糸の短縮が
起こり，染色体は両極に引き寄せられていく。
終期では，赤道面に微小管の残存物から隔膜形
成体（フラグモプラスト）という円筒形の構造が
形成され，ここに細胞壁の前駆体を運ぶ小胞が
集まり細胞板（cell plate）が形成される。フラグ
モプラストは，内側の微小管の脱重合と外側の
微小管に重合によって遠心的に拡大し，成長し
てできた細胞板が母細胞の細胞壁と融合して新
しい細胞壁を完成する（図1-24）。

　b．動物および植物の細胞周期

　細胞分裂の観察に，タマネギやヒヤシンスな
どの根の組織が用いられることからもわかるよう
に，植物の体細胞分裂は，茎や根端の分裂組織
や維管束部の形成層など限られた組織に集中し
ている。植物細胞の細胞周期（cell cycle）は，動
物細胞と同様にDNAの複製に引き続く染色体
分裂，核分裂という一連の過程から成り立って
おり，M期と分裂が終わってから次の分裂が始
まるまでの時期，すなわち間期（interphase）に
大別される。細胞周期の中でもっとも動的な変
化を観察できるのはM期で，はじめに有糸分裂
により，核の情報を二分し，その後，細胞質分
裂（cytokinesis）を行って，二つの細胞が形成さ
れる。植物細胞には中心体がなく，細胞壁が存
在することから，細胞分裂における紡錘体の形
成や細胞質の分裂は，動物細胞の場合と異なる。
一方，間期の細胞は視覚的には細胞が大きくな
る以外に目立った変化はみられないが，この間
に細胞分裂の準備が行われる。

　間期は，M期直後のG₁期（Gap 1 phase）と
直前のG₂期（Gap 2 phase），その間のS期（syn-
thesis phase）に分けられる（図1-25）。G₁期は，
環境と細胞自身のサイズを監視して，DNA複製
の開始を準備し，また分裂周期の完了に向かう

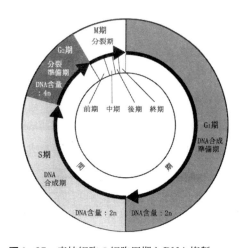

図1-25　真核細胞の細胞周期とDNA複製
［羽柴輝良監（2009）「応用生命科学のための生物学
入門」改訂版，培風館より改変引用］

ことを決定する。その長さは細胞の種類によって異なる。DNAの複製はS期に始まり、その終わりには、細胞のDNA含量は2倍となる。G_2期では、細胞分裂の準備が行われる。M期では、染色体上のDNAは細胞分裂に沿って、2個の娘細胞に分配される。一方、分化した細胞などで、それ以上分裂しない細胞のステージは、G_0期（Gap 0 phase）とよばれ、盛んに分裂をしている細胞と区別される。G_0期の細胞はなんらかの刺激によって、再びG_1期またはM期に突入し、分裂周期に戻るときがある。

真核細胞では、サイクリンやサイクリン依存性キナーゼ（CDK, cyclin-dependent kinase）などのタンパク質によって、細胞周期（$G_1 \rightarrow S \rightarrow G_2 \rightarrow M$）の進行が正確に制御されており、DNAの複製も細胞周期の厳密な制御下にある。癌細胞では細胞周期の制御が正常に行われないため、細胞の異常な増殖が起こる。また、動物細胞のG_1/S期を制御している遺伝子群が、植物細胞からも多数単離されたことから、G_1からS期への転換の制御機構は動植物細胞ではほぼ共通しているものと考えられている。中でもCDK1は全真核生物に存在し、細胞周期の制御に主要な役割をもつ。一方で、植物に特異的なCDK（B-type CDK）も存在し、植物と動物とでは異なる分子機構が存在することも明らかになっている。CDKは癌治療のターゲットとしても注目されており、CDK4/6の阻害剤が乳がん治療薬として利用されている。

(2) 細胞の分化調節と細胞培養

分化とは、受精卵が卵割を重ねて多細胞系となり、さらに発生を続けて、個々の細胞が特殊化した細胞になることである。また、クローン化細胞集団内の細胞に多様性が生じた場合も分化がおこったという。受精卵は1個の細胞であり、将来の個体がもつすべての細胞種の源であり、分化全能性（totipotency）をもっている。個々の細胞がもつ遺伝子組成は同一と考えられているが、発生過程では、個々の遺伝子がそれぞれの発生期で、ある種の細胞で経時的に、その機能を発現し、特異タンパク質を合成する

ことにより、その細胞の分化調節がおこると考えられている。このような過程にはエピジェネティックな制御がかかわっており、DNAのメチル化やヒストンタンパク質の修飾によってDNA配列の変化を伴わずに、発現される遺伝子の種類や強さが決定される。ある発生期における遺伝子作用の的確な発現が起こる仕組みを解明することが、分化機構を理解するうえで重要な問題となる。

a. 動物細胞

生体組織をつくる細胞のほとんどは、異なる環境におかれてもその専門化した性質を維持する。分化の状態は安定しており相互に転換しないのが一般的で、哺乳類のある種の細胞（神経細胞、心筋細胞、光や音の感覚受容細胞など）は、一生の間、分裂もせず置き換わりもしない。しかし、他の大部分の永続細胞では代謝活動が行われており、細胞は絶え間なく入れ替わる。肝細胞などでは、完全に分化した細胞から分裂によって同型の分化した細胞ができる。肝細胞の増殖と生存は、総細胞数が適切に維持されるように調節されており、通常、それぞれの型の細胞数が組織内で適切なバランスを保つようにはたらいている。また多くの組織、とくに速やかに交替しなければならない組織（消化管上皮、皮膚、造血組織など）の細胞は、幹細胞によって新しくつくりだされる。幹細胞とは、自己保存能と分化能をもつ細胞であり、最終分化をせず、その生物の一生の間、分裂する能力を持ち、分化の道をたどる子孫と幹細胞のまま残る子孫をつくりだす。

多様な血液細胞は、すべて共通な多様性を備えた幹細胞からつくりだされる。成体では、幹細胞は主に骨髄に存在し、各種の方向づけられた前駆細胞を生みだす。方向づけられた前駆細胞は、さまざまな糖タンパク質の仲介物質（コロニー刺激因子：CSF）の影響下で盛んに分裂しつつ成熟血液細胞に分化する。これらは、通常数日から数週間で一生を終える。CSFの量によって調節される細胞死は、成熟分化血液細胞の数の制御に重要である。細胞死は細胞内の自殺プ

ログラムの活性化によっておこり，あらゆる動物の組織で細胞数の制御を助けている。結合組織の細胞族には，線維芽細胞，軟骨細胞，骨細胞，脂肪細胞，平滑筋細胞が含まれ，線維芽細胞はこの一族の任意細胞に転換できると考えられている。場合によってはこの変換は可逆的である。しかし，この性質は，1種類の多能性の線維芽細胞の存在を示すものなのかは，はっきりしていない。

　もともと，分化は古典的な組織学的分類，つまり顕微鏡的な細胞の形態や構造と，いろいろな色素に対する親和性から，おおまかに判断した化学的性質に基づいた概念であり，多細胞系における細胞の特殊化の問題として取り扱われてきた。また，初期の卵割においては全能性を有する胚性幹細胞（ES細胞：embryonic stem cell）が存在するが，やがてその全能性を失い，いくつかの細胞種への分化が可能である多能性を有する過程を経て分化単能性となり，特定の細胞へ分化すると考えられてきた。しかし，イギリスのロスリン研究所で雌羊の体細胞を使ったクローン羊「ドリー」が世界で初めて誕生し（1996年），分化が完了した体細胞が全能性を有することが示され，最近では，分化の概念が拡大されている。

> **iPS細胞**：京都大学の山中教授は，通常は他の機能を持つ細胞に分化しない皮膚の細胞から，さまざまな種類の細胞に変化する能力を持つ人工多能性幹細胞（iPS細胞：induced pluripotent stem cells）の開発に成功した（2006年）。山中教授はES細胞の中に体細胞の全能性を維持させる機構が存在しているのではないかと考え，ES細胞では発現しているが分化した細胞で活動していない遺伝子を抽出し，4個の遺伝子（Oct 3/4, Sox 2, Klf 4, c-Myc）を特定することに成功した。この4個の遺伝子を分化した細胞に導入すると，細胞の初期化がおこりES細胞と同じく多能性を持つ細胞を作り出せることが実証された。iPS細胞は，当初マウスをモデル動物として樹立されたが，その後の研究から，ヒトのiPS細胞も樹立されている。これまでに，加齢黄斑変性に対する再生医療に，このiPS細胞が用いられている。具体的には，患者の皮膚より作製したiPS細胞を用いて網膜色素上皮細胞を分化させ，それをシート状にしたものが，加齢性黄斑変性を発症する患者に移植されている。

b. 植物細胞

　植物細胞は，基本的に全身の細胞が分化全能性をもっている。近年の植物における形質転換（transformation）などのバイオテクノロジー技術の発達は，この植物細胞特有の性質によるところが多い。植物組織を傷つけると，負傷部の近傍細胞が分裂して不定形の細胞の塊（カルス：callus）ができる。これを脱分化という。カルスを植物組織から切り離して適切な栄養分と植物ホルモン（オーキシンやサイトカイニン）を含んだ寒天培地上にのせると，さらに細胞分裂を繰り返して増殖する。また，その寒天培地と同様の組成の液体培地にカルスを移し，撹拌により通気しながら培養を続けると，細胞分裂を繰り返しながら小さな細胞塊や単細胞にわかれて増殖する（懸濁培養）。培地中のホルモン組成を変化させることにより，カルスから根や茎葉を形成させることができる。これを再分化という。また，懸濁培養細胞の中には，培地中のホルモン組成の制御下で細胞分裂を繰り返すことにより，受精卵からの胚発生の際にみられるハート型の細胞集塊（不定胚）の形成を経て，完全な植物体にまで成長するものもある。この再分化では，培養細胞の起源がどの器官であっても，その細胞を完全な植物体にまで再生させることができる。この組織培養技術は，植物の栽培や品種改良に利用されている。植物の茎頂や側芽から分裂組織を切り出し，無菌的に培養することにより，正常な植物が多数得られる。それにより，これまで株分けで増やしていたランなどの植物を大量増殖できるようになった。また，この成長点培養の技術は，イチゴやジャガイモなどにおいて，ウイルスが侵入しにくい頂

端分裂組織からウイルスフリーの植物体を作出するために利用されている。

　カルスや懸濁培養細胞から細胞壁を酵素的に取り除くことにより，プロトプラスト（protoplast）を作製することができる。プロトプラストを，浸透圧を調節した培地で培養すると，数日で細胞壁が再生し，分裂をはじめて細胞塊となる。さらに培養を続けることにより，植物体にまで再生させることもできる。プロトプラストどうしを混合して条件を整えると，原形質膜が融合して細胞質が混じり合い雑種細胞ができる（細胞融合）。また，プロトプラストは細胞壁を持たず，外部から遺伝子DNAを導入しやすいことから，遺伝子組換え植物を作製する際にも利用されている。

■ 演習問題 ■

1) 真核細胞の細胞周期は，G_1期（Gap 1 phase），S期（synthesis phase），G_2期（Gap 2 phase）と分裂を行うM期（mitotic phase）に分けられる。それぞれの細胞周期の役割とDNA含量について説明せよ。

2) 植物の組織培養では，培地中のオーキシンとサイトカイニンの濃度を変化させることにより，植物体を再分化させることができる。根と茎葉を再分化させるのに適正なオーキシンとサイトカイニン濃度比率について，本章5-1-1を参照してそれぞれ説明せよ。

1-2-5　細胞のエネルギー代謝

(1) ATPとエネルギー変換

　生物は，自らの生命活動を営むため外界からさまざまな物質を取り込みいろいろな物質に変換（代謝：metabolism）している。代謝には，同化（合成反応）と異化（分解反応）がある。同化は，簡単な物質から有用な複雑な化合物をつくりだす働きをいい，エネルギーを必要とする反応である。それに対し，異化は，同化物質を分解して簡単な物質を生成しエネルギーを生産する反応である。同化や異化の物質代謝に伴い，生体内ではエネルギーの生産と利用（消費

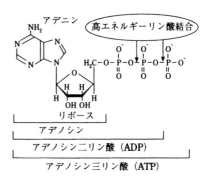

図1-26　ATPとADPの構造
［羽柴輝良監（2009）「応用生命科学のための生物学入門」改訂版，培風館より引用］

あるいは移動）が生じており，これらの代謝をとくにエネルギー代謝とよぶ。生体内では，ATP（adenosine triphosphate：アデノシン三リン酸）とADP（adenosine diphosphate：アデノシン二リン酸）の変換系がエネルギーの生産と利用の仲立ちをしている。ATPは，塩基アデニンと糖リボースが結合したアデノシンにリン酸が3個結合したヌクレオチド（2章2-2-2参照）で，リン酸の結合が切れて，ADPとリン酸に分解するとき，多量の自由エネルギー（$7 \sim 10\,\mathrm{kcal\ mol^{-1}}$）が放出される（図1-26）。逆に，多量の自由エネルギーを使ってADPとリン酸からATPが生産されている。

　$\mathrm{ATP + H_2O \Leftrightarrow ADP + HPO_4{}^{2-} + 7 \sim 10\,kcal}$
ATP合成の中心器官であるミトコンドリア（動植物にある）と葉緑体（植物だけにある）は，いずれも膜で区切られた細胞小器官で，エネルギーを細胞内での反応に利用できる形態に変換する。ミトコンドリアは有機物質，葉緑体は太陽光というようにエネルギーの出発の形態は異なるが，2つの小器官は電子伝達系を含む膜構造をもち，化学浸透共役により大量のATPを生産する。例えばミトコンドリアの場合，食物のエネルギーを使って内膜にあるプロトンポンプを駆動し，$\mathrm{H^+}$（プロトン：proton）を膜の膜間腔に輸送し，その結果，膜の内外に電気化学的プロトン勾配が生じ，プロトンがこの勾配にしたがい移動する間にATPが合成される。このプロトンポンプ

の駆動には電子伝達経路にて高エネルギー状態（酸化還元電位の低い物質）から低エネルギー状態（電位の高い物質）へと電子が移動する際に放出される自由エネルギーが用いられ，勾配にしたがうプロトンの移動に伴いATP合成酵素の立体構造が変化してADPとリン酸からATPを生成する。これらエネルギー変換の原理は，ミトコンドリアと葉緑体に共通である。

（2）ミトコンドリアにおける酸化的リン酸化反応

a. 呼吸の概要とミトコンドリアの構造

呼吸（respiration）は，物質異化に関わるエネルギー代謝で，酸素を必要とする好気呼吸と酸素を必要としない嫌気呼吸とがある。ミトコンドリアを有する生物はすべて好気呼吸を行っており，ここではそれについて述べる。細胞におけるエネルギー代謝は，3つの段階に分けることができる（図1-27）。第1段階はアセチルCoA（acetyl-CoA）の合成である。食物のなかでエネルギー源となるのは糖質，脂質およびタンパク質で，特に糖質の場合は，細胞質での解糖系（glycolytic pathway）を経ることになる。第2段階はアセチルCoAの酸化である。アセチルCoAはミトコンドリアのTCA回路（tricarboxylic acid cycle）［別名，クエン酸回路（citric acid cycle）またはクレブス回路］によって酸化され還元当量（-Hまたは電子）を生じる。脂肪酸のβ酸化ではアセチルCoAに加えて還元当量が生じる（5章5-2-3参照）。第3段階は上で述べたミトコンドリア内膜の電子伝達系とATP合成酵素の共役によるATP合成である。TCA回路で生じた還元当量は電子伝達系によって最終的に酸素と反応して水を生ずるが，このとき遊離する自由エネルギーがATP合成に用いられる。なお，第2段階は，TCA回路の反応に必要な可溶性の酵素ならびにミトコンドリアタンパク質の一部をコードするDNAやリボソームが存在する，ミトコンドリアのマトリックスにおける反応過程で，第3段階は，ATP合成に関わる酵素や電子伝達系のタンパク質複合体が存在しているミトコンドリア内膜のクリステにおける過程である。

b. TCA回路

TCA回路は，ピルビン酸から出発して，クエン酸を経由してクエン酸に帰る回路で，反応の経路を図1-27に示す。グルコース1分子を呼吸基質に換算した場合，TCA回路2回転分に相当し，計算上は，ミトコンドリアにおいて8分子のNADH（nicotinamido adenine dinucleotide：還元型ニコチンアミドアデニンジヌクレオチド），2分子のFADH$_2$（flavin adenine dinucleotide：還元型フラビンアデニンジヌクレオチド）および2分子のGTP（guanosin triphosphate：グアノシン三リン酸）（植物ではATP）が生産されることになる。ここで生産された還元当量NADHとFADH$_2$は速やかにミトコンドリア内膜に存在する電子伝達系への電子を供与して，NAD$^+$とFAD$^+$にもどる。GTPは，ATPと等価のエネルギー物質として働く。TCA回路におけるエネルギー代謝の面からのもっとも重要な役割は，このNAD$^+$とFAD$^+$の還元にある。

c. 電子伝達系とATP合成

電子伝達系は内膜に存在し，複合体 I（NADH⁻ユビキノンレダクターゼ複合体），複合体II（コハク酸デヒドロゲナーゼ複合体），複合体III（シトクロムbc_1複合体またはユビキノールーシトクロムcレダクターゼ複合体），複合体IV（シトクロムcオキシダーゼ）より構成される（図1-28）。複合体 I とIIIおよび複合体IIとIIIの間の電子伝達は脂溶性のユビキノン（補酵素 Q）で連結され，また複合体IIIとIVの間は膜間腔に存在するシトクロムcで連結されている。複合体 I はNADHを酸化してユビキノンを還元する。複合体IIはコハク酸を酸化してユビキノンを還元する。ここで生じた還元型ユビキノン（ユビキノール）を複合体IIIが酸化してシトクロムcを還元する。最後に複合体IVが還元型シトクロムcをO$_2$で酸化してH$_2$Oを生じる。電子伝達系の最初の反応であるNADHの標準酸化還元電位は−0.32Vともっとも低く，最後のO$_2$は+0.82Vで，その間にユビキノン，シトクロムb，シトクロムc，シトクロムaa_3がこの順序で存在し，電子が酸化還元電位が低い方から高い方へと向かって

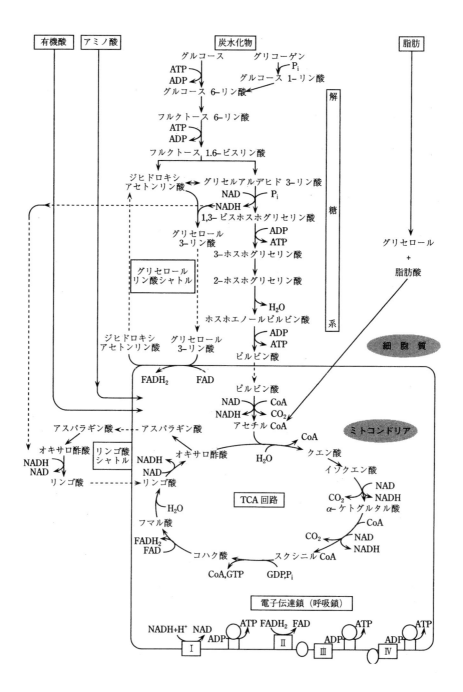

図1-27　呼吸の経路とミトコンドリア
［羽柴輝良監（2009）「応用生命科学のための生物学入門」改訂版，培風館より引用］

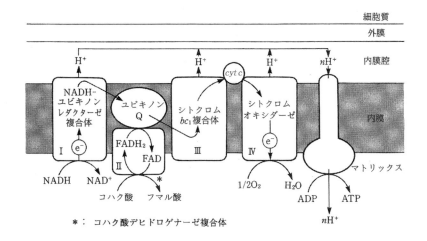

図1-28　内膜上での電子伝達系の分子複合体モデル
［羽柴輝良監（2009）「応用生命科学のための生物学入門」改訂版，培風館より引用］

複合体I→複合体III→複合体IV→O_2または複合体II→複合体III→複合体IV→O_2へと流れていくことになる。なお，複合体IはFMN（フラビンモノヌクレオチド）と非ヘム鉄を，複合体IIはFADと非ヘム鉄を含む。

　この電子が流れる過程で複合体I，III，IVにおいてプロトンがマトリックスから膜間腔へ向けてベクトル輸送され，電気的勾配（$\Delta\phi$）と化学的勾配（ΔpH）からなるプロトンの電気化学的勾配が形成される。プロトンはミトコンドリアの内膜を通過することができず，ATP合成酵素のプロトン特異的チャネルを通ってのみマトリックスに戻ることができる。ATP合成酵素は，このプロトンの濃度勾配に従ったプロトン輸送に連動してADPをリン酸化することによりATPを生産している。このようにミトコンドリアでは，電子伝達系における酸化とATP合成酵素によるリン酸化が共役（酸化的リン酸化反応）してATPが合成される。なお，1分子のNADHから2.5分子のATP（従来は3分子とされていた）が，1分子のFADH$_2$から1.5分子（従来は2分子）のATPがそれぞれ生産される。ただし，植物ミトコンドリアではユビキノールから直接O_2を還元してH_2Oが生成される電子伝達系が存在し，この経路を電子が流れると複合体IIIとIVのプロトン輸送が機能しないため，ATPの生産効率は著しく低下する。

　d. ATPとADPの交換輸送と還元当量の運搬
　ADPとPiからのATPの合成はミトコンドリアマトリックスで行われ，一方ATPの消費によるADPとPiへの分解は主として細胞質でおこる。ATPとADPの交換輸送は内膜に存在するATP-ADP交換輸送体によって行われる。

　細胞質の解糖系で生成されたNADHは，ミトコンドリア内膜を通過できないため，直接電子伝達系への電子供与体として機能することはない。細胞質からのNADHの還元力の伝達は，いくつかの物質を仲介したシャトル機構によって行われている（図1-27）。代表例としては，骨格筋や脳細胞に見られるグリセロールリン酸シャトル機構では，細胞質側にはNAD依存型，またミトコンドリア内膜側にはFAD依存型の各グリセロールリン酸デヒドロゲナーゼが存在し，NADHの還元力をFADH$_2$に変換する。また，肝臓，腎臓，心臓などには，リンゴ酸シャトル機構が知られており，ここではリンゴ酸とアスパラギン酸がNADH輸送を仲介している。植物では，リンゴ酸とオキサロ酢酸を介した（リンゴ酸・オキサロ酢酸シャトル）が存在し効率よく働いている。

脱共役タンパク質：褐色脂肪組織のミトコンドリアに特異的に発現するUCP1（uncoupling protein1, 脱共役タンパク質 1）は，電子伝達系の反応とADPのリン酸化がカップリング（共役）してATPを産生する通常の反応とは異にして，電子伝達過程で形成されたプロトン濃度勾配を短絡的に解消するチャネル（アンカプラー）である。したがって，寒冷，食事などでこの分子（抗肥満因子）が活性化されると，酸化基質の化学エネルギーはATP合成に利用されずに熱へと変換されることになる。UCP1以外に，哺乳動物ではユビキタスに発現するUCP2，骨格筋と脳にそれぞれ特異的に発現するUCP3とUCP4，また鳥類骨格筋に発現するavUCPが確認されている。これらUCPは，熱産生以外に，脂肪代謝や活性酸素の産生の調節に関連していると考えられ，世界で研究が進められている。

（3）葉緑体と光合成

a. 葉緑体の構造

葉緑体（クロロプラスト：chloroplast）は，緑藻や植物に存在する光合成をおこなっているオルガネラである。陸上植物の場合，葉緑体は葉の葉肉細胞と気孔を取り囲む孔辺細胞に存在し，一部の植物では，維管束を取り囲む維管束鞘細胞にも存在する（図1-29）。表皮細胞には葉緑体は存在しない。葉緑体の外形は，短径1〜3mm，長径約5mmほどの楕円型の円体で，透過性の高い外膜とほとんど透過性のない内膜から

なる葉緑体包膜（エンベロープ：envelope）で包まれている。葉緑体内部は，偏平な円盤状の袋が重なり合った部分と空洞の部分からなり，その偏平な袋状の部分をチラコイド（thylakoid）といい，その重なり合った部分をとくにグラナチラコイド（grana thylakoid）という。また，空洞の部分をストロマ（stroma）という。ストロマは液相で，多量のタンパク質が溶解しており，また葉緑体タンパク質の一部をコードするDNAやリボソームも存在する。

b. 光合成のしくみと葉緑体

光合成（photosynthesis）とは，植物などの独立栄養生物（5章5-1-3参照）が光エネルギーを利用し，CO_2から有機物を生産する一連の反応を意味している。その一連の反応は，図1-30に示すように反応1〜4の4つにわけられる。反応1と2は，チラコイドで起こる反応，反応3はストロマ，反応4は葉緑体全体での反応と細胞質での反応との相互作用で生じている。

i）反応1（集光・光化学反応）

光合成の反応は光エネルギーの獲得反応から始まる。これを集光反応または光捕集反応（light-harvesting reaction）とよぶ。光エネルギーの獲得のほとんどは，光合成色素であるクロロフィル（chlorophyll）で行われる。光エネルギーを吸収したクロロフィル分子は励起状態になり，その励起エネルギーは効率良く反応中心（reaction center）のクロロフィル分子へ伝達される。励起エネルギーを受取った反応中心のクロロフィルが，それにつながる電子伝達系に電子をわた

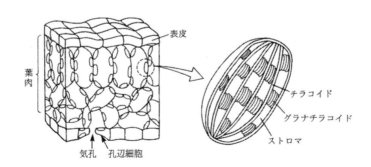

図1-29　高等植物の光合成の場所と葉緑体
［羽柴輝良監（2009）「応用生命科学のための生物学入門」改訂版，培風館より引用］

している。クロロフィルの100分子から400分子に1分子の割合で反応中心クロロフィルが存在する。これらのクロロフィル分子はすべてタンパク質と結合し，数種の複合体を形成している。それらは大きくわけて，① 光捕集（アンテナ）の機能を持つ集光性色素タンパク質複合体（LHC I とLHC II）と② 反応中心クロロフィル分子を含む色素タンパク質複合体に分けられる。反応中心は2種類あり，それらが結合する色素複合体も2種類にわかれていて，PS I（光化学系 I）とPS II（光化学系 II）とよばれている。PS I の反応中心は，酸化された時700 nmに吸収があらわれることからP700，PS II の反応中心は，同じく酸化された時680 nmに吸収があらわれP680とよばれる。そして，①の集光性色素タンパク質複合体のLHC I はPS I への，LHC II はPS II への光エネルギーの捕集の役割を担っている。これらの色素タンパク質複合体は，同じチラコイド膜に存在する他のタンパク質より量的に多く，全チラコイドタンパク質の50％以上にも相当する。

　光合成色素には，クロロフィルの他に，カロチノイドとフィコビリンが存在し，タンパク質と結合して光合成色素として働いている。カロチノイドは，広く植物界に認められる色素であるが，フィコビリンは，ラン藻や紅藻などの主要な光捕集色素として働いている。クロロフィルにはa，b，c，d，f型があり，陸上植物には，

aとbが存在する。両者の存在比はほぼ3：1から2：1である。PS I とPS II の色素タンパク質のクロロフィル分子はすべてa型で，反応中心クロロフィルもa型である。一方，クロロフィルbはすべて集光性色素タンパク質に結合している。なかでも，90％以上のクロロフィルbはLHC II に結合し，LHC II に結合しているクロロフィル分子のa/b比はほぼ1：1である。

　ii) 反応2（電子伝達・リン酸化反応）

　反応中心クロロフィル分子では，集められた励起エネルギーを使って強力な酸化還元反応による電荷分離が生じ，反応中心から電子が放出される。この時，酸化型となった反応中心への電子供与体がH_2Oに由来し，最終的な電子受容体が$NADP^+$（nicotinamido adenine dinucleotide phosphate：ニコチンアミドアデニンジヌクレオチドリン酸）である。この間の一連の電子伝達（electron transport）反応に伴いチラコイド膜の内外にH^+の濃度勾配が生じ，その電気化学エネルギーを利用してATPが生産される。この反応を光リン酸化反応（photophosphorylation）という。

　図1-31にチラコイド膜上での集光・電子伝達およびそれらの反応に伴うH^+輸送とATP合成を担う分子複合体のモデル的な配置について示した。PS II 複合体は，P680を含むPS II 色素タンパク質，LHC II，および水分解系タンパク質

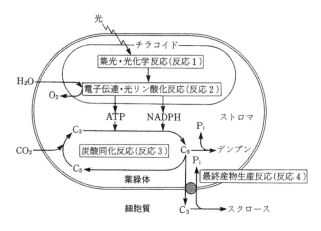

図1-30 光合成のしくみ（4つの反応）　P_i：無機リン酸

［羽柴輝良監（2009）「応用生命科学のための生物学入門」改訂版，培風館より引用］

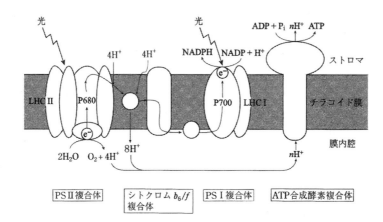

図1-31　チラコイド膜上の分子複合体モデル
［羽柴輝良監（2009）「応用生命科学のための生物学入門」改訂版，培風館より引用］

などのいくつかの電子伝達成分より構成される。
酸素発生系の成分はチラコイド内腔側に存在し，
H_2Oを分解してO_2を発生し，H^+を放出して
H_2O由来の電子を反応中心に渡す。PSⅡを経た
電子は，シトクロムb_6/f複合体に渡される。つ
ぎにPSⅠ複合体を経由して，最終的に$NADP^+$
に渡され，還元物質NADPHとなる。PSⅠ複合
体は，P700を含むPSⅠ色素タンパク質，LHC
Ⅰ，および一連の電子伝達成分からなり，フェレ
ドキシンとNADP還元酵素につながる。

　これらチラコイド膜を介する電子の流れが，
ストロマからチラコイド内腔へのH^+の輸送と共
役している。生じたH^+濃度差による電気化学ポ
テンシャルを使って，チラコイド膜内腔から再
びストロマへH^+が流出する時に，ATP合成酵
素複合体CF_1（coupling factor 1）とCFoがADP
とリン酸からATPを合成する。

　ⅲ）反応3（炭酸同化反応）

　① カルビン回路　反応1と2において生産
されたATPのエネルギーとNADPHの還元力
を用いて，葉緑体ストロマ内においてCO_2ガス
から有機物を生産する。この反応を炭酸同化反
応（carbon assimilation）という。また，この
CO_2固定とCO_2受容体を生産する代謝回路を，
カルビン回路（Calvin cycle）［別名，カルビン・
ベンソン回路，または炭素還元回路］という。こ
の回路は，一連の酵素反応による代謝で，その

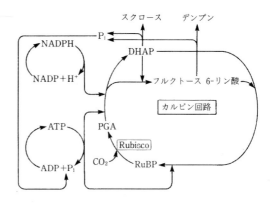

図1-32　カルビン回路と関連する光合成の代謝
［羽柴輝良監（2009）「応用生命科学のための生物学入門」改訂版，培風館より引用］

概略とそれに関連する光合成の他の代謝を含め
て図1-32にまとめた。カルビン回路は，機能
の面から炭酸固定反応とCO_2の受容体であるリ
ブロースジリン酸（ribulose-1, 5-bisphosphate,
RuBP）の再生産反応の2つにわけてまとめるこ
とができる。

　炭酸固定反応は，1分子のCO_2がCO_2の受
容体である1分子の5炭素化合物（C_5）RuBP
に付加され，2分子の3炭素化合物（C_3）ホス
ホグリセリン酸（phosphoglyceric acid, PGA）
が生産される反応をさす。この反応は，RuBP
カルボキシラーゼ・オキシゲナーゼ（RuBP
carboxylase/oxygenase, Rubisco）によって触
媒される。Rubiscoは，地球上でもっとも多量に

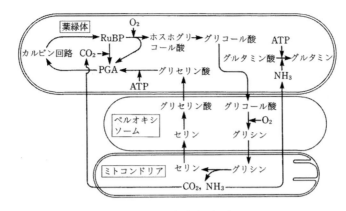

図1-33　光呼吸の経路
［羽柴輝良監（2009）「応用生命科学のための生物学入門」改訂版，培風館より引用］

存在するタンパク質で，一般の陸上植物の場合，緑葉全タンパク質の25％から35％をも占める。Rubiscoの基質は，HCO_3^-ではなくストロマ内での溶存CO_2である。CO_2は，外気から気孔を通り葉内に拡散し，細胞間隙，細胞壁，細胞膜，細胞質，葉緑体包膜，ストロマの順に単純拡散されている。

RuBPの再生産反応は，炭酸固定初期産物であるPGAからCO_2の受容体であるRuBPが再生産される過程をさす。この過程で，光化学系・電子伝達反応で生産されたATPとNADPHが一連の酵素反応によって消費される。途中の中間代謝産物の一つである3炭糖（C_3）ジヒドロキシアセトンリン酸（DHAP）において，この化合物が一部カルビン回路からはずれ，スクロースが合成され，6炭糖フラクトース6-リン酸がデンプン合成の出発代謝産物として利用されている。

② 光呼吸　CO_2の固定酵素Rubiscoは，同時にオキシゲナーゼ活性も有し，O_2分子も取込む機能を有する。このO_2分子はCO_2分子とRubiscoの同一触媒部位に拮抗的に結合するため，両活性の比率は，CO_2とO_2の分圧比で決まる。なお，現在の大気分圧下条件での両活性の割合はほぼ4：1である。

Rubiscoは，O_2分子とRuBPから，1分子ずつのPGAとホスホグリコール酸を生産する（図1-33）。PGAはカルビン回路へ流れる。ホスホグリコール酸は葉緑体中でグリコール酸となり，別の細胞小器官であるペルオキシソーム（1章1-2参照）に移行，アミノ化されグリシンとなる。グリシンは，次にミトコンドリアに移行され，脱炭酸（CO_2放出）・脱アミノ（NH_4^+放出）を受け，セリンに変換。再びペルオキシソームにもどり，脱アミノと還元を受けてグリセリン酸となる。グリセリン酸は葉緑体へもどりリン酸化され，PGAとなり，カルビン回路へ流れ込む。この代謝は光呼吸（photorespiration）とよばれ，光合成や呼吸とは異なる別の代謝として位置づけられている。しかし，代謝そのものは完全に光合成の炭酸同化反応と連結し，同時進行で進むものであるから，光合成の代謝の一部と考えるべきものである。気孔の開閉等に伴うCO_2供給と光化学系・電子伝達で生産されるATPや還元力消費のバランス調整のため機能していると考えられている。

iv）反応4（最終産物生産反応）

光合成の最終産物は，デンプンとスクロースである。デンプンは葉緑体内で合成され，スクロースは細胞質でつくられる。デンプンの合成はフラクトース6-リン酸を起点に，スクロース合成はDHAPを起点にカルビン回路から分岐している（図1-30と図1-32）。いずれの合成もその途中経路で脱リン酸される過程があり，脱リン酸されたリン酸は，電子伝達・光リン酸化反応におけるATP生産のためのリン酸源として循環再利用されているので，このリン酸の循環経路

は生理学的に重要である。最終産物生産反応が滞ると，このリン酸の循環経路が回らず，光合成の機動力の源となっているATPの生産が止まり，光合成全体の反応が制御されることになる。スクロースの合成の場合は，葉緑体包膜に存在するリン酸トランスポーターとよばれるタンパク質がDHAPを無機リン酸との交換で細胞質へ輸送している。

■ 演習問題 ■

1) ミトコンドリアにおける酸化的リン酸化について，説明せよ。

2) 動物細胞において，ATPを合成していない時のミトコンドリアの呼吸速度は遅い。その理由について，解説せよ。

3) 光合成の反応式は以下のどちらが正しいか選択し，その理由を述べよ。

$$6CO_2 + 6H_2O + 光エネルギー \rightarrow C_6H_{12}O_6 + 6O_2$$

$$6CO_2 + 12H_2O + 光エネルギー \rightarrow C_6H_{12}O_6 + 6H_2O + 6O_2$$

■ 参考図書 ■

1) 山田安正 著 (1994)：現代の組織学，改訂第3版，金原出版株式会社

2) Singer, S.J., Nicolson, G.L. (1972)：Science, 175：175

3) De Robertis, E.D.P., De Robertis, E.M.F. (1975)：Cell Biology. 6 th Saunder Co.Ltd

4) Bloom, W., Fawcett, D.W. (1975)：A textbook of Histology：10th ed., Saunders Co. Ltd

5) 藤田尚男・藤田恒夫 (1991)：標準組織学総論 第3版，医学書院

6) Kreistic, R.V. (1979)：Ultrastructure of the Mammalian Cell. An Atlus：Springer-Verlag

生命現象の科学

2-1　タンパク質と酵素

　タンパク質は，核酸（DNA，RNA），多糖，脂肪とともに，細胞や組織を構成する主要な生体分子のひとつである。生物の体全体や器官の骨格構造を形成しているコラーゲンや毛髪のケラチンなどの構成タンパク質と，生体機能を調節するインスリンなどのホルモン，味や匂いのセンサーである受容体，酵素あるいは生体防御に関わる抗体分子などの機能タンパク質に大別される。

2-1-1　アミノ酸とタンパク質

(1)　タンパク質中のアミノ酸

　アミノ酸（amino acid）は，一分子内にカルボキシ基とアミノ基を有する化合物の総称であり，天然には400種以上存在することが知られている。その中で，カルボキシ基とアミノ基が同一炭素原子（カルボキシ基からα位となる炭素）に結合したものがα-アミノ酸である（図2-1a）。タンパク質（protein）はα-アミノ酸のカルボキシ基と別のα-アミノ酸のアミノ基の間でペプチド結合（peptide bond）により重合したポリペプチド（polypeptide）である（図2-1b）。一般に，アミノ酸が約100個以上重合したものをタンパク質，100個よりも少ないものをペプチド（peptide）とよんでいる。タンパク質，ペプチドは，規則的に繰り返される一連の結合（α炭素−ペプチド結合−α炭素）からなる骨格部分である主鎖

（backbone）と，構成アミノ酸の種類により多様な特性を示す側鎖部分（side chain）からなっている。ペプチド結合は，図2-1cに示すような共鳴構造をとり，二重結合性をもっている。実際，ペプチド結合のC−N結合がC_a−N結合（C_aはα炭素）よりも14 pm短く，C＝O結合がアルデヒドやケトンのもつC＝Oよりも2 pm長い。ペプチド結合の二重結合性のため，α炭素から隣のα炭素までの原子は，側鎖部分を除いて，ほぼ平面上にくる（図2-2）。つまり，ペプチド鎖で，ある程度自由に回転できるのは，C_a−NとC_a−Cの結合部分であり，この回転角によってタンパク質の規則正しいいくつかの高次構造が決定される。

　タンパク質を加水分解すると，ペプチド結合が切断され，20種類のアミノ酸が遊離する。これらのアミノ酸はその側鎖部分の化学的性質に基づいていくつかのグループに分類することができる。表2-1には，アミノ酸の構造式のほか，略号（3文字表記，および1文字表記）を示した。この略号は，タンパク質の構造を示すときに構造式の代わりに用い，アミノ基側の末端（N末端）からカルボキシ基側の末端（C末端）方向の順に表す。また，表2-1中の＊印を付した9つのアミノ酸は，ヒトにおける必須アミノ酸（essential amino acid）とよばれ，体内で要求量（必要量）を合成することができず，生体を正常に維持するためには食品として摂取しなければならない（必須アミノ酸は動物の種類，性別，年齢によっ

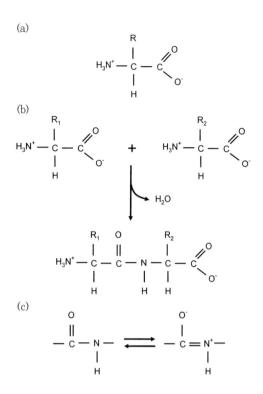

(a)

(b)

(c)

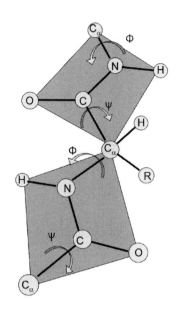

図2-2　ペプチド結合の構造と回転角　灰色の四角で示した，C_αから隣のC_αまでの原子は，側鎖部分を除いて，ほぼ平面上にくる。$C_\alpha - N$結合のまわりの回転角をΦ，$C_\alpha - C$結合のまわりの回転角をΨとよぶ。主鎖に関わる原子の配置は，各アミノ酸についてのこれらの角度によって決定する

図2-1　アミノ酸およびタンパク質の基本構造
(a)アミノ酸, (b)ペプチド, (c)ペプチド結合

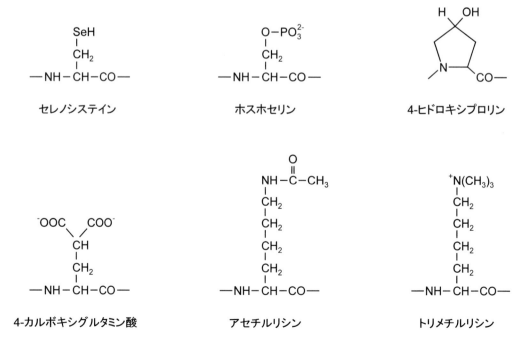

セレノシステイン　　　　　　　ホスホセリン　　　　　　　4-ヒドロキシプロリン

4-カルボキシグルタミン酸　　　　アセチルリシン　　　　　　トリメチルリシン

図2-3　タンパク質中に見られる特殊なアミノ酸

表2-1　タンパク質を構成するアミノ酸

A. 中性アミノ酸

　脂肪族

アミノ酸	構造式	3文字表記	1文字表記
グリシン	COO^- $^+H_3N-C-H$ H	Gly	G
アラニン	COO^- $^+H_3N-C-H$ CH_3	Ala	A
バリン*	COO^- $^+H_3N-C-H$ CH $H_3C\ CH_3$	Val	V
ロイシン*	COO^- $^+H_3N-C-H$ CH_2 CH $H_3C\ CH_3$	Leu	L
イソロイシン*	COO^- $^+H_3N-C-H$ $H-C-CH_3$ CH_2 CH_3	Ile	I
セリン	COO^- $^+H_3N-C-H$ $H-C-OH$ H	Ser	S
トレオニン*	COO^- $^+H_3N-C-H$ $H-C-OH$ CH_3	Thr	T

　芳香族

アミノ酸	構造式	3文字表記	1文字表記
フェニルアラニン*	COO^- $^+H_3N-C-H$ CH_2 (ベンゼン環)	Phe	F
チロシン	COO^- $^+H_3N-C-H$ CH_2 (ベンゼン環)OH	Tyr	Y
トリプトファン*	COO^- $^+H_3N-C-H$ CH_2 (インドール環)	Trp	W

チオール含有

アミノ酸	構造式	3文字表記	1文字表記
システイン	COO^- $^+H_3N-C-H$ CH_2 SH	Cys	C
メチオニン*	COO^- $^+H_3N-C-H$ CH_2 CH_2 S CH_3	Met	M

　イミノ酸

アミノ酸	構造式	3文字表記	1文字表記
プロリン	COO^- $^+H_2N-\!-C-H$ $CH_2\ CH_2$ (環)	Pro	P

　酸アミド

アミノ酸	構造式	3文字表記	1文字表記
アスパラギン	COO^- $^+H_3N-C-H$ CH_2 $O\ NH_2$	Asn	N
グルタミン	COO^- $^+H_3N-C-H$ CH_2 CH_2 $O\ NH_2$	Gln	Q

B. 酸性アミノ酸

アミノ酸	構造式	3文字表記	1文字表記
アスパラギン酸	COO^- $^+H_3N-C-H$ CH_2 $O\ O^-$	Asp	D
グルタミン酸	COO^- $^+H_3N-C-H$ CH_2 CH_2 $O\ O^-$	Glu	E

C. 塩基性アミノ酸

アミノ酸	構造式	3文字表記	1文字表記
リシン*	COO^- $^+H_3N-C-H$ CH_2 CH_2 CH_2 CH_2 NH_3^+	Lys	K
アルギニン	COO^- $^+H_3N-C-H$ CH_2 CH_2 CH_2 $N-H$ $C=NH_3^+$ NH_2	Arg	R
ヒスチジン*	COO^- $^+H_3N-C-H$ CH_2 $C=CH$ $^+HN\ \ NH$ C H	His	H

＊：ヒトにおける必須アミノ酸

て種類が異なる）。

表2-1に示した20種のアミノ酸はRNAから翻訳（タンパク質の生合成）に着目した場合であり，実際にはこの他にも存在する（図2-3）。例えば，筋肉のセレノタンパク質やグルタチオンペルオキシダーゼなどの活性部位にはセレノシステイン（selenocystein）が含まれる。これはUGA特異的tRNAにより翻訳の際に導入されるので，21番目のアミノ酸といえる。その他は，主に翻訳後に修飾されて生じるアミノ酸である。タンパク質中の特定のセリン，トレオニンやチロシン残基は，リン酸化酵素（プロテインキナーゼ，protein kinase）によってリン酸化される。一方，脱リン酸化酵素（プロテインホスファターゼ，protein phosphatase）により，リン酸化アミノ酸は可逆的に脱リン酸化される。リン酸化修飾の有無により，側鎖の化学的性質が変化するため，タンパク質全体の構造に変化が生じ，タンパク質機能のスイッチの役割をする（例えば，酵素では活性化－不活性化に関与している）。ゼラチンやコラーゲン中には，ヒドロキシル化されたプロリンやリシン（ヒドロキシプロリン，ヒドロキシリシン）が存在する。血液凝固に関わるタンパク質であるプロトロンビンやVII，IX，X因子や骨に含まれるオステオカルシンには，グルタミン酸の側鎖がさらにカルボキシル化された4-カルボキシグルタミン酸（γ-カルボキシグルタミン酸）が含まれている。また，真核細胞の核内でク

ロマチンの主要な構成タンパク質であるヒストンのリシンおよびアルギニン残基はアセチル化，メチル化修飾を受け，遺伝情報のRNAへの読み出し（転写）反応のオン－オフにかかわっている。これは，エピゲノム制御とよばれる。

(2) アミノ酸の立体異性

側鎖Rに水素原子をもつ最も簡単なアミノ酸であるグリシン以外のα-アミノ酸では，α炭素が不斉炭素原子であるため，側鎖Rの立体配置の違いにより図2-4のような光学異性体（L型およびD型）が存在する。この二つの分子は互いに鏡像であり，重ね合わせることができない。これを互いに鏡像異性体（エナンチオマー，enantiomer）とよぶ。L-アミノ酸とD-アミノ酸の溶解度や融点など物理化学的な性質は同一であるが，偏光面を回転させる方向やその程度（旋光度）は異なる。タンパク質中のアミノ酸はほとんどがL型のアミノ酸である。しかしながら，なぜ，地球上の全生物のタンパク質がL-アミノ酸からなるかは良くわかっていない。ただし，例外としてタンパク質の生合成時にはL-アミノ酸であるが，その後，D-アミノ酸として存在する場合もある。例えば，カエルの皮膚から単離された鎮痛ペプチドであるダーモルフィン中のD-アラニンや納豆の糸の主成分であるγ-ポリグルタミン酸中のD-グルタミン酸は，アミノ酸ラセマーゼにより特異的に立体異性化している。さらに，タンパク質中のD-アミノ酸については，

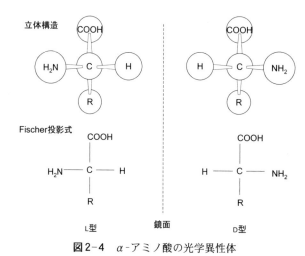

図2-4 α-アミノ酸の光学異性体

ラセミ化という現象を介して見ることができる。ラセミ化とは，光学活性な化合物が他方の鏡像体へと変化し，旋光度がゼロになり光学不活性（ラセミ体）になる現象である。タンパク質のL-アミノ酸は，時間の経過に従ってラセミ化により一部がD-アミノ酸へと変化する。通常のタンパク質は代謝回転が速いのでラセミ化によるD-アミノ酸は無視できるが，新陳代謝のない歯や目，古い皮膚に含まれるタンパク質にはD-アミノ酸が検出される。特にラセミ化速度が速いアスパラギン酸を調べれば，およその年齢（年代）を推定することができる。アミノ酸のうち，不斉炭素を2つもつトレオニンとイソロイシンは，それぞれ4種の光学異性体を持つ。図2-5にはトレオニンの光学異性体の構造を示す。光学異性体のうち鏡像異性体（L-トレオニンとD-トレオニン，あるいはL-アロトレオニンとD-アロトレオニン）でない組み合わせの関係をジアステレオマー（diastereomer）という。先に述べたように，鏡像異性体どうしは，物理化学的性質がほとんど同じであるが，ジアステレオマーどうしは，融点，スペクトル，化学反応性が異なる別の化合

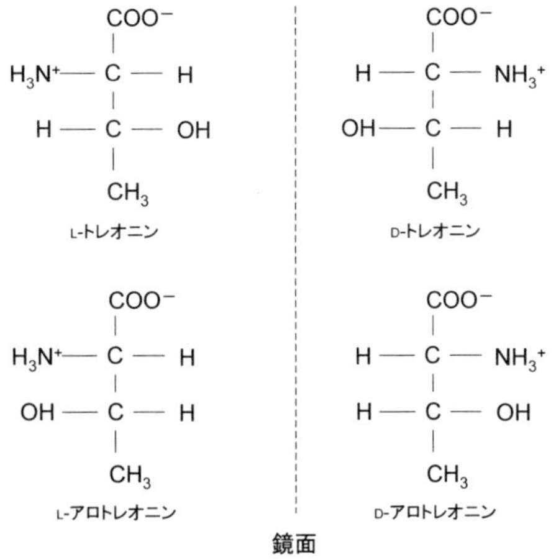

図2-5　トレオニンの光学異性体　L-トレオニンは，D-トレオニンと鏡像関係（エナンチオマー）であるが，L-，D-アロトレオニン両方のジアステレオマーとなる

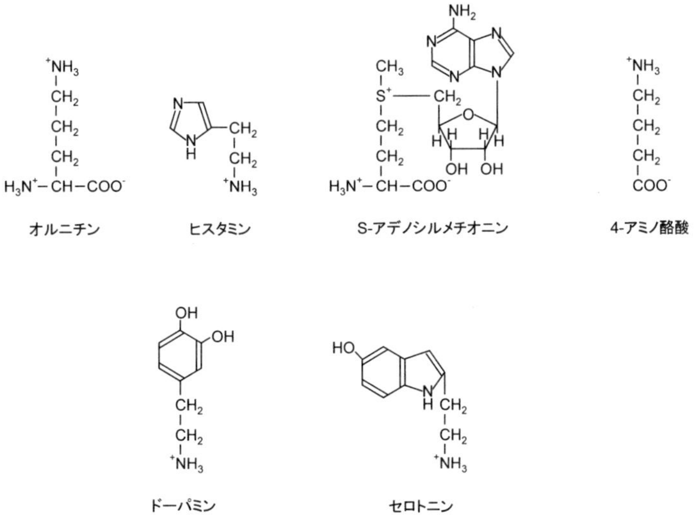

図2-6　生体で見られる非タンパク質性アミノ酸

物である。

（3）タンパク質に含まれている以外のアミノ酸

　アミノ酸やその誘導体には，タンパク質の構成成分としてでなく，種々の生理作用を示すものが多い。生物に有害なアンモニアはアミノ酸などの代謝によって生じるが，これを無毒な尿素に変換するための代謝経路において，非タンパク質性アミノ酸であるオルニチン（図2-6）が関与している（この代謝経路をオルニチン回路とよぶ）。また，オルニチンはDNAの安定化，細胞の成長などに関わるポリアミン（プトレシン，スペルミジン，スペルミン）の前駆体でもある。ヒスタミンは，ヒスチジンの脱炭酸により生じるが，多くのアレルギー反応で中心的な役割を果たしている。S-アデノシルメチオニンは生体のメチル基の主要な供給源であるとともに，オルニチンと同様にポリアミン合成に関与している。神経伝達物質である4-アミノ酪酸（γ-aminobutyric acid, GABA），ドーパミン，セロトニンは，それぞれグルタミン酸，チロシン，トリプトファンから生じる。

2-1-2　タンパク質の構造と性質

（1）タンパク質の一次構造

　タンパク質は，アミノ酸がペプチド結合によりつながったものであると述べたが，その両端は通常α-アミノ基とα-カルボキシ基が遊離の状態で存在する。アミノ基側をN末端，カルボキシ基側をC末端といい，N末端からC末端までのアミノ酸の配列（並び方），またシスチンが存在するときにはそのジスルフィド結合の位置（組み合わせ）を含めた化学構造をタンパク質の一次構造（primary structure）という。そして，タンパク質中のあるアミノ酸残基の位置を示すのに，通常N末端から何番目にあるかで示す。タンパク質は，DNAの遺伝情報に基づいてN末端からC末端へとアミノ酸がつなげられ，生合成される。したがってタンパク質の一次構造は，基本的にその構造遺伝子であるDNAの塩基配列によって一義的に決まり，DNAあるいはmRNA（実際には対応する相補的DNA

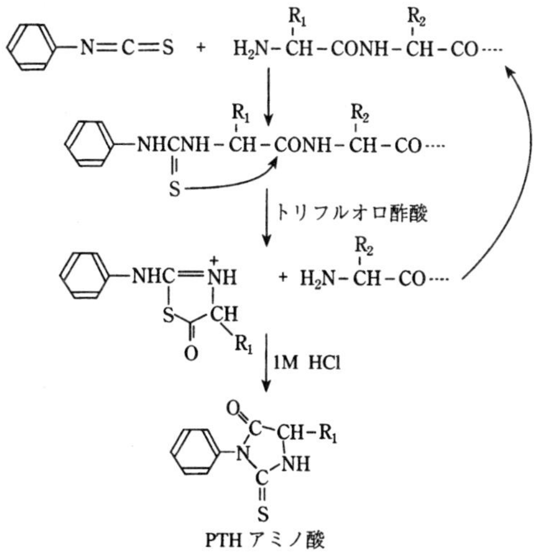

図2-7　エドマン法によるN末端からの一次構造解析　[羽柴輝良監（2009）「応用生命科学のための生物学入門」改訂版，培風館より引用]

（complementary DNA : cDNA）から）の塩基配列からタンパク質の一次構造を推定することができる。また，タンパク質の一次構造を直接解析する方法として，エドマン法がある。これは，図2-7に示す様に，まず，弱塩基性の条件下でフェニルイソチアネートをアミノ基に反応させ，トリフルオロ酢酸により末端のペプチド結合のみを選択的に切断し，N末端アミノ酸を2-アニリノ-5-チアゾリン誘導体として遊離させる。その後，安定な3-フェニルチオヒダントイン誘導体（PTHアミノ酸）へと変換し，検出する。この一連の反応サイクルを繰り返すことにより，N末端から順次アミノ酸配列を決定できる。

（2）タンパク質の高次構造

　一次構造は，あくまでタンパク質の設計図的な構造にすぎない。実際にタンパク質が生物学的な活性や機能を発揮するためには，三次元的に折り畳まれて（フォールドして）ある特定の立体構造（高次構造）をとる必要がある。高次構造は，二次構造，三次構造，四次構造と細分される。タンパク質の二次構造（secondary structure）は，立体構造において主にペプチド鎖（主鎖）中のC=O基とNH基との間の水素結合により部分的に見られる規則的な構造である（図2-8）。

水素結合の位置により，らせん状のαヘリックス，平面的なβ構造（平行および逆平行），ターン構造がある。シス型のペプチド結合の配置をとるプロリンや側鎖がないグリシンがあるとターン構造を取りやすく，アラニン，ロイシンがあるとαヘリックス，側鎖の大きなバリン，イソロイシンなどはβ構造を取りやすいなど，二次構造はアミノ酸配列と相関がある。二次構造は，基本的に水素結合によって安定化されているので，比較的穏やかな処理により変化する。また，二次構造が局部的に組み合わされて規則的になっている構造を「超二次構造」とよび，αヘリックスがターン構造によりつながり束状になったヘリックスバンドル構造や8本のβ構造がαヘリックスで連結され樽状になっているβバレル（TIMバレル）構造があり，立体構造での新しいタンパク質の分類にかかわっている。

タンパク質の三次構造は，二次構造がさらに折り畳まれて三次元的にとる実際の立体構造をいい，タンパク質の機能に直接関わってくる。三次構造を安定化しているのは，構成しているアミノ酸の側鎖間の相互作用であり，ある残基間の水素結合や静電相互作用，疎水結合，システイン間のジスルフィド結合などがある。とくに疎水結合が大きく寄与しており，有機溶媒や界面活性剤により疎水結合を切断すると，タンパ

(a)

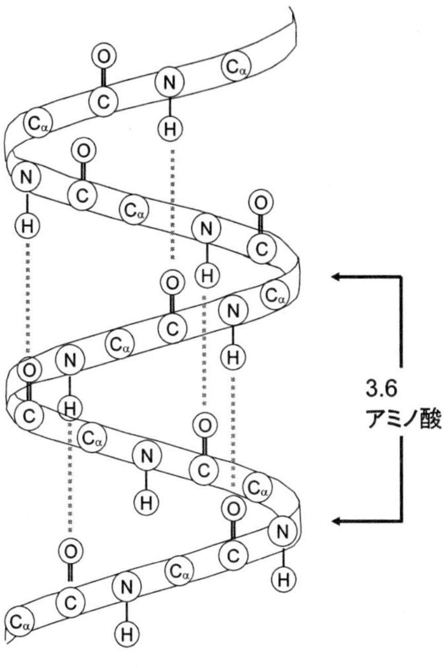

(b)

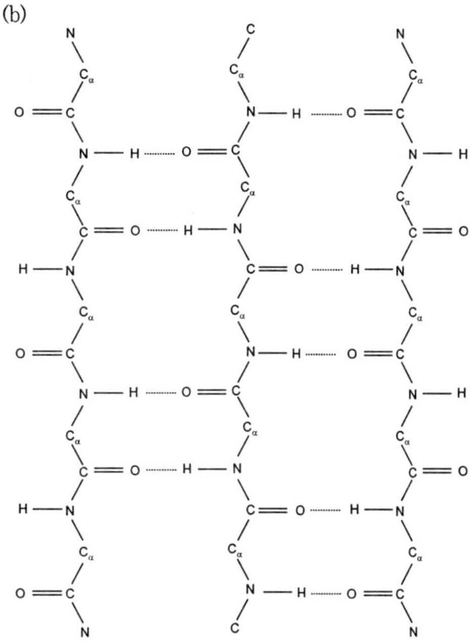

(c)

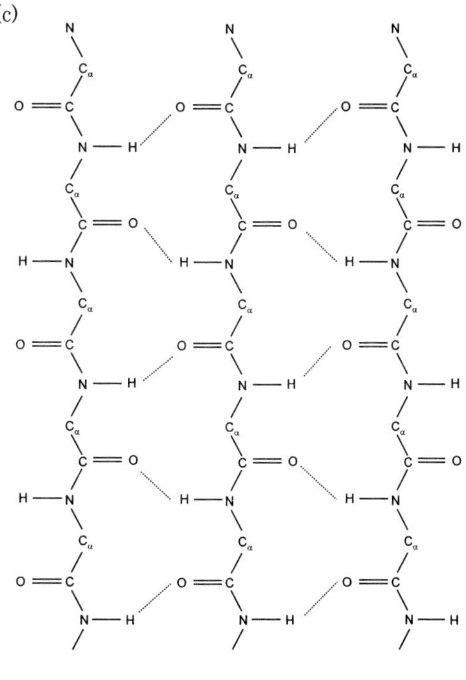

図2-8　タンパク質の二次構造
(a) αヘリックス　(b) 逆平行β構造
(c) 平行β構造　点線は水素結合

ク質の三次構造は壊れ変性する。

　タンパク質によっては，さらに三次構造をもつポリペプチド鎖が非共有結合により会合して，特定の空間的配置を取っている。これを四次構造とよぶ。各ポリペプチド鎖をサブユニット（あるいはプロトマー）といい，会合したものをオリゴマーという。サブユニットの数により二量体，三量体，四量体となるが，同じサブユニットからなる場合，相互作用している部分が相補的であるため対称性を示す。また，RNAポリメラーゼや原核生物の脂肪酸合成酵素複合体などのように多種類のサブユニットからなる場合もある。四次構造は，複合体の一連の酵素反応を効率的に行ったり，四量体であるヘモグロビンのようにサブユニットの一つが酸素と結合すると他のサブユニットの結合性が増加するようなアロステリック効果に関係している。

■ 演習問題 ■
1) タンパク質の一次構造を推定・決定する方法について，説明せよ。
2) タンパク質の立体構造において，主鎖，側鎖の役割について，解説しなさい。

2-1-3　酵素の機能と生化学
(1) 酵素反応の特徴

　化学反応を触媒するタンパク質を酵素という。酵素がおこす反応，すなわち酵素反応は，生物が住む環境や生体内で行われるため，一般的には中性pH付近で生理的な温度の穏やかな条件で反応が進行する（極限環境で生育する好熱細菌やアルカリ土壌細菌の酵素等では例外もある）。例えば，エタノールをアセトアルデヒドに酸化する反応をかんがえてみる。通常の化学反応ではエタノールをニクロム酸ナトリウムの硫酸水溶液中に加えて加熱するという過酷な条件下で行うが，酵素反応ではアルコールデヒドロゲナーゼが，中性pH付近，生理的な温度という比較的穏やかな条件で作用して酸化反応を進める。これを可能にするのが酵素による触媒機構である。

　酵素による反応をかんがえる上で重要なのは，特異性である。酵素は，化学反応ならどんなものでも触媒するというものではない。1つの酵素が触媒する反応は1つに決まっている。これを酵素の反応特異性という。例えば，ヒトの膵臓から分泌されるタンパク質分解酵素，トリプシンはタンパク質を加水分解するが，酸化やリン酸化などの反応は行わない。また，同じく膵臓から分泌されるリボヌクレアーゼは，RNAだけを加水分解する。トリプシンはRNAに出会っても何もしないし，リボヌクレアーゼはタンパク質に出会っても何もしない。このように反応物が限定されている事も酵素の大きな特徴で，これを基質特異性という。基質とは酵素反応における反応物のことである。

(2) 酵素の分類

　酵素の分類は，反応特異性に基づき，以下に示す6つの反応に分類されている（表2-2, http://www.chem.qmw.ac.uk/iubmb/enzyme/ を参照）。各群の酵素は，基質特異性や反応特異性等に基づいてさらに細かく分類され，国際生化

表2-2　酵素の分類と名称

EC番号	酵素名	触媒する反応
1	オキシドレダクターゼ（酸化還元酵素）	酸化還元反応
2	トランスフェラーゼ（転移反応）	基（原子団）の転移反応
3	ヒドロラーゼ（加水分解酵素）	加水分解反応
4	リアーゼ（除去付加酵素）	ある基を除いて二重結合を残す反応（脱離反応）とその逆反応（付加反応）
5	イソメラーゼ（異性化酵素）	異性化反応
6	リガーゼ（合成酵素）	ATPなどの加水分解に伴い二つの分子を結合させる反応

学分子生物学連合酵素命名委員会 (NC-IUBMB) の規定に従って，各酵素には EC (Enzyme Code) 番号とよばれる4組の数字が付けられている。たとえば，アルコールデヒドロゲナーゼの EC 番号は EC1.1.1.1で，4個の数字は，それぞれ属する群の数字，サブクラス，サブサブクラス，サブサブクラス中での通し番号である。

また，酵素には推奨名（慣用名）と系統名がある。推奨名は国際生化学分子生物学連合により推奨された名前である。系統名では基質名と酵素反応名を書き，語尾を -ase で結ぶ。例えば，アルコールデヒドロゲナーゼは推奨名であるが，その系統名は alcohol : NAD$^+$ oxidoreductase であり，アルコールと NAD$^+$ を基質として酸化還元反応を行う酵素であることがわかる。系統名は基質特異性と反応特異性を表す点で優れているが，煩雑な場合は簡単な推奨名が使われることが多い。

(3) 酵素の活性中心

酵素に結合する基質は，酵素表面の特定の場所に結合する。この酵素表面の特定の場所を，活性部位または活性中心という。活性部位は実際に化学反応を行う触媒部位と基質が結合する基質結合部位とに分けてかんがえることができ

る。多くの場合活性部位は，ドメインあるいはサブユニットの界面にある深い溝（クレフト）に存在する。活性部位の構造は，酵素の基質特異性を説明することができるとかんがえられ，1894年にフィッシャー (Fisher, E.) は，「基質と酵素は，あたかも鍵が鍵穴に合うような関係である」とする鍵と鍵穴説を提唱した。タンパク質の立体構造を詳細に解析する事が可能になった今日では，"鍵穴" は固定された構造ではなく，基質が活性部位に近づくと活性部位の立体構造が変化して，その結果，基質との相補的な複合体を形成するという基質誘導適合説（コシュランド (Koshland, D.E.) ら，1968年）が正確に酵素反応を説明することが明らかになっている。

(4) 活性化エネルギー

化学反応の進行は，図2-9に示したようなエネルギーの変化で説明される。図2-9aの横軸は反応の進行の程度を表していて，これを反応座標とよぶ。例えば，図2-9bにあるような分子 A-B の結合が切れ，分子 B-C を生じるような反応をかんがえる。この場合，反応の進行に伴って，A と B の間の距離が増大，B と C の間の距離が減少して一対の電子が A-B 間に共有されている状態から B-C 間に共有されている状態に変化

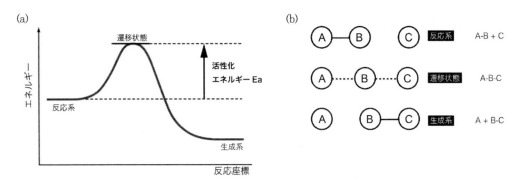

図2-9　酵素反応における遷移状態
（a）酵素反応の進行は反応座標で表される。反応物（反応系）が反応を起こして生成物（生成系）を生じる際に，そのいずれよりも高いエネルギー状態，すなわち遷移状態を経る。それに要するエネルギーを活性化エネルギーとよぶ。この "峠" にあたる状態を越えて生成物に至るか，越さずに反応物に戻るか，その可能性は五分五分である。（b）遷移状態を考えるために，3つの原子 (A，B，C) が関与する2分子反応を考える。原子 C が二原子分子 A-B に近づき反応する過程で，高エネルギー中間体 A・・B・・C ができるとかんがえられる。遷移状態とはこのような臨界的な状態である。

する。この2つの状態の変化には臨界的な状態を想定することができ，この状態を遷移状態という。このような状態は起こりにくく，反応系，生成系に比べてエネルギー的に高い状態にある。反応が進行するためにはこのエネルギー的な障壁を乗り越える必要がある。反応の起こりやすさ，すなわち反応速度は，単位時間あたりの障壁を乗り越えていく分子の数に比例するので，エネルギー的な障壁が低ければ低い程反応速度は速くなる。この障壁の高さを活性化エネルギーという。酵素の高い触媒能は活性化エネルギーを低下させることによって発揮されている。酵素が活性化エネルギーを低下させている方法として，(a) 酵素は遷移状態の基質に対して結合しやすい，(b) 基質が酵素表面上の反応を受けやすいきまった場所に正確に結合する，(c) 基質の結合によって酵素にコンフォーメーション変化が起こり，反応を起こしやすい形に変化する（酵素誘導適合説）のことが考えられている。

(5) 酵素の反応速度論

酵素の反応速度は，種々の要因により影響されるが，最も重要なのは基質の濃度による変化である。アンリ（Henri, 1903）は酵母インベルターゼによるスクロースの分解反応を測定して，酸触媒との重要な違いに気がついた。図2-10に示すように，酸触媒では基質濃度に比例して反応速度が増加し，一次反応に従う。ところが，酵素反応では基質濃度の低いところでは，基質

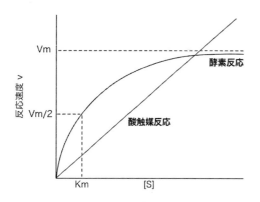

図2-10　酵素反応と酸触媒反応の違い
［羽柴輝良監（2009）「応用生命科学のための生物学入門」
改訂版，培風館より引用］

濃度の上昇に伴い反応速度は速くなるが，基質濃度を幾ら高くしても，ある値以上には反応速度が上がらなくなる。この減少を飽和とよび，最大反応速度をVmaxあるいはVmと表す。また，この曲線を基質飽和曲線とよぶ。ミカエリスとメンテンは，基質と酵素が結合した酵素基質複合体をかんがえるとこの基質飽和曲線が以下の実験式で表されることを示した。

$$v = \frac{Vm\,[\mathrm{S}]}{Km + [\mathrm{S}]}$$

[S]は，基質の濃度を示す。Kmは，v=Vm/2を代入してみると分かるように，v=Vm/2となる時の基質濃度に相当し，ミカエリス定数とよばれている。

この式の誘導方法について，簡単に説明する。酵素反応は酵素基質複合体（ES）を経由し，以下の2段階で進行するとかんがえる。

（k_1, k_{-1}, k_2は速度定数，Pは生成物）

$$\mathrm{E} + \mathrm{S} \underset{k_{-1}}{\overset{k_1}{\rightleftharpoons}} \mathrm{ES} \xrightarrow{k_2} \mathrm{E} + \mathrm{P}$$

ここで，後半の第二反応は十分に遅いので，第一反応は平衡にあると仮定できる（平衡の仮定）。また，反応のごく初期を除き，ESの濃度は基質が無くなるまでほぼ一定であるとかんがえて良い（定常状態の仮定）ので，

$$\frac{d[\mathrm{ES}]}{dt} = k_1[\mathrm{E}][\mathrm{S}] - k_{-1}[\mathrm{ES}] - k_2[\mathrm{ES}] = 0$$

となる。すなわち，$[\mathrm{E}] = (k_{-1}+k_2)\,[\mathrm{ES}]/k_1\,[\mathrm{S}]$となる。ここで，全酵素濃度$[\mathrm{E}_0] = [\mathrm{E}]+[\mathrm{ES}]$で表せることから，

$$[\mathrm{E}_0] = [\mathrm{ES}]\left\{\frac{(k_{-1}+k_2)}{k_1[\mathrm{S}]} + 1\right\} = [\mathrm{ES}]\frac{(k_{-1}+k_2)+k_1[\mathrm{S}]}{k_1[\mathrm{S}]}$$

すなわち，

$$[\mathrm{ES}] = [\mathrm{E}_0]\frac{k_1[\mathrm{S}]}{(k_{-1}+k_2)+k_1[\mathrm{S}]} = [\mathrm{E}_0]\frac{[\mathrm{S}]}{(k_{-1}+k_2)/k_1[\mathrm{S}]}$$

ここで，反応速度vは，

$$v = k_2[\mathrm{ES}] = \frac{k_2[\mathrm{E}_0][\mathrm{S}]}{(k_{-1}+k_2)/k_1 + [\mathrm{S}]}$$

で表せる。上記のミカエリスメンテンの式と比べると，$Km = (k_{-1}+k_2)/k_1$, $Vm = k_2[\mathrm{E}_0]$となることがわかるだろう。

(6) 酵素の触媒機構

　タンパク質の立体構造が次々と明らかとなっている今日では，触媒反応に直接関わっている活性中心のアミノ酸がどのような立体配置をとり，どう基質に働きかけるかについて，詳細に明らかになってきている。プロテアーゼはタンパク質を加水分解するが，その触媒部位のアミノ酸から，セリンプロテアーゼ，システインプロテアーゼ，アスパラギン酸プロテアーゼ，金属プロテアーゼに大別される。ここでは，セリンプロテアーゼの触媒反応機構について紹介しよう。セリンプロテアーゼのひとつであるキモトリプシンでは，活性中心は触媒3残基 (catalytic triad) とよばれる3つのアミノ酸，すなわち，セリン (Ser195)，ヒスチジン (His57)，アスパラギン酸 (Asp102) から構成される。この3残基は水素結合を形成することにより，セリンの水酸基を反応の起こしやすい状態にしている。酵素と基質の間で複合体が形成された後 (図2-11a)，ヒスチジンがセリンのOH基からH^+ (プロトン) を引き抜く。これによって生じた反応性の高いO^-が，基質の切断されるペプチド結合のカルボニル炭素を求核攻撃する (図2-11b)。このように，酵素は活性中心のアミノ酸の官能基を厳密に配置し，高い反応性を持たせる事で触媒機能を獲得している。求核反応の結果，カルボキシル末端ペプチドが遊離するが，セリンはアシル化さ

れた状態となる (図2-11c, d)。ここで，水分子が活性中心に入り，もう一度遷移中間体 (図2-11e) を経てアミノ末端ペプチドも遊離し，加水分解反応が終わる (図2-11f)。触媒反応機構における遷移状態のかんがえ方は，生化学的な実験結果から1984年ポーリングにより提唱されたが，その後，立体構造解析により証明されている。また，遺伝子操作技術の進歩により，酵素の反応機構を調べる有効な手段として，酵素の特定のアミノ酸を他のアミノ酸に置換した変異体を作製して調べるタンパク質工学による手法が一般的になった。キモトリプシンは芳香族アミノ酸や脂肪族アミノ酸，トリプシンは塩基性アミノ酸を，それぞれ認識し，カルボキシル末端側を切断するが，これらの基質を識別する基質認識部位が，タンパク質工学により同定されている。

(7) 酵素の応用

　酵素は，触媒として非常に優れているため従来から工業的にも利用されている。特に，微生物の酵素を利用したものとしては，酒，味噌，醤油の製造等の微生物代謝系を利用する発酵法と，特定の酵素のみを利用して物質生産する酵素法がある。これらの工業的利用において，酵素の特異性は大きな特徴であると共に，新しい化合物を合成する際には欠点にもなり得る。新しい化合物に対しては，タンパク質工学的に酵素の特異性を変化させたり，基質認識の多様性

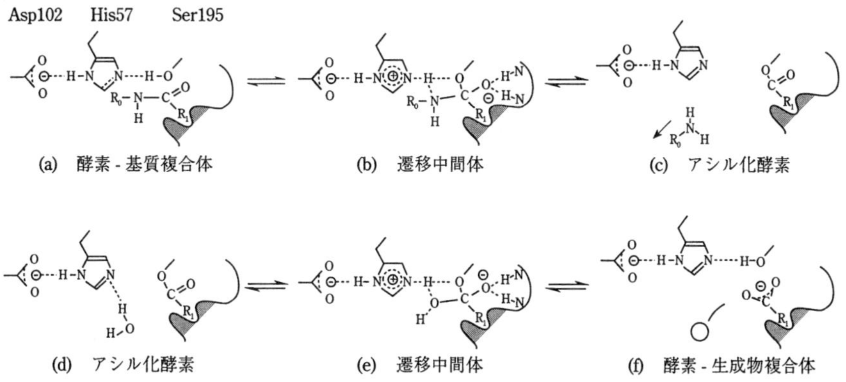

図2-11　セリンプロテアーゼの触媒反応機構
［羽柴輝良監 (2009)「応用生命科学のための生物学入門」改訂版，培風館より引用］

に富んだ抗体に触媒機能を付与した酵素抗体を用いる必要がある。

■ **演習問題** ■

1) 酵素についての次の記述の正誤を判定せよ。
　1. すべての酵素はタンパク質である。
　2. Kmは反応速度が最大値の半分となる時の酵素濃度である。
　3. 酵素に基質が結合すると，一般に酵素の立体構造は変化する。
　4. 酵素と基質は，鍵と鍵穴の関係にある。
　5. 酵素は，基質と生成物の間の平衡を生成物の方向に変えている。
　6. 遷移状態の活性化エネルギーを低下させると，酵素の反応速度は上昇する。

2) 酵素の触媒機構：トリプシンの触媒3残基を3つともAlaに置換しても，いずれかひとつをAlaに置換しても活性低下の程度は変わらない。なぜか説明せよ。

2-2　糖，核酸および脂質の生化学

2-2-1　糖の構造，分類および機能性

(1) 糖質とは

糖質は，動物，植物および微生物中に広く存在し，地球上でもっとも多量に存在する有機化合物の一群である。糖質は，グルコース（Glc）やスクロース（Suc），あるいはデンプン，グリコーゲンのような$C_m(H_2O)_n$の組成式で示される炭水化物（carbohydrate）として定義されてきた。しかし，C，H，O以外の元素であるNやSを含む糖質や，カルボキシ基（-COOH）を含む糖質およびデオキシ糖などの上記の組成式に当てはまらない糖質も多数発見されてきたので，現在は「ポリヒドロキシルアルデヒドまたはポリヒドロキシルケトンの縮合体および誘導体」と定義されている。より簡単に表現すれば，少なくとも1個のカルボニル基（:C＝O）と2個以上のハイドロキシル基（水酸基，-OH）をもつ化合物とその重合体あるいは誘導体となる。

糖質は，単糖，オリゴ糖および多糖と，糖残基の分子量（重合度）により大きく3種類に分類される。また，タンパク質や脂質（セラミド）に結合する複合糖質も存在し，それらに結合するオリゴ糖部分は「糖鎖」とよぶ。

(2) 糖質の構造と分類

糖質の構造は複雑であるが，その分子量と存在形態により以下のように分類されている。

a. 単糖（monosaccharide）

これ以上は加水分解されない単一なポリヒドロキシアルデヒドまたはケトンである。炭素数は3-10まで存在するが，五単糖（リボース，デオキシリボース）と六単糖（Glc，ガラクトース（Gal），果糖（Fru））が最も多く天然に存在する。単糖はいずれもフェーリング液やアンモニア性硝酸銀溶液を還元する性質を持つ。炭素鎖の末端にアルデヒド基（-CHO）をもつものをアルドース，カルボニル基（C=O）をもつものをケトースという。自然界に最も多量に存在するアルドースはGlcであり，ケトースはFruである。Glcは通常は閉環しているが，水中では開環してアルデヒド基の存在する直鎖構造を経て，六員環（ピラノース）と五員環（フラノース）構造の平衡関係となる。アミノ基を持つ単糖にアミノ糖があり，カルボキシ基を持つ単糖にシアル酸やウロン酸がある。主な単糖の名称，構造および所在を表2-3に示す。

b. オリゴ糖（oligosaccharide）

単糖が2-10個程度結合した糖質で「少糖」ともよばれ，水に可溶で一般に甘みを有する結晶性物質である。糖質間の結合は脱水縮合によるグリコシド結合である。オリゴ糖は還元力の有無により還元性オリゴ糖（ラクトースなど）と非還元性オリゴ糖（Sucなど）に大別される。また，オリゴ糖は遊離状または配糖体として天然に存在し，多糖の酸または酵素による加水分解でも得られる。天然に存在する主要な遊離のオリゴ糖（2糖および3糖）の構造と所在を表2-4に示す。

c. 多糖（polysaccharide）

単糖が11個以上結合した糖質をさし，グリカン（glycan）ともよぶ。

表2-3 主な単糖の名称，構造および所在

分類	構造	名称	所在
三炭糖	CHO HCOH CH₂OH	D-グリセルアルデヒド	糖代謝の中間体
四炭糖	CHO HCOH HCOH CH₂OH	D-エリトロース	糖代謝の中間体
五炭糖	(構造)	D-リボース (D-Rib)	RNA のリボヌクレオチドの構成成分（図2-12参照）
	(構造)	D-デオキシリボース (D-deRib)	DNA のデオキシリボヌクレオチドの構成成分（図2-12参照）
	(構造)	D-キシロース (α-, β-D-Xyl)	植物細胞壁多糖キシランの構成成分
六炭糖	(構造)	D-グルコース (α, β-D-Glc) (ブドウ糖)	血糖，デンプン・グリコーゲンの構成成分，配糖体
	(構造)	D-ガラクトース (α-, β-D-Gal)	乳糖の成分，ガラクタンの構成成分
	(構造)	D-フルクトース (D-Fru)（果糖）	果汁，砂糖やフルクタンの構成成分
	(構造)	D-マンノース (α-, β-D-Man)	コンニャクのグルコマンナンの構成成分，糖タンパク質
デオキシ糖	(構造)	L-フコース (α-L-Fuc)	褐藻のフコイダン，血液型物質
アミノ糖	(構造)	D-N-アセチルグルコサミン (α-, β-D-GlcNAc)	キチンの構成成分
シアル酸	(構造)	N-アセチルノイラミン酸 (NeuAc)	糖タンパク質や糖脂質糖鎖
糖アルコール	CH₂OH HOCH HOCH HCOH HCOH CH₂OH	D-マンニトール	褐藻中の遊離糖
ウロン酸	(構造)	D-グルクロン酸 (α-, β-D-GlcA)	ムコ多糖の構成成分
	(構造)	D-ガラクツロン酸 (α-, β-D-GalA)	ペクチンの構成成分

［羽柴輝良監（2009）「応用生命科学のための生物学入門」改訂版，培風館より改変引用］

表2-4　天然に存在する主な遊離オリゴ糖の構造と所在

分類	構造	名称	所在
還元性二糖		マルトース（麦芽糖）(Glc α 1 → 4 Glc)	デンプン・グリコーゲンの部分加水分解物
		セロビオース (Glc β 1 → 4 Glc)	セルロースの部分加水分解物
		ラクトース（乳糖）(Gal β 1 → 4 Glc)	乳の主要糖質成分
非還元性二糖		スクロース（ショ糖）(Glc α 1 → 2 β Fru)	砂糖（サトウキビ，テンサイなどの主要糖質
還元性三糖		マルトトリオース (Glc α1→4Glc α1→4 Glc)	デンプン・グリコーゲンの部分加水分解物
非還元性三糖		ラフィノース (Gal α1→6 Glc α1→2 β Fru)	植物の遊離糖

［羽柴輝良監（2009）「応用生命科学のための生物学入門」改訂版，培風館より引用］

表2-5　主な多糖の名称，構造と所在

多糖名	糖組成	結合の種類	主な所在
アミロース	Glc	Glc (α1-4) Glu	植物デンプンの成分
アミロペクチン	Glc	Glc (α1-4) Glu, α1-6分岐	植物デンプンの成分
グリコーゲン	Glc	Glc (α1-4) Glu, α1-6分岐	動物肝臓，筋肉，微生物
デキストラン	Glc	Glc (α1-6) Glu	乳酸菌
セルロース	Glc	Glc (β1-4) Glu	植物細胞壁
イヌリン	Fru	Fru (β1-2) Fru	キク，ユリなどの根茎
キシラン	Xyl	Xyl (β1-4) Xyl	植物細胞壁
ラミナラン	Glc	Glc (β1-3) Glu	褐藻，酵母細胞壁
ガラクタン	Gal	Gal (β1-4) Gal	植物細胞壁
グルコマンナン	Glc/Man	Glc (β1-4) Man, Man (β1-4) Man	コンニャクの塊茎
ペクチン酸	GalU	GalU (α1-4) GalU	植物細胞壁（ペクチン）
アガロース	Gal/3,6 anhydro Gal	(β1-4) 結合	天草（寒天の成分）
キチン	GlcNAc	GlcNAc (β1-4) GlcNAc	甲殻類，昆虫，カビ細胞壁

Glc；D-グルコース，Fru；D-フルクトース，Xyl；D-キシロース，Gal；D-ガラクトース，Man；D-マンノース，GalU；D-ガラクチュロン酸，GlcNAc；D-N アセチルグルコサミン
注：細菌細胞壁の多糖など，多くの多糖は複雑な分岐構造と糖組成をもっており，表にするのが困難なため，本表にはとりあげていない。

［羽柴輝良監（2009）「応用生命科学のための生物学入門」改訂版，培風館より引用］

多糖は陸上高等植物および海藻中に多量に含まれ，動物や微生物中にも広く分布する。Glcからなる多糖はグルカン，マンノース（Man）からなる多糖はマンナンとよぶ。Glcが長く結合した貯蔵物質に，デンプン（アミロース，アミロペクチン）やグリコーゲンがある。多糖は無味で，還元力をほとんど示さず，水に難溶なものが多い。多糖の多くは一種の単糖から構成され，複雑なものでも4種以上の単糖が含まれることはまれである。分子内の結合順序や結合様式が規則正しく，一般に二糖の繰り返し構造（repeating unit）をもつものが多い。微生物が作り出す菌体外多糖（EPS）等では，五糖や六糖単位の繰り返し構造が存在し，リン酸化されていることが多い。主要な多糖の名称，構造と所在を表2-5に示す。

d. 複合糖質（glycoconjugate）

糖質がタンパク質に結合した糖タンパク質や，脂質に結合した糖脂質およびプロテオグリカンなどを総称してよぶ。これらの糖鎖は，種々の生理活性を示すことが多い。糖タンパク質（glycoprotein）の糖質部分は単糖，オリゴ糖から多糖まで存在し，主にヘテロオリゴ糖鎖を含み，多くは分岐構造を持つ。人体のタンパク質の3分の1を占めるコラーゲンも糖タンパク質であり，多くの天然タンパク質には糖鎖が結合している。糖タンパク質に結合する糖質は約10種類であり，Man，Gal，フコース（L-Fuc），N-アセチルグルコサミン（GlcNAc），N-アセチルガラクトサミン（GalNAc）やシアル酸が含まれる。糖タンパク質中の糖の割合はさまざまで，コラーゲンでは1%以下であり，ABO式血液型糖タンパク質（ムチン）では約85%にもなる。

e. 配糖体（glycoside）

糖質が他の化合物と結合した物質であり，非糖部分をアグリコンとよぶ。多くは植物体中に見出され，フェノール，アルコール，酸と結合して薬理作用や毒性を示すことが多い。ミカンの黄色はフラボノイド配糖体であり，アサガオの青色はアントシアニン配糖体であり，色素と結合している。微生物では，抗生物質としても存在する。

(3) 糖質の機能性

糖質の機能性には，食品としての栄養源（4.116 kcal/g）としての機能がある。人が摂取した糖質（デンプンなど）は，生体内酵素（アミラーゼなど）により加水分解され，腸管から吸収されてエネルギー源となる。吸収されたGlcの血中での濃度（血糖値）は一定に保たれ，ホメオスタシス（恒常性）がある。食後に血中Glc濃度が上がると膵臓からのインシュリンを分泌してグリコーゲンなどを作る方向に向かい，血糖値が下がるとアドレナリンやグルカゴンによりグリコーゲンが分解されてGlcを供給する仕組みである。

オリゴ糖（フルクトオリゴ糖，ガラクトオリゴ糖，ラクトスクロースなど）は，加水分解酵素の逆反応や転移反応などにより作られるが，低カロリーあるいは難う食性（虫歯になりにくい）甘味料，あるいはビフィズス菌増殖因子としての機能性が注目されている。これらのオリゴ糖は，人が摂取しても生体内酵素ではほとんど分解されず，大腸内で，ビフィズス菌などの嫌気性有用細菌に優先的に利用され，生理機能性を発揮することから，プレバイオティクス（prebiotics）して利用されている。

多糖のデンプンは植物のGlc貯蔵物質であり，グリコーゲンは動物におけるGlcの貯蔵物質であり，動植物のエネルギー源となる。後者は主に肝臓や筋肉に蓄えられ，必要に応じて利用される。多糖のセルロースやキチンは構造多糖とよばれ，セルロースは植物の支持組織を作り，キチンは昆虫や甲殻類（エビ，カニ）の結合組織を構成し，外的な物理的傷害から身を守る機能がある。海藻多糖で最も特徴的なのは，高等植物には見られないエステル硫酸基をもつ硫酸化多糖が含まれており，イオン交換に関与したり水分を保持して干潮時に海藻本体が乾燥するのを防ぐ機能がある。また，Glcがα1-4結合で結合した環状デキストリンであるシクロデキストリン（CD）は，分子内部の疎水性の空洞に脂溶性の物質を取り込み，包接化合物を形成して多機能性を示す。

核酸のDNAやRNAにはその構成成分の一つとして五単糖が含まれており，多くの遺伝情報の授受や複製にも，糖質が非常に重要な機能性を果たしている。また，細菌は極めて複雑な種々の複合多糖からなる硬い細胞壁で覆われている。細胞壁多糖は，細胞質膜を外側から物理的に保護し，浸透圧から細胞を守る機能性とともに，細菌に特有な球状（coccus）あるいは桿状（bacillus）などの細菌独特の形を与える。グラム陽性菌の細胞壁はペプチドグリカンとテイコ酸を主成分とし，前者は多糖ペプチドであり，平行なN-アセチルムラミン酸（MurNAc）とGlcNAcがβ1-4結合した二糖の繰り返し単位からなる。グラム陰性菌の細胞壁はグラム陽性菌よりもさらに複雑であるが，内側は薄いペプチドグリカン層で，外膜にはリポ多糖，リン脂質，リポタンパク質が含まれる。リポ多糖（LPS）は，リピドAという脂質に多数の糖鎖が結合したO-抗原とよばれる糖脂質であり，Toll様受容体4に認識される内毒素である。

細胞表面や細胞間質の糖タンパク質やグリコサミノグリカン（ムコ多糖）が，細胞相互の識別，細胞分化，免疫などに関与していることも知られている。グリコサミノグリカンは，動物の結合組織の基質や体液に広く分布するアミノ糖を含む複合多糖であり，硫酸基を含むものと含まないものが存在する。グリコサミノグリカンは通常遊離の多糖としては存在せず，生体内ではタンパク質と共有結合をした多糖-タンパク質複合体としてのプロテオグリカン（proteoglycan）として存在する。グリコサミノグリカンとしてのヘパリンは，血液凝固阻止活性や脂血清澄作用などの機能性が良く知られているが，細胞や組織を支えて安定化し，その酸性基のイオン交換作用により電解質の調節や水分を保持する機能も推定されている。

複合糖質である糖タンパク質には，O-型（ムチン型）糖鎖とN-型（血清型）糖鎖が存在し，分子間の識別や情報の送受信に関する機能性を有している。糖タンパク質の糖鎖を構成する単糖は意外と少なく，Glc，Gal，Man，L-Fuc，GlcNAc，GalNAc，およびシアル酸の代表的な成分であるN-アセチルノイラミン酸（NeuAc）程度に限られている。O-型糖鎖は糖鎖の還元末端のGalNAcがタンパク質のセリンまたはトレオニン残基と結合しており，N-型糖鎖は糖鎖の還元末端のGlcNAcがタンパク質のアスパラギンと結合している。ヒトABO式血液型は，糖鎖末端のたった一つの糖残基により決定されることは良く知られている。また，受精においても糖鎖が決定的な役割を演じている。ウイルスが動物細胞に感染するのも，標的粘膜細胞表層のシアル酸に結合することで，初期感染が成立するのである。

糖鎖はペプチドなどと比較して圧倒的に多くの情報量を持たせることが可能である。従って，生物にとって情報の伝達や受信という信号標識に用いるのなら糖鎖が有利であり，糖鎖が細胞の表面に存在する理由が良く説明できる。

■ 演習問題 ■

1) ペプチドグリカンの糖鎖構造を記し，グラム陽性菌とグラム陰性菌の細胞壁構造の違いについて説明せよ。

2-2-2　核酸の構造，分類および機能性
(1) DNA，RNA の構造

核酸には，デオキシリボ核酸（deoxyribonucleic acid；DNA）とリボ核酸（ribonucleic acid；RNA）が存在し，物理的な構造は両者間で良く似ている。DNAは遺伝子の本体であり，その機能や制御を考える上でも，DNAの物理的構造を知ることは重要である。DNAの基本的な構造は，1953年にワトソン（Watson, J.D.），クリック（Crick, F.H.C.）によって明らかにされた。ワトソン・クリックDNA構造の特徴は，対称的二重らせん構造と，相補的塩基対の形成にある。

核酸は，プリンまたはピリミジン誘導体の塩基，糖（ペントース），リン酸からなるヌクレオチドを基本単位とし（図2-12），このリン酸が各ヌクレオチド間で糖の3'と5'位炭素の間にジエステル結合の橋をつくって結ばれて重合した長い

鎖状のポリヌクレオチドである（図2-13）。糖の部分がリボースかデオキシリボースかが，RNAとDNAの基本構造の違いである（図2-13）。図2-12に示した糖−リン酸−糖のくり返し結合をDNA，RNA鎖の骨格とよび，その構造を形成する役割を果たしている。この構造には方向性があり，一端は5'-OH（単に5'とも記す）であり，他端は3'-OH（単に3'とも記す）である。DNA中の塩基部分には，アデニン（A），グアニン（G），シトシン（C），チミン（T）の4種のいずれかが位置し（図2-13），その他に微量のメチル化塩基，たとえば5-メチルシトシンが含まれていることもある。これらの塩基の固有の配列が，遺伝情報そのものである。RNAの場合はDNAと一部異なり，4種の主要塩基のうち，チミン（T）の代わりにウラシル（U）が含まれている。一般に，核酸の塩基配列は，5'から3'の方向に書き表わす。

　細胞内ではDNAのほとんどはB型DNA（B-form DNA, B-DNA）として知られるコンフォメーションをとる。B-DNAは二本鎖として存在し，右巻の二重らせん構造を形成する（図2-14）。

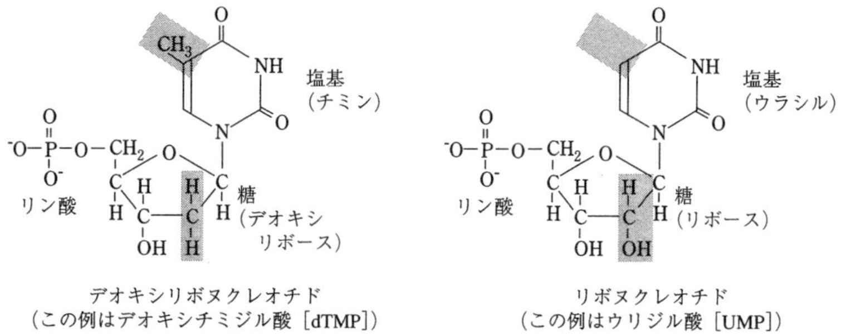

図2-12　核酸（DNAおよびRNA）の構成単位
［羽柴輝良監（2009）「応用生命科学のための生物学入門」改訂版，培風館より引用］

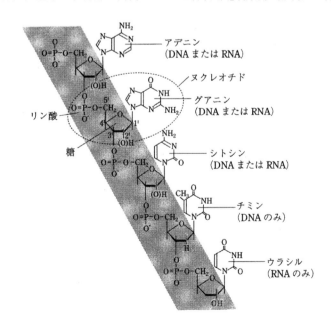

図2-13　核酸（DNAまたはRNA）のポリヌクレオチド鎖の一部（DNA（RNA）鎖の骨格部分を灰色で示す）
［羽柴輝良監（2009）「応用生命科学のための生物学入門」改訂版，培風館より引用］

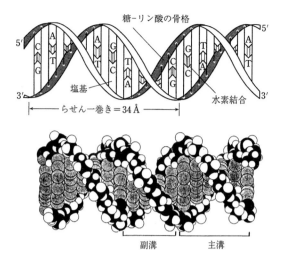

図2-14　DNAの二重らせん構造
［羽柴輝良監（2009）「応用生命科学のための生物学入門」改訂版，培風館より引用］

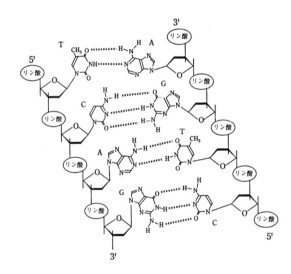

図2-15　DNA二本鎖間の相補的な塩基の水素結合
［羽柴輝良監（2009）「応用生命科学のための生物学入門」改訂版，培風館より引用］

ここでは，二本の鎖は反対向き，すなわち逆平行に互いにらせんを巻いている。それぞれの鎖から中心軸に向かって塩基が突出して存在し，らせんの長軸に直角な平面上で他の鎖の塩基と向かい合って，AとT，GとC，という相補性に基づいた水素結合（塩基対）をつくり，全体の構造を安定化している（図2-15）。糖－リン酸鎖の二本鎖はその間に2種類の溝をつくる。一つは副溝（minor groove）でもう一つは主溝（major groove）である。溝の中の塩基対の縁は溶媒が接近可能であり，特異的なタンパク質が配列を認識して特異的に結合できる領域を提供する。また，条件によってDNAは左巻きのZ-DNAや彎曲した構造のbent-DNAなどの構造をとる。RNAの場合，ある種のウイルスなどを除いて，その分子は一本鎖である。しかしRNA分子にも，ヘアピンループ形成によって生じる二重らせん領域が存在する。

細胞から取り出したDNAを，熱やアルカリで処理すると，塩基間の水素結合が切れて一本鎖DNAとなる。この変化をDNAの変性とよぶ。変性したDNA溶液の温度を徐々に下げてゆくと，塩基間の相補性をもつ一本鎖間で再び水素結合が形成され，元の二本鎖DNAに戻る。これを，DNAの再会合あるいはアニーリング（annealing）という。このDNAの相補的塩基対形成の特性が，多くの分子生物学的な研究手法に用いられている。

(2) DNAの機能

細胞内に存在するDNAには，二つの最も重要な役割が存在する。すなわち，遺伝子としてタンパク質合成の鋳型となるRNA転写に関わることと，細胞分裂に際してDNA分子の複製を行い，娘細胞に同じ遺伝情報を伝えることである。これらの過程では，DNA二本鎖がほどけて形成された一本鎖DNAの塩基の上に相補性をもつヌクレオチドが並んで新しいRNA鎖（転写の場合），あるいはDNA鎖（複製の場合）が形成される。すなわち，塩基の相補性に基づく半保存的なDNA鎖（複製），およびRNA鎖の合成（転写）が，DNAの重要な機能である。DNAの複製は3-1-2で，RNA転写は3-1-3で詳しく述べる。

細胞内に存在し，生物を維持するために必要な遺伝情報を担うDNA一式をゲノムとよび，ゲノムを構成するDNAをプラスミドやミトコンドリア・葉緑体に存在するDNAと区別してゲノムDNAとよぶことがある。DNA複製は半保存的に行われるため，生物のDNAにはAとT，およびGとCはそれぞれ等量含まれる（表2-6）。一

方，$(A+T):(G+C)$ の比は，それぞれの生物種で異なっている。ウイルスは通常一本の，比較的短い分子量 $1\times10^6 \sim 200\times10^6$（$1.6\times10^3$塩基対～$3.2\times10^5$塩基対）程度のDNAをもつ。また，φ×174ファージのように，環状一本鎖DNAをもつものもある。原核生物は環状二本鎖DNAをもつものが多く，大腸菌DNAの分子量は約 3.1×10^9（約5×10^6塩基対）である。真核生物の場合，DNAは数本から数十本の線状の分子として細胞核に存在する。出芽酵母のゲノムDNAの分子量は，約8×10^9（約1.2×10^7塩基対），ヒトの場合は約2×10^{12}（約3×10^9塩基対）である。これとは別に，真核生物では少量のDNAがミトコンドリアや葉緑体にも含まれ，このDNA上にはこれらのオルガネラを構成するタンパク質の一部の遺伝子を有している。これらのオルガネラDNAは，ゲノムDNAとは異なり，環状DNAである。

真核生物のゲノムDNAは，細胞が分裂する時（細胞周期分裂期）には顕微鏡下で観察可能な分裂期染色体をタンパク質と共に形成するが，それ以外の時期（細胞周期間期）には核内に分散して存在している。しかし，細胞周期間期においても，DNAは多くの核タンパク質と結合して存在しており，このDNA－タンパク質複合体をクロマチンとよぶ。クロマチンの構造については，3-1-1で述べる。

(3) RNAの機能

細胞がつくるタンパク質のアミノ酸配列は，DNAに塩基の固有な並びとして刻まれており，DNAからタンパク質が合成される過程には，以下のような過程が必要である。

DNA→（転写）→RNA→（翻訳）→タンパク質

DNAに刻み込まれている塩基配列の情報は，メッセンジャーRNA（mRNA）に転写され，このmRNAを鋳型として転移RNA（tRNA），リボゾームRNA（rRNA）が関与する反応により，タンパク質が合成される。したがってRNAは，原核生物でも真核生物においても，mRNA，

表2-6 DNA中の塩基組成（モル数の％）

生物名	A	T	G	C
天然痘ウイルス	29.5	29.9	20.6	20.3
大腸菌	24.7	23.6	26.0	25.7
バッタ	29.3	29.3	20.5	20.7
サケ	30.9	29.4	19.9	19.8
ヒトの精子	31.0	31.5	19.1	18.4

［羽柴輝良監（2009）「応用生命科学のための生物学入門」改訂版，培風館より引用］

tRNA, rRNAの3種類の分子が主成分として存在する（表2-7）。真核細胞ではこの他の種類のRNAも存在しており，例えば，核内低分子RNA（small nuclear RNA；snRNA）はRNAエキソンのスプライシングに関与している。しかし，この他にも多種のRNAが存在しており，このなかには遺伝子の発現や染色体の構造形成に関与するものもある。

　mRNAは，RNA転写の産物としてタンパク質合成の鋳型となり，遺伝子それぞれに対してつくられるので，分子量は非常に不均一である。

mRNA中に存在する3連の塩基（コドン）がアミノ酸残基ひとつを指定する（表2-8）。真核生物の遺伝子DNAには，イントロン（intron, 介在配列）とエキソン（exon）とよばれる領域が入り交じっており，これらはどちらも転写されるが，イントロンは転写されたばかりのRNA分子から切り取られ，エキソンだけが残ってつながり，成熟mRNA分子となる（図2-16）。

　tRNAは，mRNAのコドンによって決められた順序で，活性型アミノ酸をリボソームに運び，ペプチド結合を形成させる（図2-17）。20種

表2-7　大腸菌のRNA分子

種類	相対量(%)	沈降定数(S)	質量（kDa）	ヌクレオチド数
リボソーム RNA（rRNA）	80	23	1.2×10^3	3700
		16	0.55×10^3	1700
		5	3.6×10^1	120
転移 RNA（tRNA）	15	4	2.5×10^1	75
メッセンジャー RNA（mRNA）	5		不均一	

［羽柴輝良監（2009）「応用生命科学のための生物学入門」改訂版，培風館より引用］

表2-8　遺伝暗号表

1文字目 （5′末端）	2文字目				3文字目 （3′末端）
	U	C	A	G	
U	Phe	Ser	Tyr	Cys	U
	Phe	Ser	Tyr	Cys	C
	Leu	Ser	終止	終止	A
	Leu	Ser	終止	Trp	G
C	Leu	Pro	His	Arg	U
	Leu	Pro	His	Arg	C
	Leu	Pro	Gln	Arg	A
	Leu	Pro	Gln	Arg	G
A	Ile	Thr	Asn	Ser	U
	Ile	Thr	Asn	Ser	C
	Ile	Thr	Lys	Arg	A
	Met	Thr	Lys	Arg	G
G	Val	Ala	Asp	Gly	U
	Val	Ala	Asp	Gly	C
	Val	Ala	Glu	Gly	A
	Val	Ala	Glu	Gly	G

注：この表はそれぞれのトリプレットで指定されるアミノ酸を示す。例えば，mRNAの5′AUG3′というコドンはメチオニンを指定し，CAUはヒスチジンを指定する。UAA，UAG，UGAは終止コドンである。AUGは，ペプチド鎖の内部のメチオニンをコードするほかに，翻訳開始シグナルの一部分でもある。

［羽柴輝良監（2009）「応用生命科学のための生物学入門」改訂版，培風館より引用］

のアミノ酸それぞれに対して，少なくとも1種のtRNAが存在する。mRNAのコドンの認識は，tRNAにあるアンチコドンという塩基配列によって行われる（図2-17）。リボソームは，50種以上のリボソームタンパク質と複数のrRNAとの集合体であり，タンパク質合成の際に，触媒としての役割と構造的な役割を同時に果たす。

RNAによる遺伝子発現の制御（RNA干渉）：

　DNAから転写されたmRNAはタンパク質に翻訳されて機能するが，mRNAの他にもさまざまな機能を有するRNAが存在する。1998年，ファイアー（Fire, A.Z.）とメロー（Mello, C.C.）によって発見されたRNA干渉により，RNAが遺伝子発現制御に関わることが明らかになった。RNA干渉は，約20塩基の短いRNAとタンパク質との複合体（RISC複合体）が，相補的塩基対形成を形成してmRNAに結合し，このmRNAを分解する現象である。RISC複合体は細胞内で合成されたRNAによって形成されるばかりでなく，人為的に導入されたRNAによっても形成され，相補的配列を有するmRNAを分解する。そのため，現在ではRNA干渉が遺伝子機能解析に広く用いられており，また遺伝子治療など，医療分野でも広く利用できる可能性がある。この業績により，ファイアーとメローは2006年のノーベル医学生理学賞を受賞した。

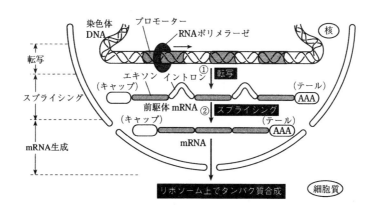

図2-16　真核生物におけるmRNAのでき方（プロセシング）
［羽柴輝良監（2009）「応用生命科学のための生物学入門」改訂版，培風館より引用］

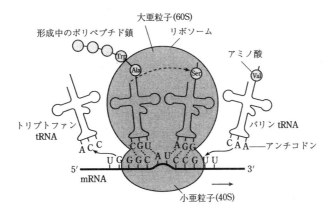

図2-17　タンパク質が生合成される際のtRNAおよびmRNAのはたらき
（リボソームはmRNA上を5→3方向に移動する）
［羽柴輝良監（2009）「応用生命科学のための生物学入門」改訂版，培風館より引用］

■ 演習問題 ■

1) DNAの構造におけるどのような特徴が，DNAが遺伝子として機能する上で重要であるかを述べなさい。

2-2-3　脂質の構造と分類および役割

(1) 脂質とは

　水に溶けず，アルコール，エーテル，クロロホルムなどの有機溶剤に可溶の生体成分を脂質（Lipid）と総称する（表2-9）。主に炭素，水素，酸素の3元素からなり，炭素と水素は炭化水素の長い鎖（$-(CH_2)n-$）を，酸素を加えてカルボキシ基（$-COOH$）を構成し，合わせて脂肪酸を構成する。

(2) 誘導脂質

　誘導脂質とは，単純脂質や複合脂質から加水分解によって誘導される有機酸で，主に脂質に共通の構成成分である脂肪酸（fatty acid）である。天然の脂肪酸は，ほとんどが偶数個の炭素（C4～C22）が直鎖状に結合した構造をしており，末端にカルボキシ基（$-COOH$）をもつもので，一般式は$R-COOH$で表す。分子内に二重結合をもたないものを飽和脂肪酸（表2-10），二重結合をもつものを不飽和脂肪酸（表2-11）とい

表2-9　脂質の分類

単純脂質（アルコールと脂肪酸のエステル）
　・中性脂肪（油脂）——脂肪酸＋グリセロール（グリセリン）
　・ろう——————高級脂肪酸＋高級アルコール

複合脂質（分子中にリン酸や糖を含む脂質）
　・リン脂質————脂肪酸＋グリセロール（スフィンゴシン）＋リン酸＋塩基
　・糖脂質—————脂肪酸＋グリセロール（スフィンゴシン）＋糖
　・リポタンパク質——タンパク質＋単純脂質や複合脂質

誘導脂質（単純脂質や複合脂質から加水分解によって誘導される化合物）
　・脂肪酸—————脂肪を構成する有機酸

その他———不ケン化物（脂溶性ビタミン，カロテノイド，ステロイドなど）

脂質 ｛

表2-10　飽和脂肪酸

脂肪酸	炭素数	構造	融点（℃）	主な所在
酢酸	2	CH_3COOH	18	酢，反芻胃
プロピオン酸	3	CH_3CH_2COOH	-20	反芻胃
酪酸	4	$CH_3(CH_2)_2COOH$	-8	乳脂
カプロン酸	6	$CH_3(CH_2)_4COOH$	-3	乳脂，やし脂
ラウリン酸	12	$CH_3(CH_2)_{10}COOH$	43	やし脂，パーム核油
パルミチン酸	16	$CH_3(CH_2)_{14}COOH$	63	動植物油脂一般
ステアリン酸	18	$CH_3(CH_2)_{16}COOH$	70	動植物油脂一般

［羽柴輝良監（2009）「応用生命科学のための生物学入門」改訂版，培風館より引用］

表2-11　不飽和脂肪酸

脂肪酸	炭素数：二重結合数	二重結合の位置*	主な所在
パルミトオレイン酸	16:1	9	魚油，牛脂，豚脂
オレイン酸	18:1	9	乳脂，オリーブ油，なたね油
リノール酸	18:2	9, 12	サフラワー油，大豆油，なたね油
α-リノレン酸	18:3	9, 12, 15	大豆油，アマニ油，シソ油
アラキドン酸	20:4	5, 8, 11, 14	肝油，牛肉，豚脂，魚油
エイコサペンタエン酸	20:5	5, 8, 11, 14, 17	魚油
ドコサヘキサエン酸	22:6	4, 7, 10, 13, 16, 19	魚油

*カルボキシル基の炭素から数えた番号。

［羽柴輝良監（2009）「応用生命科学のための生物学入門」改訂版，培風館より引用］

う。不飽和脂肪酸の二重結合はシス型とトランス型の立体構造をとり，天然ではほとんどがシス型である（図2-18）。動物体内で合成できないリノール酸とα-リノレン酸を必須脂肪酸という。

(3) 単純脂質

単純脂質とは，アルコールと脂肪酸のエステルで，脂肪（fat）や油脂とよばれる。グリセロールに脂肪酸がエステル結合したものなのでグリセリド（glyceride）ともいう。また，脂肪酸の酸性部分（カルボキシ基）が結合に使われているので中性脂肪ともいう。結合する脂肪酸の数によりモノアシルグリセロール，ジアシルグリセロール，トリアシルグリセロールがあるが，天然に多いのはトリアシルグリセロール（triacylglycerol）である（図2-19）。高級脂肪酸と高級アルコールのエステルは，ろうとよばれる。

(4) 複合脂質

複合脂質は，リン酸を含むリン脂質と糖を含む糖脂質がある。リン脂質は，さらにグリセロリン脂質とスフィンゴリン脂質に分けられる。同様に，糖脂質もグリセロ糖脂質とスフィンゴ糖脂質に分類できる。また，生体内の血液中に存在するリポタンパク質も複合脂質である。

グリセロリン脂質（glycerophospholipid，図2-20）はホスファチジン酸の誘導体であり，トリアシルグリセロールの脂肪酸1個がリン酸に置き換わったものである。ホスファチジン酸にコリンの結合したものがホスファチジルコリン（phosphatidylcholine）であり，脳神経組織，肝臓，卵黄，大豆に多く，古くはレシチンとよばれ，卵黄レシチンや大豆レシチンというよび方をした。

スフィンゴリン脂質（sphingophospholipid）として代表的なものは，スフィンゴミエリン（sphingomyelin）である。長鎖アミノアルコールであるスフィンゴシンに脂肪酸が酸アミド結合した構造をとる（図2-21）。動物組織にひろく分布し，とくに神経突起のミエリン膜に多い。なお，スフィンゴミエリンからリン酸コリ

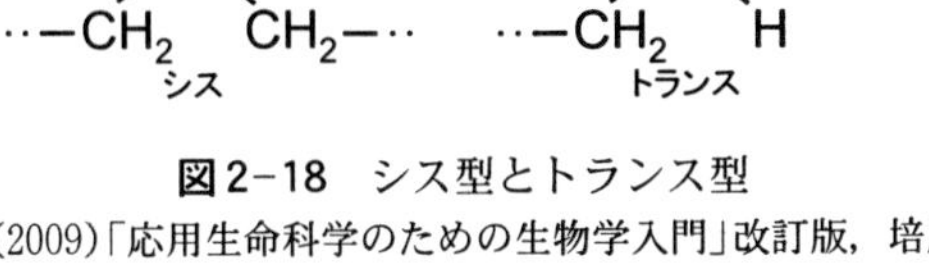

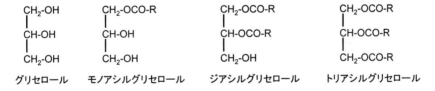

図2-18　シス型とトランス型
［羽柴輝良監（2009）「応用生命科学のための生物学入門」改訂版，培風館より引用］

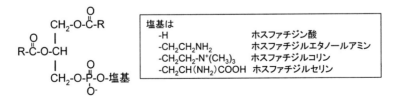

グリセロール　　モノアシルグリセロール　　ジアシルグリセロール　　トリアシルグリセロール

図2-19　単純脂質の種類と構造（Rは脂肪酸の炭素鎖）
［羽柴輝良監（2009）「応用生命科学のための生物学入門」改訂版，培風館より引用］

$CH_2-O-\overset{O}{\overset{\|}{C}}-R$
$R-\overset{O}{\overset{\|}{C}}-O-CH$
$CH_2-O-\overset{O}{\overset{\|}{\underset{O^-}{P}}}-O-塩基$

塩基は
-H　　　　　　　　　ホスファチジン酸
-CH_2CH_2NH_2　　　　ホスファチジルエタノールアミン
-CH_2CH_2-N^+(CH_3)_3　ホスファチジルコリン
-CH_2CH(NH_2)COOH　ホスファチジルセリン

図2-20　グリセロリン脂質と構造（Rは脂肪酸の炭素鎖）
［羽柴輝良監（2009）「応用生命科学のための生物学入門」改訂版，培風館より引用］

ンのとれた N-アシルスフィンゴシンをセラミド（ceramide）という。スフィンゴミエリンは，コリンの供給体であるとともに神経における電気信号の絶縁体としてはたらくとかんがえられている。

グリセロ糖脂質（glyceroglycolipid）は，トリアシルグリセロールから脂肪酸が1個はずれ，その代わりに糖がグリコシド結合した構造をしている。植物に多いが，とくに葉緑体にはガラクトースが1個ないし2個ついたモノガラクトシルジアシルグリセロールやジガラクトシルジアシルグリセロールが局在する（図2-22）。糖の輸送や葉緑体の構造と機能維持に関与する。

スフィンゴ糖脂質（sphingoglycolipid）としての代表は，セレブロシド（cerebroside）である。脳からはじめて分離され，大脳（cerebrum）にちなんで名づけられた。スフィンゴシンに脂肪酸とグルコースが1つ結合したものをグルコシルセラミド，ガラクトースが1つ結合したものをガラクトシルセラミドという（図2-23）。セレブロシドにさらに糖鎖が結合し，ヘキソサミンとシアル酸を含むのがガングリオシド（ganglioside）であり，脳，脊椎，末梢神経に分布する。細胞内の膜マトリックスの構成成分として構造を保つ機能，血液型物質としての抗原作用，毒素やウイルスなどのレセプター機能が知られている。

(5) 不ケン化物

不ケン化物とは，ケン化できない脂質の分類であり，脂容性ビタミンやカロテノイド，ステロイドなどがある。脂容性ビタミンは，ビタミンA，ビタミンD，ビタミンE，ビタミンKがあり，カロテノイドは，β-カロテン，リコペン，ルテイン，フコキサンチンなどがある。ステロイド（steroid）は，ステロール，胆汁酸，ステロイドホルモンなどがある。シクロペンタン（5角環状の炭化水素）とパーヒドロフェナンスレン（水素化されたフェナンスレン）の縮合形をステロイド環（シクロペンタパーヒドロフェナンレス環，図2-24）といい，これを骨格にする化合物がステロイドと総称されている。

ステロールの中のコレステロール（cholesterol）は，代表的な動物ステロールである（図2-25）。動物組織にひろく分布し，とくに神経組織，脂肪細胞，胆汁に多い。細胞内の膜の構造と性質の維持，ステロイドホルモンや胆汁酸の生合成源，ビタミンD_3（コレカルシフェロール）の前駆体としての機能などがある。

胆汁酸（bile acid）の主なものは，コール酸

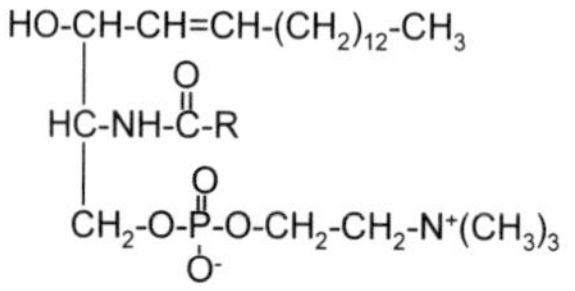

図2-21　スフィンゴミエリンと構造（Rは脂肪酸の炭素鎖）
［羽柴輝良監（2009）「応用生命科学のための生物学入門」改訂版，培風館より引用］

モノガラクトシルジアシルグリセロール　　ジガラクトシルジアシルグリセロール

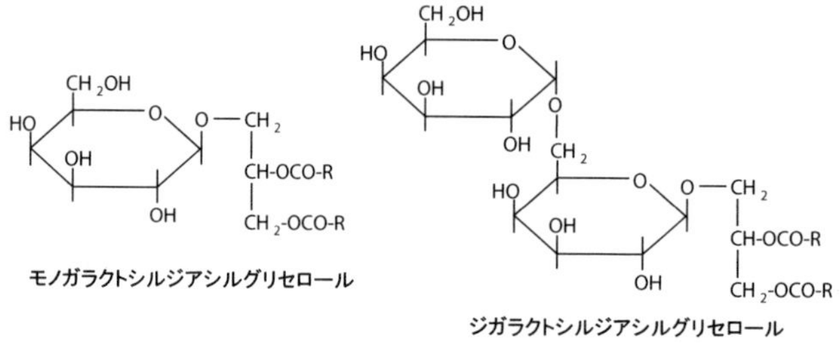

**図2-22　モノガラクトシルジアシルグリセロールとジガラクトシルジアシルグリセロールの構造
（Rは脂肪酸の炭素鎖）**
［羽柴輝良監（2009）「応用生命科学のための生物学入門」改訂版，培風館より引用］

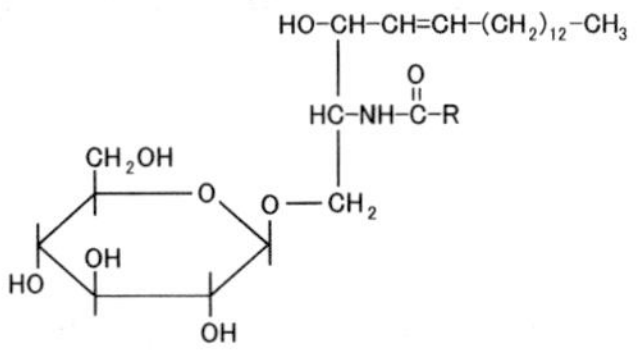

図2-23 グルコシルセラミド（セレブロシド）の構造（Rは脂肪酸の炭素鎖）

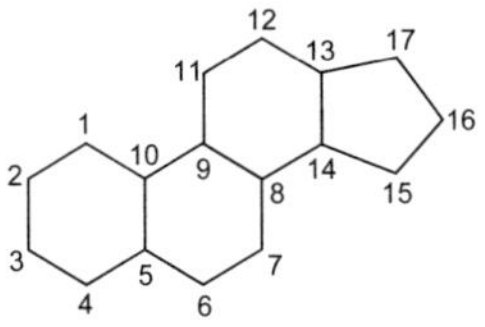

図2-24 ステロイド環の構造
［羽柴輝良監（2009）「応用生命科学のための生物学入門」改訂版，培風館より引用］

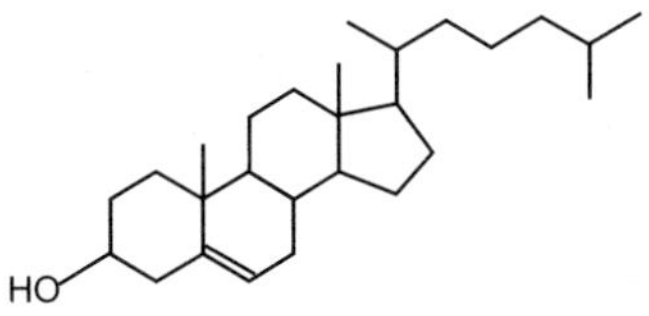

図2-25 コレステロール（$C_{27}H_{46}O$）の構造
［羽柴輝良監（2009）「応用生命科学のための生物学入門」改訂版，培風館より引用］

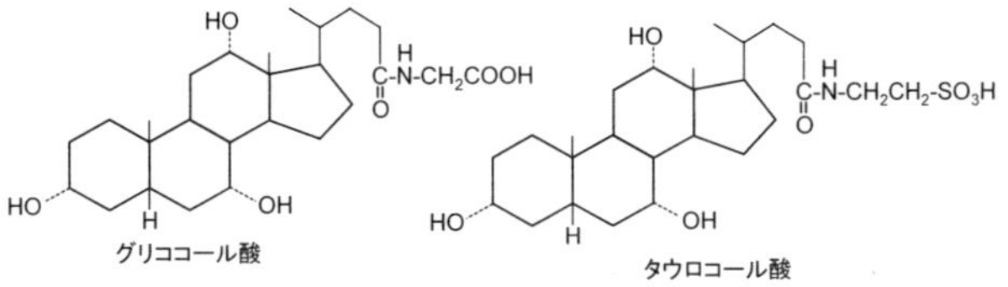

図2-26 グリココール酸とタウロコール酸の構造
［羽柴輝良監（2009）「応用生命科学のための生物学入門」改訂版，培風館より引用］

（cholic acid）である。動物の胆のうから分泌される。遊離で存在することは少なく，グリシンやタウリンと結合してグリココール酸やタウロコール酸として存在する（図2-26）。この構造は脂肪を乳化する作用が強い。グリココール酸はヒトや草食動物の胆汁に多く，タウロコール酸は肉食動物や爬虫類，鳥類の胆汁に多い。

2-3 生体高分子の生合成

2-3-1 アミノ酸の生合成

アミノ酸分子中の窒素は，もとをたどれば大気中の窒素に由来する。N_2をNH_3に還元する反応を窒素固定といい，細菌とラン藻（シアノバクテリア）がこの反応を行う。しかし，高等生物は窒素固定を行うことができないため，窒素源を摂取し代謝する必要がある。細菌，植物では20種類すべてのアミノ酸を自身で生合成することができる。一方，ヒトを含む動物では約半数の

アミノ酸を生合成できず，このようなアミノ酸は食物から摂取しなければならない（必須アミノ酸）。アミノ酸生合成における窒素代謝に関して重要な二つの反応は，有機酸などの炭素化合物にアンモニアを結合させる方法（アミノ化反応）と，有機酸などに他のアミノ酸のアミノ基を写す方法（アミノ基転移反応）である。

アミノ化反応に関与する代表的な酵素は，グルタミン酸脱水素酵素（glutamate dehydrogenese；GDH）とグルタミン合成酵素（glutamine synthetase；GS）である。それぞれが関与する反応を図2-27と図2-28に示す。

アミノ基転移反応は，アミノ基転移酵素（aminotransferase）によって触媒される。この酵素はトランスアミナーゼ（transaminase）ともよばれる。この反応は可逆的で，図2-29のように進む。

アミノ基転移酵素の最も重要なものの一つであるアスパラギン酸アミノ基転移酵素は，アス

パラギン酸のアミノ基をα-ケトグルタル酸へ転移する反応を触媒する。

アスパラギン酸＋α-ケトグルタル酸$\rightleftarrows$

オキサロ酢酸＋グルタミン酸

これらの反応（および逆反応）は，アミノ酸の分解過程でも重要な役割を果たしている。

ヒトの非必須アミノ酸は，限られた数の共通代謝中間体から，単純な経路で合成される。例として，図2-31に，3種類の有機酸より6種類のアミノ酸が生合成される経路を示す。また，アミノ酸分解の過程でも，その構造の多様性にもかかわらず，そのほとんどが限られた数の共通の代謝中間体に集められる。これにより，代謝による分子の変換が経済的に行われている。

■ 演習問題 ■

1) アミノ酸の生合成において，アミノ化反応とアミノ基転移反応の特徴を述べなさい。

2-3-2 糖質の生合成

糖質の生合成は，まず光合成という優れた機能性を獲得した植物から開始される。光合成は，主に陸上植物や植物プランクトン，藻類など光合成色素をもつ生物が行う，光エネルギーを化学エネルギーに変換する生化学反応である。光合成生物は光から変換した化学エネルギーを使って水と空気中の二酸化炭素から糖質（例えばデンプンやセルロース）を合成する。年間に地球上で固定される二酸化炭素は約10^{14} kg，貯蔵されるエネルギーは10^{18} kJと推定されており，膨

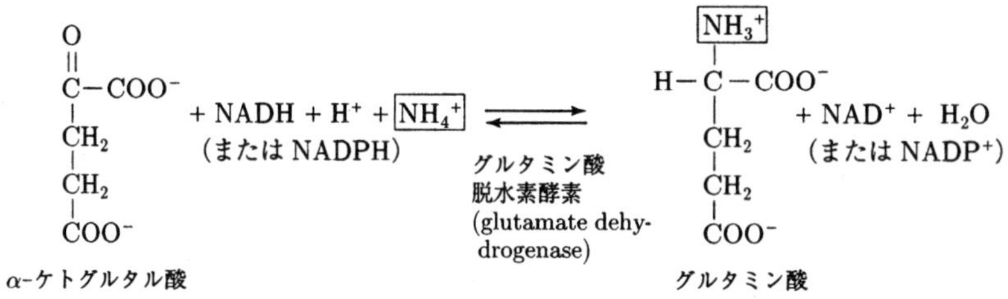

図2-27　グルタミン酸脱水素酵素によるアミノ化反応
［羽柴輝良監（2009）「応用生命科学のための生物学入門」改訂版，培風館より引用］

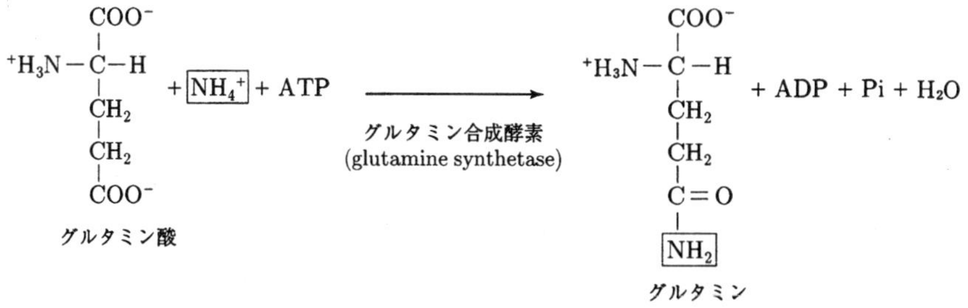

図2-28　グルタミン合成酵素によるアミノ化反応
［羽柴輝良監（2009）「応用生命科学のための生物学入門」改訂版，培風館より引用］

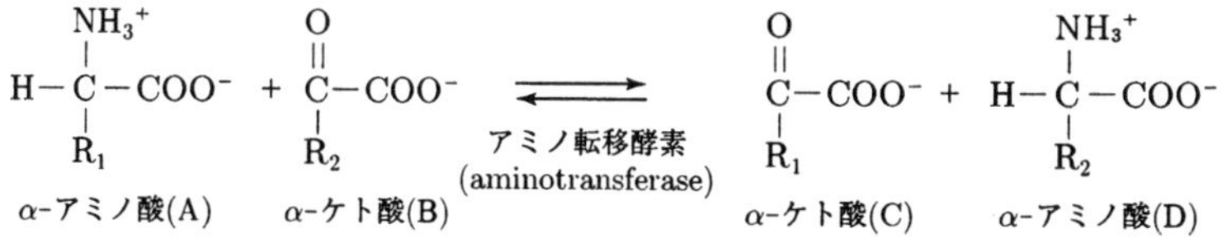

図2-29　アミノ転移酵素によるアミノ転移反応
［羽柴輝良監（2009）「応用生命科学のための生物学入門」改訂版，培風館より引用］

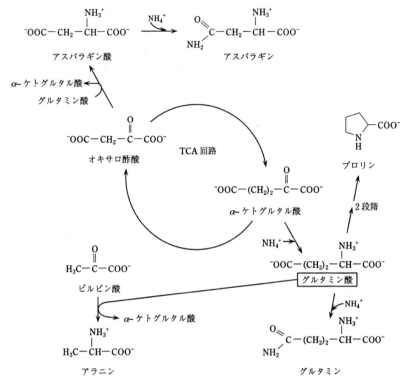

図2-30　TCA回路中間体からのアミノ酸生合成
［羽柴輝良監(2009)「応用生命科学のための生物学入門」改訂版，培風館より引用］

大な量の糖質が生まれている。

　光合成を行っているのは葉緑体という細胞小器官である。光合成は「光化学反応」と「カルビン回路」の２つの段階に大別される。光化学反応は光エネルギーを化学エネルギーに変換する系であり，光を必要とするため「明反応」ともよばれる。葉緑体のチラコイド膜では，クロロフィルが光エネルギーを使って水を分解し，プロトン(H^+)と酸素分子(O_2)，そして電子(e^-)を作る。このときにできた電子によって$NADP^+$(酸化型)から$NADPH$(還元型)が作られる。さらに，チラコイド膜内外のプロトン濃度勾配を利用して，ATP合成酵素によってアデノシン三リン酸(ATP)が作られる。この反応の収支式は，以下のようになる。

$$12H_2O + 12NADP^+ \rightarrow$$
$$6O_2 + 12NADPH + 72H^+_{(in)}$$

$$72H^+_{(in)} + 24ADP + 24Pi(リン酸) \rightarrow$$
$$72H^+_{(out)} + 24ATP$$

　生じた，$NADPH$およびATPはストロマで行われるカルビン回路で使用される。

　次のカルビン回路では，二酸化炭素の固定を行う炭酸固定化反応である。カルビン回路は10以上の酵素からなる複雑な回路であろが，回転は主にリブロース1,5-ビスリン酸カルボキシラーゼ/オキシゲナーゼ(ルビスコ：Rubisco)によって調節されている。光化学反応によって生じた$NADPH$およびATPを酸化および加水分解して生じたフルクトース6-リン酸からデンプンを合成し，葉緑体内にデンプン粒を作成する。カルビン回路の収支式は以下のようになる。

$$6CO_2 + 12NADPH + 18ATP \rightarrow$$
$$フルクトース-1,6-ビスリン酸$$
$$+12NADP^+ + 18ADP + 16Pi$$

光化学反応とカルビン回路の両反応の収支式を
まとめると，以下の反応式となる。

$$6CO_2 + 12H_2O \rightarrow C_6H_{12}O_6（グルコース）$$
$$+ 6H_2O + 6O_2$$

この式は好気呼吸の収支式の逆反応であり，炭
素消費および固定の収支が極めて巨大な生態系
全体でもうまく行くことが理解できる。

　植物体では，グルコースはより高エネルギー
糖の糖ヌクレオチドであるADP－GlcやUDP－
Glcになることで，グルコース同士がグルコース
転移酵素の反応により重合して行き，デンプン
やセルロースが生合成される。実際には，デン
プンには$\alpha 1$－4の直鎖状の分子（アミロース）と
分岐した$\alpha 1$－6結合の枝分かれの部分（アミロペ
クチン）の構造があり，それぞれ転移酵素は異な
る。セルロースの生合成には，セルロース合成
酵素が関与する。

$$ADP － Glc + (Glc)n \rightarrow ADP + (Glc)n + 1$$

　動物は，植物起源のデンプンやスクロース
（ショ糖）などの食品からグルコースを摂取し，
解糖系をもとに多種類の単糖を合成し，多種類
の複合糖質を体内の転移酵素反応により生合成
して行く。生合成する複合糖質の糖質部分（多糖
鎖）における最大の特徴は，核酸やタンパク質が
別につくられた鋳型分子（template）により構造
（構成単位の配列様式）が決定されるのに対して，
多糖鎖の構造はいかに複雑なものでも糖転移酵
素（glycosyltransferase）群の連続共同作業によ
り作られる点である。言い換えれば，多糖鎖は
糖転移酵素群の特異性，相対活性などの環境要
因により常に変化する。情報量を多く持つ複合
糖質などの糖鎖は，必要に応じて構造を変化さ
せることで情報の送受信を可能としていると考
えられる。

　多糖鎖の生合成には，前駆体としての「糖ヌ
クレオチド」の生合成が必須であり，動物ではグ
ルコース（Glc）はUDP－GlcやGDP－Glcに変
換される。その他にも，ガラクトース（Gal）は
UDP－Gal，マンノース（Man）はGDP－Man，
シアル酸はCMP－NeuAcなどとなり，初めて
糖転移酵素の認識対象となり，糖質部分が転移
可能となる。

　例えば，乳中の主要な還元性二糖であるラク
トースの生合成反応は，

$$UDP － Gal + Glc \rightarrow Gal \beta 1 － 4Glc + UDP$$

と示され，ラクトース合成酵素（Aタンパク質
とBタンパク質）が関与する。Aタンパク質はガ
ラクトース転移酵素（Gal^T，N－アセチルラクト
サミンシンテターゼ）であり，Bタンパク質は，
乳腺上皮細胞でしか合成されないα－ラクトア
ルブミン（α-La）である。両者は単独ではラク
トース合成活性を示さないが，α－ラクトアルブ
ミンがガラクトース転移酵素に結合することで，
遊離のグルコースに対するKm値が減少するこ
とでガラクトース転移能が発現し，ラクトース
が生合成される。哺乳動物初乳や人乳中に含ま
れる複雑なミルクオリゴ糖群もこのラクトースを
基本骨格として，さらにUDP－GlcNAc，CMP
－NeuAc，GDP－Fucなどがそれぞれの糖転移
酵素により転移されて複雑かつ多種類の高分子
オリゴ糖が生合成される。

■ 演習問題 ■

1) ミルクオリゴ糖について幾つか例を挙げ，そ
　れらの構造式を記述せよ。

2-3-3　核酸の生合成

　核酸を構成する単位はヌクレオチドである。
ヌクレオチドはDNAやRNAの構成因子とし
てだけでなく，生体の様々な反応に重要な役割
を果たしている。例えば，アデニンヌクレオチ
ドの一つであるATPは，生体内の普遍的なエ
ネルギー担体である。さらにアデニンヌクレオ
チドは，主要な補酵素3種，NAD(P)$^+$，FAD，
CoAの構成要素である。また，ホルモンなどに
より細胞外から細胞核気の転写制御の情報が伝

達される際には，cyclic AMP，GTP，GDPなどが重要な役割を果たしている。

ヌクレオチドの合成には，簡単な物質から新しく合成される*de novo*合成と，すでに存在する塩基の再利用というかたちで合成される再利用（サルベージ）合成がある。

*de novo*合成では，ヌクレオチドの塩基部分を構成するプリンとピリミジンは，アミノ酸，テトラヒドロ葉酸誘導体，NH_4^+，CO_2から*de novo*で組み立てられる。プリン環の原子の由来（図2-31）とピリミジンプリン環の原子の由来（図2-32）を示す。プリンやピリミジンヌクレオチドの糖－リン酸部分は，5-ホスホリボシル-1-ピロリン酸（5-phosohoribosyl-1-pyrophosphate；PRPP）に由来している。PRPPはATPとリボース5-リン酸からPRPP合成酵素により合成される（図2-33）。プリン環の*de novo*合成はリボース-リン酸と結びついた形で，5員環の形成，6員環の形成という順で行わ

れる。それに対しピリミジンヌクレオチドの場合には，ピリミジン環がまず形成されてからリボースリン酸に結合する。

一方，プリンヌクレオチドの再利用（サルベージ）反応では，PRPPのリボースリン酸部分がプリンに転移され，対応するリボヌクレオチドが形成される（図2-34）。

デオキシリボヌクレオチドは，リボヌクレオチドの還元によってつくられる。このとき，リボースの2'-ヒドロキシル基が水素原子に置き換わる（図2-35）。

以上に述べたヌクレオチドの生合成は，さまざまな機構により厳密に制御されていることが知られている。

■ 演習問題 ■

1) ヌクレオチドは，DNAやRNA以外の生体物質の構成にも必要である。これらの生体物質の名称と機能を述べなさい。

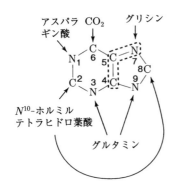

図2-31 プリン環の原子の由来
［羽柴輝良監（2009）「応用生命科学のための生物学入門」改訂版，培風館より引用］

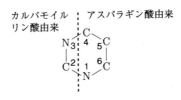

図2-32 ピリミジン環の原子の由未
［羽柴輝良監（2009）「応用生命科学のための生物学入門」改訂版，培風館より引用］

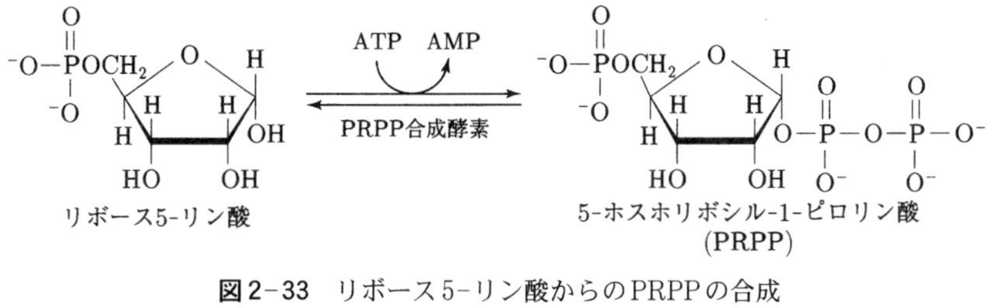

図2-33 リボース5-リン酸からのPRPPの合成
［羽柴輝良監（2009）「応用生命科学のための生物学入門」改訂版，培風館より引用］

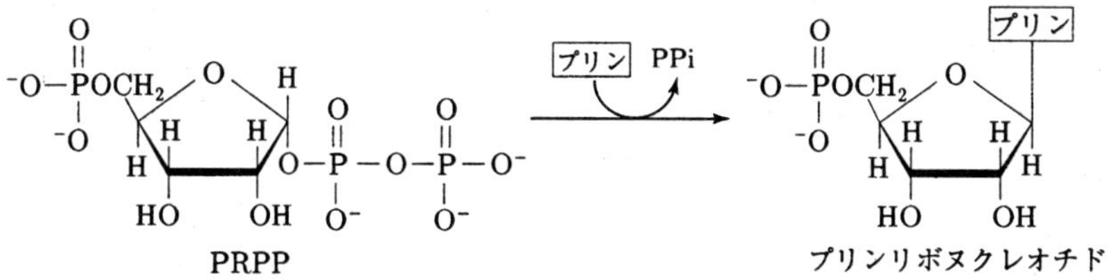

図2-34　塩基の再利用反応によるプリンヌクレオチドの形成
［羽柴輝良監（2009）「応用生命科学のための生物学入門」改訂版，培風館より引用］

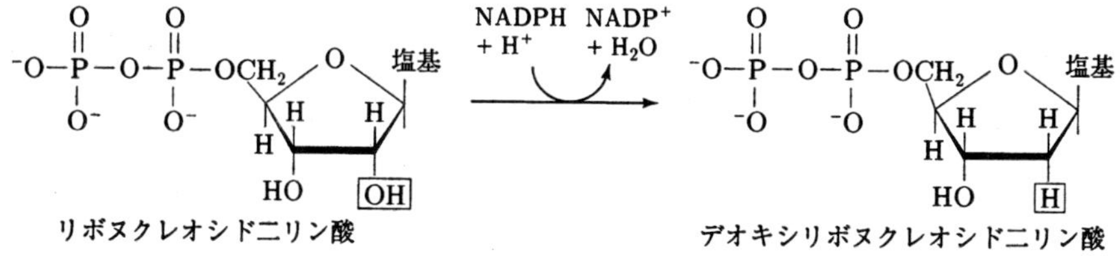

図2-35　リボヌクレオチドの還元によるデオキシリボヌクレオチドの形成
［羽柴輝良監（2009）「応用生命科学のための生物学入門」改訂版，培風館より引用］

2-3-4　脂質の生合成
(1)　脂肪酸の生合成

　脂質の基本構成成分である脂肪酸（アシル基）は，CoAやACPと結合した形で代謝される。CoAは補酵素A（coenzyme A）ともよばれ，アデノシン一リン酸（AMP）にホスホパンテイン基が結合したものである。ACPはアシルキャリアプロテインといわれるタンパク質であり，末端にホスホパンテイン基をもつ（図2-36）。CoA，

ACPともアシル基とチオエステルを形成し，脂肪酸はCoA結合型（アシルCoA）としてβ酸化を受けたり脂質合成に使われ，一方，ACP結合型（アシルACP）として脂肪酸合成に使われる。

　脂肪酸の生合成の経路を図2-37に示す。アセチルACP（C_2）とマロニルACP（C_3）を出発物質として，脱炭酸とともに両者が縮合してアセトアセチルACPになり，還元，脱水，還元をうけてC_4のブチリルACPがつくられる。この反応

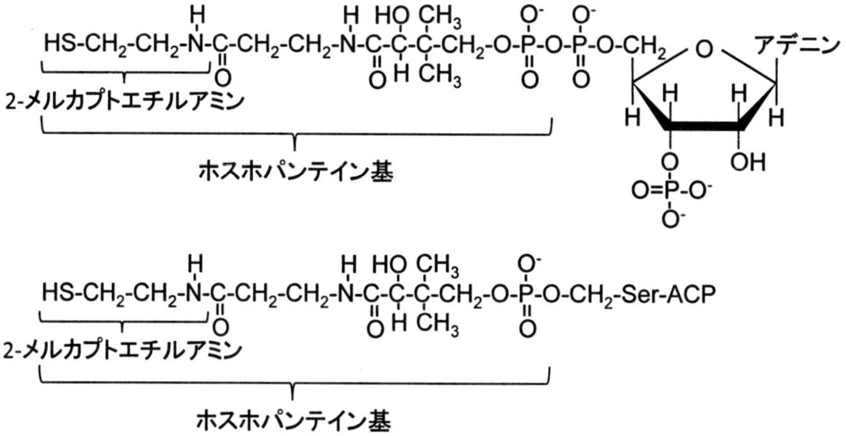

図2-36　CoAとACPのホスホパンテイン基
［羽柴輝良監（2009）「応用生命科学のための生物学入門」改訂版，培風館より引用］

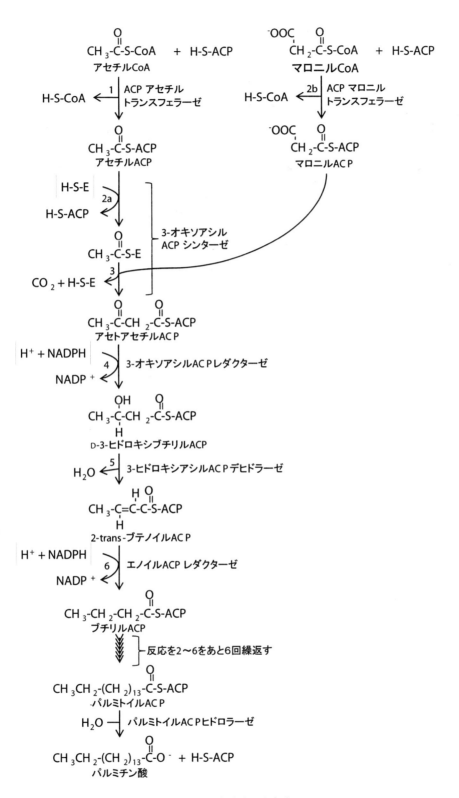

図2-37 脂肪酸の生合成

[羽柴輝良監 (2009)「応用生命科学のための生物学入門」改訂版, 培風館より引用]

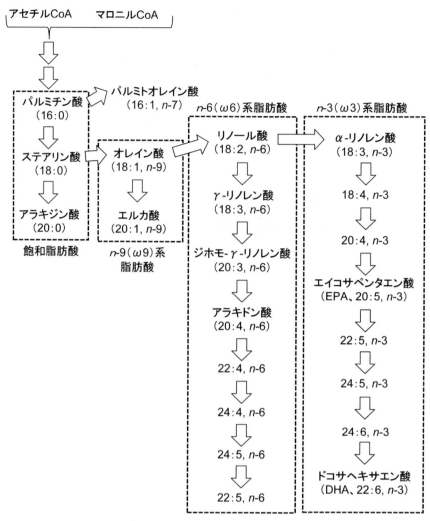

図2-38　脂肪酸の生合成2

をさらに6回くり返し，ACPを放つとパルミチン酸ができる。動物では脂肪酸シンターゼという2個のサブユニットからできている多機能酵素が脂肪酸合成を行う。もっと鎖長の長い脂肪酸や不飽和脂肪酸はパルミチン酸から鎖長延長酵素や不飽和化酵素によりつくられる（図2-38）。これにより，オレイン酸，リノール酸，α-リノレン酸，アラキドン酸，エイコサペンタエン酸，ドコサヘキサエン酸などがつくられる。ヒトではオレイン酸からリノール酸とリノール酸からα-リノレン酸にする不飽和化酵素がないため，リノール酸とα-リノレン酸が合成できない。そのため，この2つの脂肪酸は必須脂肪酸である。

脂肪酸のω6位の炭素に二重結合を1つもつ脂肪酸をn-6（ω6）系脂肪酸といい，代表的な物にリノール酸，アラキドン酸がある。脂肪酸のω3位の炭素に二重結合をもつ脂肪酸をn-3（ω3）系脂肪酸といい，代表的な物にα-リノレン酸，エイコサペンタエン酸，ドコサヘキサエン酸がある。

(2) 脂肪酸の酸化

　ミトコンドリアにおける脂肪酸の酸化分解の経路を図2-39に示す。アシルCoAが不飽和化，水和，不飽和化を受けたのちβ位で分解されて，アセチルCoA（C_2）とはじめの脂肪酸よりC_2だけ少ないアシルCoAを生じる。この反応を一回りするたびにC_2ずつ放たれ，結局，全部がアセチ

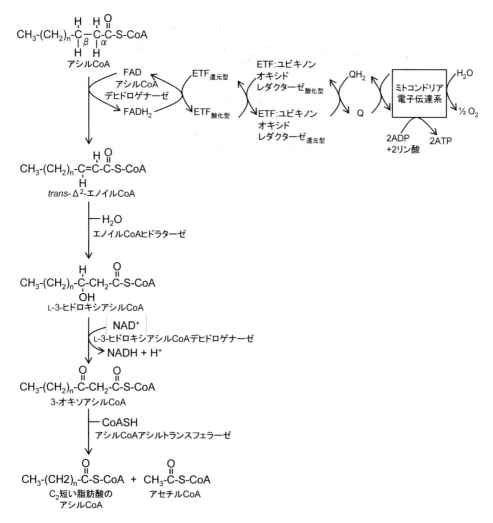

図2-39 脂肪酸のβ酸化

ルCoAに分解される。生じたアセチルCoAは
TCAサイクルに流入し完全に酸化される。脂肪
酸の酸化分解ではβ位が酸化されるので，β酸
化とよぶ。アセチルCoAの一部はケトン体（アセ
ト酢酸，ヒドロキシ酢酸，アセトン）になり，
心臓や筋肉のエネルギー源になる。

(3) 脂質の生合成
　トリアシルグリセロールは，細胞小胞体など
でsn-グリセロール3-リン酸とアシルCoAから
合成される（図2-40）。リゾホスファチジン酸が
つくられたのち，アシル化，脱リン酸化，アシ
ル化を経てトリアシルグリセロールになる。途
中に生じるホスファチジン酸とジアシルグリセ

ロールは，リン脂質の合成にも使われる。ジア
シルグリセロールに，CDP-コリンが反応して，
ホスファチジルコリンが生じる。肝臓ではS-ア
デノシルメチオニンがメチル基の供与体になっ
て，ホスファチジルエタノールアミンをメチル
化してホスファチジルコリンをつくる。また，ホ
スファチジルエタノールアミン：セリントランス
フェラーゼの作用によりホスファチジルセリンが
ホスファチジルエタノールアミンからできる。さ
らにホスファチジン酸からはホスファチジルイノ
シトールが合成される。

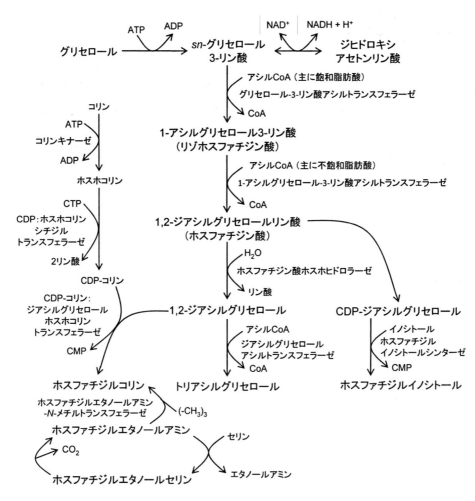

図2-40 トリアシルグリセロールとリン脂質の生合成

■ 演習問題 ■

1) 脂質を3つに分類し、それぞれの定義を書きなさい。

2) ヒトでの必須脂肪酸を2つ理由も含めて書きなさい。

■ 参考図書 ■

1) 田宮信雄・村松正実・八木達彦・吉田浩・遠藤斗志也 (訳) (2005):ヴォート　生化学　第3版, 東京化学同人

2) 勝部幸輝・竹中章郎・福山恵一・松原央 (監訳) (2000):タンパク質の構造入門　第2版, ニュートンプレス

3) 松澤洋 (編) (2004):応用生命科学シリーズ6タンパク質工学の基礎, 東京化学同人

遺　伝

3-1　遺伝子の分子機構

3-1-1　遺伝子の本体

(1) 遺伝子の概念の誕生

　生物のもっとも顕著な特徴は，ある世代から次の世代へ，その形質を伝達することができる点である。このような遺伝とよばれる現象の存在は，親の性質が子孫に伝わる現象などから，大昔から認識されていたはずである。しかし，遺伝が本格的に研究の対象とされるのは19世紀になってからである。

　1865年にチェコ（当時はオーストリア領）のメンデル（Mendel, G. J.）は，エンドウマメの交配実験から遺伝形質を伝搬する因子を想定し，その伝搬の規則性を明らかにすることにより遺伝学の基礎を築いた。メンデルが想定したこの因子が，後に遺伝子（gene）とよばれるようになった。メンデルが発見した遺伝の法則については3-2-1で述べる。細胞学的な立場からは，顕微鏡観察などにより19世紀の半ばまでには遺伝形質の伝搬が精子と卵細胞との受精を介して伝搬されることが明らかにされた。また，精子の大部分が細胞核に相当する成分により構成されていることから，細胞核が遺伝を担っていると考えられた。さらに，有糸分裂，減数分裂，受精などの詳細が明らかになるにつれ，細胞に一定数が存在するひも状の物体である染色体（chromosome）が遺伝形質の伝搬に関与していると考えられるようになった。1905年にサットン（Sutton, W.S.）は，遺伝子は染色体の一部であると仮定し，これによりはじめて遺伝学（交配実験）と細胞学（細胞構造の研究）における遺伝子の研究が結びつくことになった。しかし，染色体や遺伝子の物質的な基礎は，20世紀半ばになるまで理解されることはなかった。

(2) 物質としての遺伝子の発見

　サットン（Sutton, W.S.）が想定した遺伝子は，1928年にグリフィス（Griffith, F.）らの肺炎双球菌を用いた実験により細胞外に取り出され，これにより遺伝子が物質であることが明らかにされた。肺炎双球菌には，顕微鏡で観察可能な外膜の莢膜多糖（capsular polysaccharide）の有無とその種類によっていくつかの株（strain）があり，それぞれの株の病原性はその莢膜多糖の有無とその種類による。菌体の表面に莢膜多糖をもつS株（smoothに由来）をマウスに感染させた時には致死的な病原性を示す（図3-1）。一方，莢膜多糖をもたないR株（roughに由来）には病原性はほとんどない。グリフィスはS株を過熱滅菌した後，遠心分離した上澄みをR株と混ぜてからマウスに感染させると，無毒株のはずのR株を感染させたにも関わらず，マウスは発病して死んでしまうことを見出した。そして，死んだマウスの血液から見つかった肺炎双球菌は莢膜多糖をもつS株であった（図3-1）。この事実は，加熱処理により殺菌されたS株から取り出された物質Xが，無毒のR株を病原性のS株に変えてしまう遺伝子として機能することを示して

いる。しかし，この物質が何であるかが明らかにされるには，さらにもうしばらく時間が必要であった。

(3) 遺伝子の本体として DNA

メンデルの再評価の後，染色体上に存在する遺伝子を物質として同定することが試みられ，染色体がDNAとタンパク質から構成されることも示されていた。そして1944年に，エーブリー（Avery, O. T.）らにより遺伝子の本体がDNAであることが最初に明らかにされた。彼らは病原性をもつ肺炎双球菌S株を培養し，細胞を溶かして遠心分離した上澄みからタンパク質を除き，さらに脂質も多糖類も除いたが，その上澄みにはR株を致死性の病原体に変える物質が含まれていた。最終的に，彼らはこの物質がDNAであることを明らかにした。これにより，グリフィスらの実験は，以下のように説明された。S株がもつ病原性の形質を伝搬する遺伝子であるDNAが，菌体の熱処理後，断片となり遠心分離した上澄みに抽出され，この遺伝子DNAの一部がR株に取り込まれることによって，病原性の形質が伝搬されたのである。

その後，1953年にワトソン（Watson, J. D.）とクリック（Crick, F.H.C.）によってDNAの構造が解明され，これを契機として，分子のレベルで遺伝子の構造や転写，複製などの機能を解析する分子遺伝学とよばれる研究分野が発展した。

(4) ゲノム DNA に刻まれた遺伝情報

DNAは遺伝子の本体であり，生物の生命活動に必要な遺伝情報は染色体を構成するゲノムDNAに刻まれている。様々な生物の一倍体ゲノムDNAの量を図3-2で比較した。ゲノムDNAの量は原核生物から真核生物の間で10万倍以上の範囲で変化するが，ゲノムDNAの量と生物の複雑さの間には正確な相関関係はない。たとえば，両生類や植物にはヒトの数十倍のゲノムDNA量をもつものがある。

大腸菌のゲノムDNAは$4.7×10^6$塩基対で，一つの環状DNA分子（1個の染色体）からなる。これに対してヒトの二倍体ゲノムDNAでは約$3×10^9$塩基対が，24個の線状の染色体（22個の常染色体と2個の性染色体）上に存在する。すなわち，24種類のDNA分子が存在しており，これらをつなげるとヒトの一つの細胞核には約2メートルの

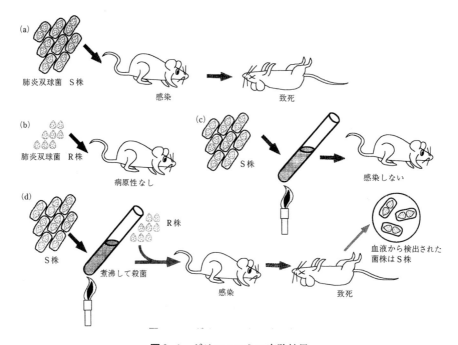

図3-1　グリフィスらの実験結果

［羽柴輝良監（2009）「応用生命科学のための生物学入門」改訂版，培風館より引用］

DNAが収納されていることになる。ヒトのような二倍体の生物では，常染色体は2本ずつあり，一方は母親から，他方は父親から受け継いだものである。

ゲノムDNAが機能するためには，遺伝子をRNAとして転写するだけでは不十分で，細胞分裂毎に自身を複製し，正確に娘細胞に分配する必要がある。DNAの複製にはDNA複製開始点 (DNA replication origin) として機能する塩基配列が必要であり，さらに染色体の分配には細胞の分裂期に紡錘体と結合するセントロメア (centromere) とよばれる塩基配列部分も必要である（図3-3）。セントロメアは真核生物で一般に認められるが，最近大腸菌のゲノムDNAにもセントロメアと類似した機能を有する配列が存在することも示されている。ほとんど場合，染色体は1つのセントロメアをもっている。また線状染色体の両端にはテロメア (telomere) が存在する（図3-3）。テロメアは単純な塩基配列の繰り返しにより構成されており，これは線状のゲノ

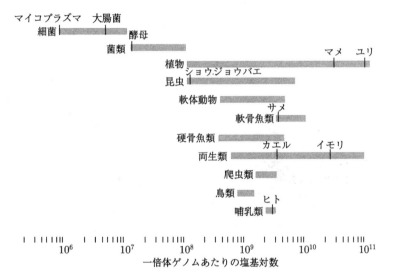

図3-2　さまざまな生物のゲノムDNA量の比較
［羽柴輝良監 (2009)「応用生命科学のための生物学入門」改訂版，培風館より引用］

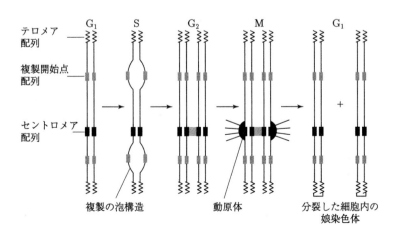

図3-3　真核細胞の染色体の維持に必要な3種類のDNA領域
［羽柴輝良監 (2009)「応用生命科学のための生物学入門」改訂版，培風館より引用］

ムDNAの末端をDNA複製に伴って末端の塩基配列が短くならないようにする機能がある。詳細については，3-1-2で述べる。複製開始点，セントロメア，テロメアなどの配列は遺伝子ではないが，ゲノムDNAの機能を維持するためには必要なDNA領域である。

　これらのゲノムDNAの機能に関与する配列を除けば，原核生物ではゲノムDNAのほとんどの部分がタンパク質をコードする遺伝子によって占められている。しかし，真核生物ではゲノムDNAの限られた部分に遺伝子が存在するに過ぎない。たとえばヒトの場合，ゲノムDNAに占め

る遺伝子の割合は3％程度であるといわれている。遺伝子以外の部分は意味をもたないDNAによって占められているのではなく，そのなかのある部分は遺伝子の転写の調節や染色体機能の維持などに関与している。

(5) クロマチンの構造と遺伝子発現の制御

　真核生物のゲノムDNAは細胞核内でタンパク質との複合体を形成して存在しており，このDNA-タンパク質複合体はクロマチン（chromatin）とよばれている。クロマチンの基本単位はヌクレオソーム（nucleosome）とよばれる構造体で，これは二本鎖DNAとヒストン

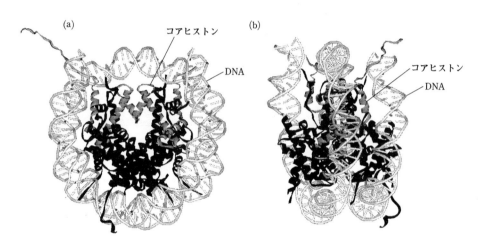

図3-4　ヌクレオソームの構造　Protein Data Bank の構造情報（accession ID：1 ADI）を可視化した。(a)は正面から，(b)は側面からの像を示す。
［羽柴輝良監（2009）「応用生命科学のための生物学入門」改訂版，培風館より引用］

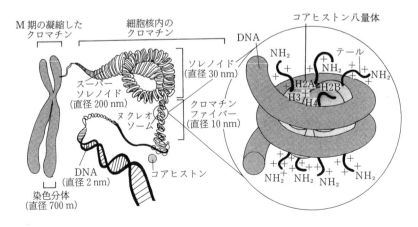

図3-5　ヌクレオソームとクロマチンの構造
［羽柴輝良監（2009）「応用生命科学のための生物学入門」改訂版，培風館より引用］

(histone) とよばれる4種の塩基性タンパク質との規則的な複合体である（図3-4）。ヌクレオソームは，H2A，H2B，H3，H4の4種のコアヒストンの各二分子がH2A・H2B-(H3)$_2$・(H4)$_2$-H2B・H2Aのような構成の8量体を形成し，その周囲にDNAが約2回転巻付くことで形成されている（図3-5）。このときコアヒストンのN末端側のヒストンテールとよばれる領域はヌクレオソームの外側に位置している。ヌクレオソームが連続して形成されることで，直径10 nmのクロマチンファイバーが形成される。このような構造を基本とするクロマチンの形成により，ゲノムDNAは細胞核内に効率的に収納されている。一方で，このようなクロマチンの構造は，RNA転写やDNA複製に関わるタンパク質のDNAへの結合やDNAに沿った移動を妨げることから，転写や複製に際してはクロマチンの構造を緩める必要がある。このようなクロマチンの構造の変換を様々な機構によって調節することにより，転写や複製が制御されている。

クロマチン構造変換のメカニズム：

　様々な機構により，クロマチン構造の変換が行われることが知られている。代表的なものとして，ATP依存的クロマチンリモデリング（ATP-dependent chromatin-remodeling; ADCR）複合体，ヒストン修飾複合体，ヒストンバリアントが知られている。

　ADCR複合体は，ATPを加水分解して得たエネルギーを用いて，ヌクレオソームの変型や破壊をする働きをもつ（図3-6）。この複合体は，通常数個から十数個のタンパク質で構成され，このうちクロマチンリモデリング酵素がATPの加水分解を行う。また他の因子はクロマチン構造変換の調節に関与しており，これらの因子（例：アクチン関連タンパク質（actin-related protein；Arp）など）の解析も進められている。

　ヒストン修飾複合体は，ヒストンのN末端，C末端のテールとよばれる領域のアミノ酸をアセチル化，メチル化，リン酸化，スモ（SUMO）化などに修飾する働きをもつ（図3-7）。ある種の核タンパク質が，これらの修飾の一つ，あるいは複数の組み合わせを認識して結合することにより，転写調節を行っていると考えられている。ヒストン修飾複合体のうち，もっとも研究が進んでいるのがヒストンアセチル化（histone acetyltransferase; HAT）複合体である。一般に，HAT複合体によるヒストンのアセチル化によって転写は活性化し，ヒストン脱アセチル化酵素（histone deacetylase; HDAC）による脱アセチル化により転写が不活性化する。

　ヒストンバリアントは，通常のヒストンと入れ代わってヌクレオソームに導入されることで

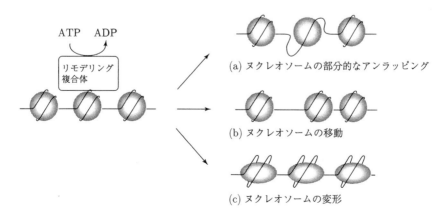

ATP　ADP

リモデリング複合体

(a) ヌクレオソームの部分的なアンラッピング

(b) ヌクレオソームの移動

(c) ヌクレオソームの変形

図3-6　クロマチンリモデリング複合体によるクロマチン構造の変換
［羽柴輝良監（2009）「応用生命科学のための生物学入門」改訂版，培風館より引用］

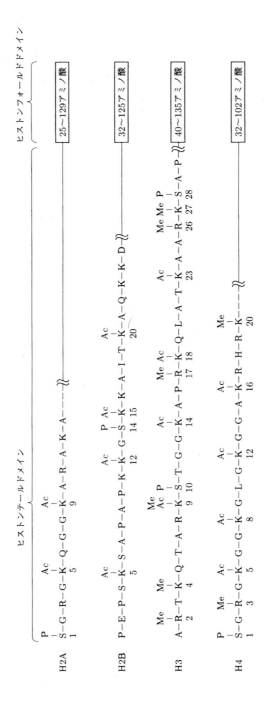

図3-7　ヒストンテールの修飾　Ac：アセチル化，P：リン酸化，Me：メチル化
[羽柴輝良監（2009）「応用生命科学のための生物学入門」改訂版，培風館より引用]

クロマチン構造を変換する。セントロメアに特異的に導入されてセントロメアクロマチン形成に関与するCENP-A（ヒストンH3のバリアント）や，進化的に保存されており，転写，DNA損傷修復，染色体分配などの様々なゲノム機能の制御に関与するH2A. Z（ヒストンH2Aのバリアント）などが知られている。

(6) ゲノムプロジェクトとポストゲノム

様々な生物についてゲノムDNAのすべての塩基配列を決定する研究が広く行われており，これはゲノムプロジェクトとよばれる。1996年には出芽酵母のゲノムDNAが，2001年にはヒトのゲノムDNAのほとんどが解読され発表された。これらのゲノムプロジェクトの成果は，研究や応用に広く応用されており，特に生物をこのようなDNA情報の面から研究する分野はバイオインフォマティクス（生物情報学）とよばれる。医学分野では，疾患関連遺伝子の発見に基づく創薬の分野や，塩基配列の個人毎の異なり（遺伝子多型）に基づいたオーダーメイド医療分野への応用も期待されている。

一方で，ゲノムプロジェクトの進展により，多細胞生物の遺伝子の数が予想よりも少ないことも明らかになっている。たとえばヒトの遺伝子は，3万前後であると予想されている。これは，単細胞真核生物である出芽酵母の遺伝子の数，約6千と比べても驚く程少なく，この程度の遺伝子の数でヒトの複雑な生命活動を説明するためには，遺伝子の発現の制御が多様に，かつ正確に行われることが必要であると考えられるようになってきた。また，動物の体を構成する細胞は基本的に同じゲノムDNAをもつが，それぞれが異なった形態・性質に分化している。このようなゲノム情報だけでは説明ができない現象は，エピジェネティクス（epigenetics）あるいはエピゲノム（epigenome）という言葉を用いて表される。エピジェネティクスには，クロマチンの構造が大きく関わることが明らかにされている。さらに最近では，ゲノムを収めている細胞核構造とクロマチンの相互作用や，核内のクロマチン空間配置もエピジェネティクスに大きく関わることが知られるようになった。したがって，エピジェネティクスの仕組みを明らかにするためには，核タンパク質とDNAの相互作用や，クロマチンの分子構築や動態に加え，細胞核の構造や機能を詳しく解析することが必要となる。

ゲノム情報を用いた応用研究や，エピジェネティクスの研究を広く指し示す言葉としてポストゲノムが用いられる。ゲノムプロジェクトが完了した比較的単純な出芽酵母でさえ，機能が明らかになっていない遺伝子が多数存在する。今後，ポストゲノム研究はますます重要性を増すものと考えられる。

3-1-2 DNAの複製
(1) DNA複製の機構

DNA複製は，ヌクレオチドを重合させる酵素DNAポリメラーゼによって行われる。DNAポリメラーゼは一本鎖DNAを鋳型として，相補的な塩基対形成（AとT，GとC）によって塩基配列をコピーし，相補的な配列をもつDNAを重合する。DNAポリメラーゼにより，もとのDNAのそれぞれの鎖が鋳型となり2本の新しい二本鎖DNAがつくられる複製は，半保存的複製とよばれる（図3-8）。

複製の際には，DNAに沿って，Y字型の複製領域であるDNA複製フォーク（DNA replication fork）が動いてゆく。DNAポリメラーゼ（DNA polymerase）は5'→3'方向への合成を行うので，一方のDNA鎖の合成は連続的に行うことができる。連続的に合成される側の鎖をリーディング鎖（leading strand）とよぶ（図3-8）。もう一方のDNA鎖の合成は，岡崎フラグメントとよばれる一連の短いDNAとして最初に合成され，合成後に酵素（DNAリガーゼ）によってつながれ連続したDNA鎖ができる。この不連続に合成される鎖をラギング鎖（lagging strand）とよぶ（図3-8）。岡崎フラグメントの合成に際しては，短いRNA断片がDNAプライマーゼによって合成され，これがDNA合成の足掛かりであるプライマーとして利用されることも知られてい

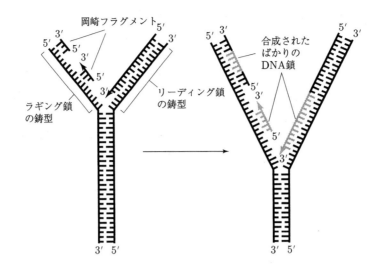

図 3-8　DNA 複製フォークの構造
［羽柴輝良監（2009）「応用生命科学のための生物学入門」改訂版，培風館より引用］

る。この RNA 断片はその後除去されて DNA に置き換えられる。

　DNA の複製は非常に正確に行われ，10^9 塩基につきわずか 1 つ程度の間違いしかおこらない。DNA 複製が忠実に行われるために，過った塩基が複製時に導入された場合，ただちにそれを除去する校正機能（proof reading）が存在する。校正の反応の一つは，DNA ポリメラーゼの性質を利用している。すなわち，DNA ポリメラーゼの多くは 3'→5'エキソヌクレアーゼ活性を有し，間違って取込んだヌクレオチドを，次のヌクレオチドが付加される前に 3'末端から取り除くことができる。このように DNA ポリメラーゼは校正反応を行いながら DNA 複製を進めてゆく。

　原核生物や SV40 DNA を用いた解析から，複製フォークには DNA ポリメラーゼだけでなく，DNA プライマーゼや二本鎖 DNA を一本鎖にほどく DNA ヘリカーゼなどのタンパク質を含む分子複合体が形成されていることが明らかになっている。

（2）原核細胞染色体 DNA の複製

　原核生物（prokaryote）のゲノム DNA は一般に長大な環状であり，その複製は *oriC* とよばれる 1 ケ所の複製開始点から始まる。この単一の複製開始点から始まった複製は等速度で両方の向

きに進み，ゲノム DNA の複製は両鎖の DNA が完全に複製し終わるまで続く。DNA の複製に関して一つの複製開始点から始まる複製単位をレプリコン（replicon）というが，すなわち原核生物は基本的に一つのゲノム DNA が一つのレプリコンに対応する。大腸菌の *oriC* は 240bp の長さをもつ領域で，任意の DNA をこの断片につなげて環状 DNA の構造にすると，染色体外遺伝因子（プラスミド）として大腸菌内で複製する。複製中のプラスミドやファージウイルスなどの環状 DNA を電子顕微鏡で観察すると，複製の完了した領域とこれから複製された領域が目のような形に見える。これは θ 構造ともよばれる（図 3-9a）。

　バクテリアに感染するウイルスであるファージなどの環状 DNA の複製を電子顕微鏡で観察すると，θ 構造とは異なる図 3-9b のような構造が見られることがある。この構造はローリングサークルとよばれ，まず二本鎖 DNA の片方にニック（切れ目）が入り，このニックに生じた DNA の 3'-OH 末端から DNA ポリメラーゼにより鎖の伸長がおこる。そして新しい鎖の合成は鋳型にされなかった方の鎖を押し出しながらすすみ，図 3-9b のような状態が形成される。押し出された一本鎖の DNA に対する相補鎖の合成

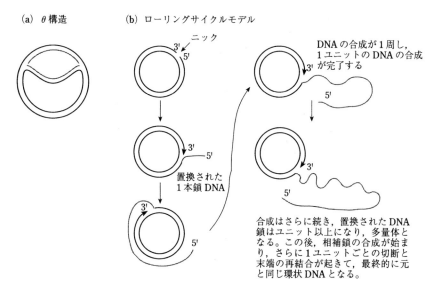

(a)　θ構造　　　　(b)　ローリングサイクルモデル

ニック

3′
5′

3′
5′

置換された
1本鎖DNA

3′
5′

DNAの合成が1周し，
1ユニットのDNAの合成
が完了する

3′
5′

3′
5′

合成はさらに続き，置換されたDNA
鎖はユニット以上になり，多量体と
なる。この後，相補鎖の合成が始ま
り，さらに1ユニットごとの切断と
末端の再結合が起きて，最終的に元
と同じ環状DNAとなる。

図3-9　複製中のθ構造（a）とローリングサークルモデル（b）
［羽柴輝良監（2009）「応用生命科学のための生物学入門」改訂版，培風館より引用］

がやがて始まり，二本鎖DNA分子となる。

（3）真核細胞染色体DNAの複製

　真核生物（eukaryote）は長いゲノムDNAを有
するため多数の複製開始点をもち，多くのレプ
リコンとしてゲノムDNAが複製される点で原核
生物の複製とは異なっている（図3-3）。また真
核生物ではゲノムが線状DNAとして存在する点
も異なっている。しかし基本的なDNAの複製メ
カニズムには，原核生物と真核生物で大きな違
いはない。

　真核生物では，細胞核内でゲノムDNAはヒ
ストンと共にヌクレオソームを形成して存在し
ており，複製後にはすみやかにDNAにヒストン
を結合させる必要がある。新生DNA鎖上での
ヌクレオソーム形成には，ヒストンシャペロン
とよばれるヒストン-DNAの結合を助けるタン
パク質が存在するが，このタンパク質の一つが
複製フォークに存在するタンパク質複合体と結
合していることも示されている。このことから，
DNA複製と共役したヌクレオソーム形成の機構
が存在すると考えられている。

（4）細胞周期とDNA複製開始

　真核生物では細胞周期S期にDNAの複製が
行われ，M期に娘細胞に一組ずつゲノムDNA

が分配される。従って，S期にはゲノムDNAが
正確に一度だけ複製される必要があり，それ以
上の複製は妨げられなければならない。この機
構は複製のライセンス化機構ともよばれる。こ
の機構は，DNA複製の開始と深く関連している
（図3-10）。

　複製開始点には細胞周期を通じORC（origin
recognition complex）とよばれるタンパク質複
合体が結合しているが，M期からG1期にかけ
てORCに他の複数のタンパク質が結合して前
複製複合体が形成される。前複製複合体の中に
は二本鎖DNAを一本鎖にほどくDNAヘリカー
ゼも存在するが，その活性はこの時点では抑制
されている。前複製複合体は，G1期の終わり
にリン酸化酵素の働きを介して複製複合体とな
り，DNAヘリカーゼが活性され，それにより解
離した一本鎖DNAにDNAポリメラーゼが結合
してDNAの複製が開始される。複製複合体は，
DNA複製後に後複製複合体となるが，前に結合
していたいくつかの構成タンパク質が分解され
たり細胞核外へ排除されてしまうため，次の細
胞周期まで前複製複合体は形成されない。この
ような機構により，細胞周期に伴うDNA複製の
ライセンス化が行われている。

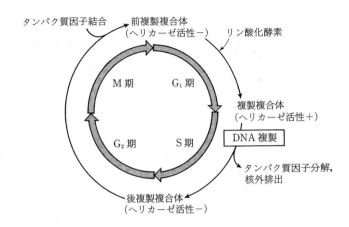

図3-10　細胞周期とDNA複製の制御
［羽柴輝良監（2009）「応用生命科学のための生物学入門」改訂版，培風館より引用］

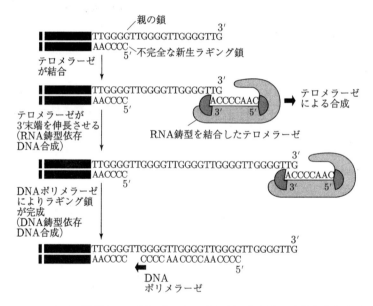

図3-11　テロメアの複製（ここではテトラヒメナを用いた研究の成果をまとめている。）
［羽柴輝良監（2009）「応用生命科学のための生物学入門」改訂版，培風館より引用］

(5) テロメアDNAの複製

　DNAポリメラーゼは複製にあたってプライマーの存在を必要とするため，線状DNA分子の末端を完全に複製することはできない。したがって，線状DNA分子がDNAポリメラーゼによる複製を繰り返すと，しだいにDNAは短くなってしまう。この末端複製の問題を解決するため，真核生物の染色体の末端にはテロメアとよばれる特種な塩基配列が進化してきた。この配列はGを

連続して含む短い配列が反復したものである。ヒトの場合，繰り返しの基本配列はGGGTTAという配列である。テロメアはテロメラーゼ（telomerase）とよばれる酵素によって複製される。テロメラーゼは，テロメアの繰返し配列に相補的な鋳型RNAをもつRNA/タンパク質複合体である。相補的DNA配列がなくても，テロメラーゼは鋳型RNAを用いて，繰返し配列をDNA末端に付加することができる（図3-11）。

テロメラーゼが数回繰返し配列を付加させたあと，伸長部分を鋳型としてDNAポリメラーゼが相補鎖を合成する。テロメラーゼ活性は生殖細胞では高いが，体細胞では低く，そのため体細胞のテロメアは加齢とともに短くなる。また，無限増殖が可能ながん細胞ではテロメラーゼ活性は高いとされており，これらの観察結果から，テロメアと細胞の老化や腫瘍化との関連も指摘されている。

3-1-3　遺伝子の転写と翻訳

遺伝情報はDNAの塩基配列としてゲノムに存在している。その遺伝情報が発現する最初のステップは転写（transcription）とよばれ，ここではDNAの塩基配列情報がmRNAの塩基配列としてコピーされる。次のステップが翻訳（translation）で，ここではmRNA上の遺伝情報に基づいたアミノ酸配列のタンパク質が合成される。タンパク質の種類は大腸菌では約3,500種，酵母では6,000種，脊椎動物の細胞では数万種であると予想される。生物は，発生の時期あるいは生活環境の変化などに対応して，どの遺伝子を，いつ，どの細胞で，どのくらいの量を発現するかを厳密に調節している。

(1) 原核生物の転写と翻訳

原核生物における遺伝情報の転写と翻訳を，図3-12で説明する。原核生物では転写産物がそのままmRNAとなり，転写と翻訳が同時に進行する。

a. 原核生物の転写反応

大腸菌（*Escherichia coli*）のRNAポリメラーゼ（RNA polymerase）は，α，β，β’の3種類のサブユニットから構成されるコア酵素（core enzyme）として存在するが，転写開始にあたって，転写開始因子，σタンパク質を結合してホロ酵素（holoenzyme）となる（図3-13a）。ホロ酵素は，RNA合成開始点（+1位）の上流35塩基対付近の転写開始配列（−35部位）へ結合した後に移動して，合成開始点の上流10bp付近の転写開始配列（−10部位）へ結合する。転写開始配列は，プロモーター（promoter）とよばれる。大腸菌は数種類のσ因子を使い分けて転写を行なうが，標準的には分子量70,000のσ^70を使用する。σ^70が識別する−10部位（Pribnow boxともいう）の共通配列はTATAAT，−35部位の共通配列はTTGAGCである。RNA合成を阻害する抗生物質リファンピシン（rifampicin）は，RNAポリメラーゼのβサブユニットへ結合して転写開始

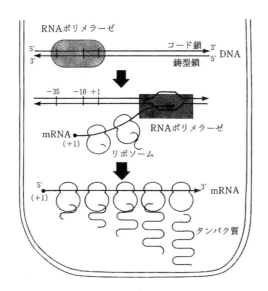

図3-12　原核生物の転写と翻訳

［羽柴輝良監 (2009)「応用生命科学のための生物学入門」改訂版，培風館より引用］

を阻害する。

　RNA合成が開始されると，σ因子は脱離する。コア酵素はDNAの2本鎖を部分的に巻き戻しながら，鋳型となる鎖（template strand）に相補的なRNA鎖を5'末端から3'末端の方向に合成する（図3-13b）。この反応では，RNAの3'末端のOH基とリボヌクレオチド三リン酸のα位のリン酸の間でホスホジエステル結合が形成され，ピロリン酸が遊離する。

　RNA合成は，コア酵素が転写終結部位（ターミネーター，terminator）に到達して終結する（図3-13c）。RNAの3'末端部分では，GC含量の高いヘアピン構造およびA-U対合の形成によって，mRNAとRNAポリメラーゼがDNAから解離する。また遺伝子によっては，転写終結因子ρ（rho）によって転写が終結する。ρ因子はATP分解活性を有するタンパク質であり，合成されたRNAをたぐりよせて転写を終結するといわれているが，この因子が認識する共通配列は見出されていない。

b. 大腸菌ラクトースオペロンの転写制御

　原核生物でも真核生物でも，遺伝子発現の制御は主に転写段階で行なわれる。ここでは，大腸菌のラクトースオペロン（*lac* operon）の転写制御機構について説明する。

　ジャコブ（Jacob, F.）とモノー（Monod, J.）は，大腸菌によるラクトース分解の仕組みを説明するために，1960年代はじめにオペロン仮説（operon hypothesis）を提唱した。オペロン（operon）は，プロモーターと構造遺伝子（structural gene）から構成される転写単位であり，制御遺伝子（regulatory gene）による制御を受ける。図3-14に示すように，*lac*オペロンの構造遺伝子*lacZ, lacY, lacA*は，それぞれβガラクトシダーゼ，ラクトース透過酵素，アセチル転移酵素をコードしている。一方，調節遺伝子*lacI*は*lac*リプレッサー（repressor）とよばれる制御タンパク質をコードする。*lacI*は構成的に発現し，大腸菌あたり10分子程度のリプレッサーが常に存在している。ラクトースが培地中に存在しない場合には，*lacI*リプレッサーが*lac*

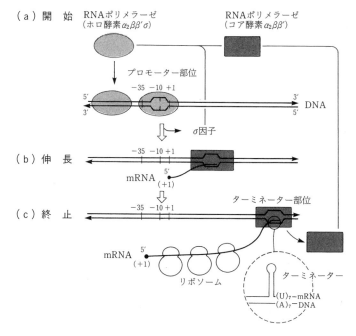

図3-13　原核生物（大腸菌）の転写反応
［羽柴輝良監（2009）「応用生命科学のための生物学入門」改訂版，培風館より引用］

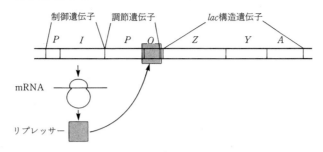

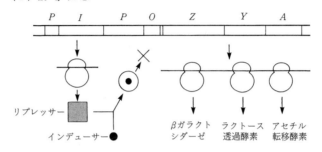

図 3-14 リプレッサーによるラクトースオペロンの発現調節
[羽柴輝良監 (2009)「応用生命科学のための生物学入門」改訂版, 培風館より引用]

オペレーター (*lac* operator ; *lacO*) へ強固に結合して構造遺伝子の転写を阻止している (図3-14a)。ラクトースが培地に存在する場合には, ラクトースから合成された誘導物質 (インデューサー ; inducer) が *lac* リプレッサーを不活化し, 転写制御を解除する (図3-14b)。このように, *lac* オペロンの発現は, *lac* リプレッサーによる負の制御を受けている。*lac* リプレッサーはインデューサーを結合する部位と, オペレーターに結合する部位を持っている。インデューサーが *lac* リプレッサーに結合すると, 立体的に離れた位置にあるオペレーター結合部位の構造が変化して, *lac* リプレッサーはオペレーターに結合できなくなる。このように, 立体的に異なる位置に起こった変化がタンパク質の活性に効果を及ぼす現象を, アロステリック効果 (allosteric effect) という。

　lac オペロンの転写は, *lac* リプレッサーによる負の制御を受けると同時に, CAP (catabolite gene activator protein) とよばれるDNA結合タンパク質による正の制御を受けている (図3-15)。CAPはcAMP (cyclic AMP) を結合すると, CAP結合部位 (TGTGA配列) へ結合して, *lac* の転写を50倍増幅する。大腸菌では, グルコースが培地に存在するとラクトースなどの他の糖の分解が強力に抑制される現象が知られている。これは, CAPが関与するカタボライトレプレッション (catabolite repression) であり, グルコース効果ともよばれている。グルコースが大腸菌に取り込まれるとcAMP合成が抑制されて, cAMP-CAPが生成しないために, *lac* オペロンの転写が起こらない。一方, グルコースが消費されると, cAMP合成の抑制が解除され, cAMP-CAPが生成して *lac* オペロンの転写を促進する。

　c. 原核生物における遺伝情報の翻訳

　遺伝情報は, 真核生物も含めたほぼすべての生物で共通であり, 翻訳反応のしくみについても生物間で大きな相違はない。mRNAにコピーされた塩基配列の遺伝情報は, 3塩基の配列単位 (トリプレット ; triplet) が一つのアミノ酸に対応する。タンパク質をコードするトリプレット

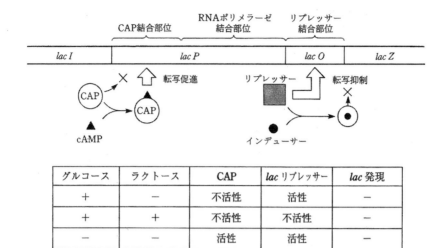

図3-15　ラクトースオペロンの発現調節
［羽柴輝良監（2009）「応用生命科学のための生物学入門」改訂版，培風館より引用］

グルコース	ラクトース	CAP	lac リプレッサー	lac 発現
＋	－	不活性	活性	－
＋	＋	不活性	不活性	－
－	－	活性	活性	－
－	＋	活性	不活性	＋

をコドン（codon）とよぶ。mRNAを構成する塩基は4種類であるので，コドンの数は4^3＝64となる。表2-8に示すように，64のコドンのうち，61のトリプレットが20種類のアミノ酸に対応しており，3つのトリプレットが終止コドン（UAA，UAG，UGA）として使用されている。このようなコドンとアミノ酸の対応関係を，遺伝暗号（genetic code）とよぶ。AUGはメチオニンのコドンであるが，翻訳開始アミノ酸のホルミル化メチオニンにも対応する。メチオニンとトリプトファンに対応するコドンはそれぞれ一つであるが，その他のアミノ酸に対応するコドンは複数存在する。複数のコドンが1種類のアミノ酸に対応することを，遺伝暗号の縮重（degeneration）という。

　タンパク質合成は，アミノアシルtRNAシンテターゼ（aminoacyl-tRNA synthetase）によるアミノ酸活性化から開始される。この酵素は，アミノ酸のカルボキシ基をtRNAの3'末端アデノシンの2'位あるいは3'位のOH基へ転移する。アミノアシルtRNAシンテターゼはアミノ酸特異的であり，それぞれのアミノ酸に対して少なくとも1種類が存在する。一方，tRNAは約80ヌクレオチドの1本鎖RNAであり，その中にア

ミノ酸結合部位である3'末端のCCA配列，コドンと対合するアンチコドン（anticodon）配列が存在する（図3-16）。X線結晶構造解析により，tRNA分子はL字型の三次元構造をとり，アミノ酸結合領域がL字の一方の末端に位置し，アンチコドン領域が他方の末端に位置することが明らかにされている。アミノアシルtRNAシンテターゼは，tRNAのL字構造の両末端領域を認識する。

　リボソーム（ribosome）はタンパク質合成の場であり，大腸菌のリボソーム（70S）は，二つのサブユニット（50Sと30S）から構成される。50Sサブユニットは，23Sと5Sの2種類のリボソームRNA（ribosomal RNA；rRNA）および34種のリボソームタンパク質から構成される。また，30Sサブユニットは，16S rRNAと21種類のタンパク質から構成される。rRNAはリボソームの活性中心となり，翻訳開始反応およびペプチド伸長反応において中心的な役割を果たす。

　翻訳開始反応を図3-17に模式的に示す。翻訳開始シグナルは，開始コドンAUGおよびその5'上流にあるシャイン・ダルガーノ配列（SD配列）である。イニシエーター tRNAが開始コドンに対応し，このtRNAはホルミルメチオニンの運

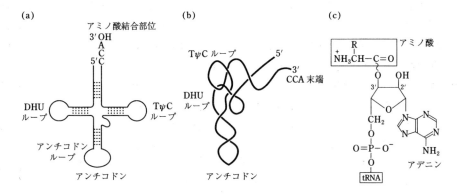

図3-16 tRNAの二次構造(a)と三次元構造(b),およびアミノアシルtRNAの構造
［羽柴輝良監(2009)「応用生命科学のための生物学入門」改訂版,培風館より引用］

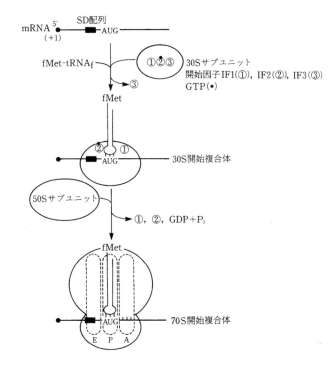

図3-17 原核生物の翻訳開始反応
［羽柴輝良監(2009)「応用生命科学のための生物学入門」改訂版,培風館より引用］

搬を行なうので,tRNAfと表記される。SD配列の共通配列はAGGAGGUであり,この配列は16S rRNAの3'末端近傍の塩基配列と対合する。リボソームの30Sサブユニットと開始因子IF1, IF2, IF3が結合して翻訳を開始する。GTPが30SサブユニットのIF2に結合すると,ホルミルメチオニン-tRNAfおよびmRNAが結合して30S転写複合体が生成される。IF3が離脱

した後に,50Sサブユニットが結合し,GTPの加水分解に伴ってIF1とIF2が離脱して70S開始複合体が形成される。ホルミルメチオニン-tRNAfがリボソームのP位(peptidyl site)に入り,tRNAfのアンチコドンとmRNAの開始コドンの塩基対号,および16S rRNAの3'末端配列とmRNAのSD配列の塩基対合によって,タンパク質合成の開始位置が正確に決定される。

　ペプチド伸長反応では，翻訳伸長因子EF-Tuが，第二番目のアミノアシルtRNAをリボソームのA位（aminoacyl site）に運搬する（図3-18）。EF-TuはGTPを加水分解してGDPに変換し，自らはリボソームから離脱する。リボソームのP位にあるホルミルメチオニン-tRNAのカルボキシ基が，A位にある第二番目のアミノアシルtRNAのアミノ基に転移されてペプチド結合が形成される。次に，伸長因子EF-GがGTPを加水分解したエネルギーにより，二つのtRNAの転移反応がおこる。転移反応では，アミノ酸を渡したtRNAがP位からE位（exit site）へと移動し，ペプチド鎖を結合したtRNAがA位からP位へ移動する。さらに，第三番目のアミノアシルtRNAが空になったA位に運搬されて，ペ

プチド転移反応およびtRNAの転位反応がおこり，ペプチド鎖が伸長する。50Sサブユニットの23S rRNAがペプチド転位酵素の活性中心を形成する。

　タンパク質合成は，mRNAの終止コドンと放出因子（release factor）によって終結する。放出因子はリボソームのA位に結合して終止コドンを認識し，完成したポリペプチドとtRNAの間の結合を切断する。大腸菌には2種類の放出因子（RF1, RF2）が存在し，RF1はUAAとUAGを認識し，RF2はUGAを認識する。ポリペプチドがリボソームから解離すると，tRNAおよびmRNAが遊離して，リボソームが30Sと50Sの二つのサブユニットに解離する。

　原核生物のタンパク質合成反応は，抗生物

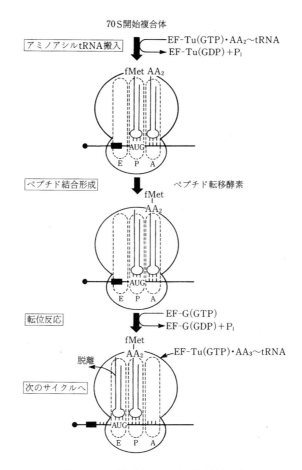

図3-18　原核生物のペプチド伸長反応
［羽柴輝良監（2009）「応用生命科学のための生物学入門」改訂版，培風館より引用］

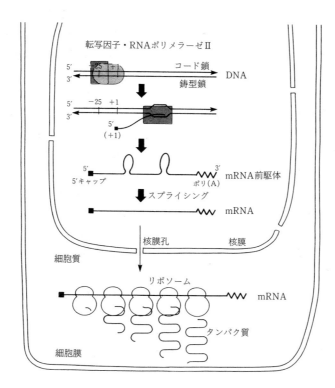

図3-19　真核生物の転写と翻訳
［羽柴輝良監（2009）「応用生命科学のための生物学入門」改訂版，培風館より引用］

質の作用点になっている。ストレプトマイシン（streptomycin）は，翻訳開始の阻害に加え，遺伝暗号の読み違いを誘発する。クロラムフェニコール（chloramphenicol）は50Sサブユニットに作用して，ペプチド転移酵素を阻害する。エリスロマイシン（erythromycin）は，tRNAの転位反応を阻害する。

(2) 真核生物の転写と翻訳

　真核生物では，DNAから転写されたmRNA前駆体はプロセシングを受けてmRNAとなり，細胞核から核膜孔を通過して細胞質に運ばれ，そこで翻訳が行なわれる（図3-19）。真核生物においても遺伝子発現調節は主に転写の段階で行なわれる。真核生物のゲノムDNAはヒストンなどの核タンパク質と結合してクロマチンを形成しており，クロマチンの構造が転写の活性に大きく影響する。そのため，RNAポリメラーゼの活性制御に加え，クロマチン構造の変換によっても転写調節が行なわれている（図3-5を参照）。

a. 真核生物の転写とその調節

　原核生物のRNAポリメラーゼは1種類であるが，真核生物にはRNAポリメラーゼⅠ，Ⅱ，Ⅲの3種類が存在し，その役割が異なっている。このうちRNAポリメラーゼⅠは核小体（nucleolus）に局在し，rRNAの転写に関わる。RNAポリメラーゼⅡはmRNAの転写を行ない，RNAポリメラーゼⅢは，tRNAや5S rRNAなどの低分子RNA遺伝子の転写を行なう。RNAポリメラーゼⅡはRPB1およびRPB2から構成されており，これらのサブユニットは大腸菌RNAポリメラーゼのβおよびβ'サブユニットに対応している。RPB1のカルボキシ基末端部分にはリン酸化修飾を受けるアミノ酸配列の繰り返しが存在し，その領域がリン酸化されると，RNAポリメラーゼⅡは転写反応を開始する。タマゴテングタケ（*Amanita phalloides*）から分離された環状ペプチドαアマニチン（α-amanitin）は，RNAポリメラーゼⅡのRNA伸長反応を阻害する。

　真核生物のRNAポリメラーゼ自体には転写開始能がないために，RNAポリメラーゼと転写因子がプロモーター部位で転写開始複合体を形成する（図3-20）。RNAポリメラーゼⅡの転写因子（transcription factor）TFⅡは，5成分（B, D, E, F, H成分）で構成されている。RNAポリメラーゼⅡに対するプロモーターには，転写開始点の5'上流の-15位付近にあるTATAボックス（TATA box），および転写開始点の5'上流の-40から-110位に存在するGCボックスおよびCAATボックスから構成されているものが多い。TATAボックスの共通配列はTATAAAであり，TFⅡのTATAボックス結合タンパク質によって認識される。TATAボックス結合タンパク質は，二つのαヘリックスを含む二回対称性構造をとっている。このタンパク質がTATAボックスに結合すると，この部分でDNAが折れ曲がり，転写因子およびRNAポリメラーゼⅡが結合して転写開始複合体を形成する。最後に結合するH成分はプロテインキナーゼ（タンパク質リン酸化酵素）であり，RPB1サブユニットをリン酸化する。リン酸化されたRNAポリメラーゼⅡは転写開始複合体から離れて，転写を開始する。

　転写開始複合体の形成は転写活性化因子によって促進される（図3-20）。例えば，哺乳動物の転写活性化因子Sp1はGCボックスを含むプロモーターからの転写に必要であり，NF1はCAATボックスへ結合して転写開始を促進する。

　真核生物のプロモーターの活性は，エンハンサー（enhancer）とよばれる塩基配列によって増強される。エンハンサーは，遺伝子の内部や，遺伝子の上流または下流の数千塩基も離れた位置に存在することもある。エンハンサーに作用して遺伝子発現を制御するタンパク質は多様であり，例えば脂溶性ホルモンのレセプターは，リガンドと結合すると核内に移行して，ホルモン感受性遺伝子のエンハンサー配列に結合する。この結合したレセプターに，転写因子やクロマチン構造を変換する複合体などが相互作用することで転写が活性化される。

b. mRNAのプロセシング

　RNAポリメラーゼⅡによる転写が開始すると，7メチルグアノシンが5'末端に結合してキャップ（cap）構造を形成する。5'キャップは

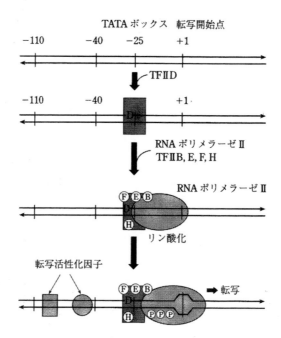

図3-20　RNAポリメラーゼⅡの転写開始機構
［羽柴輝良監（2009）「応用生命科学のための生物学入門」改訂版，培風館より引用］

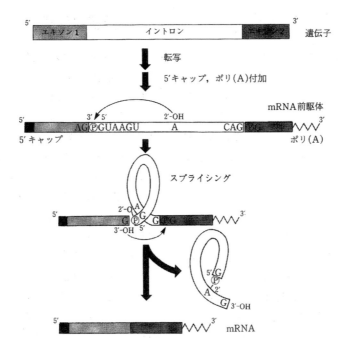

図3-21　mRNA前駆体のプロセシング
[羽柴輝良監（2009）「応用生命科学のための生物学入門」改訂版，培風館より引用]

核酸分解酵素から5'末端部位を保護するとともに，リボソームに結合する部位としてはたらく。mRNA前駆体の転写が終結すると，特異的なエンドヌクレアーゼが3'末端部分（AAUAAA）のUA間を加水分解し，ポリ（A）ポリメラーゼ（poly（A）polymerase）が約250残基のアデニンヌクレオチドを3'部位に付加する。このpoly（A）は，核酸分解酵素からRNAを保護して，RNAの安定性を高める。

　真核生物の大部分の遺伝子は，イントロン（intron）とエキソン（exon）からなるモザイク構造をとっている。タンパク質に翻訳される遺伝情報は，このうちのエキソンにのみ存在している。したがって，遺伝子から転写されたmRNA前駆体からイントロンを切り出し，エキソン部分のRNAをつなぎ合わせてmRNAを作るスプライシング（splicing）が必要となる（図3-21）。5'スプライシング位置の配列はAGGUAAGU，3'スプライシング位置は（CまたはU）$_{10}$NCAGの配列を持つことが多い。スプライシングでは，イントロンの5'末端のG（5'のリン酸）が3'末端

近傍にある分岐点のA（2'OH）とホスホジエステル結合して，イントロンが「投げ縄」の形状に切り出される。この反応はスプライセオソーム（spliceosome）によって行なわれる。スプライセオソームは，5種類のsnRNP（small nuclear ribonucleoprotein）から構成される。snRNPは，タンパク質およびsnRNA（small nuclear RNA）とよばれる200塩基以下のRNAから構成され，snRNAがスプライシング活性を担っている。

　c. 真核生物の翻訳反応の特徴
　真核生物と原核生物の翻訳反応には本質的な相違はないので，ここでは真核生物の翻訳反応の特徴を概説する。

　真核細胞のリボソームは，60Sと40Sのサブユニットから構成される80Sの粒子である。翻訳開始アミノ酸（メチオニン）に特有のtRNA（tRNAi）が存在する。翻訳開始シグナルには一般に5'末端に最も近いAUGが用いられ，原核生物のSD配列に相当する塩基配列は見られない。

　開始因子eIF2（eukaryotic initiation factor 2）が，tRNAiを40Sサブユニットに運搬して翻訳

反応が始まる。生成したeIF-2-tRNAi-40Sサブユニット複合体は，mRNAの5'末端キャップ構造に結合して40S開始複合体を形成する。この複合体は，開始因子eIF3, eIF4, eIF5を結合した後に，mRNA上を3'末端の方向へ移動してAUGコドンを探索する。eIF3はAUGコドンの識別を行い，eIF4はATPを分解して駆動力をつくる。tRNAiとAUGが対合すると，eIF5はGTP分解を行なって，eIF2とeIF3を遊離させる。最後に，60Sサブユニットが結合して80S開始複合体が完成する。

　真核細胞の伸長因子EF1αとEF1βγは，それぞれ原核生物のEF-TuとEF-Tsに対応する。GTP結合型のEF1αは，アミノアシルtRNAをリボソームへ運搬し，EF1βγはGDP結合型になったEF1αをGTP結合型に変換する。ペプチド転移酵素は，リボソームの60Sサブユニットに存在する。抗生物質シクロヘキシミド（cycloheximide）は，60Sサブユニットのペプチド転移活性を阻害して，真核細胞のタンパク質合成を特異的に阻害する。EF2は，原核生物のEF-Gに対応し，GTPを分離してtRNAの転位反応を行なう。終止コドンにより翻訳が停止すると，完成したタンパク質は，放出因子eRFによってリボソームから離脱する。

■ 演習問題 ■
1) 遺伝子の本体がDNAであることは，どのような実験で確かめられたかを述べなさい。
2) クロマチンの基本単位の構造について説明し，クロマチンが転写にどのような影響を与えるかを述べなさい。
3) DNA複製において，リーディング鎖とラギング鎖の違いを述べなさい。
4) 翻訳における開始メチオニンの位置の決定について，原核生物と真核生物の間でどのような違いがあるか述べなさい。
5) 抗生物質が生物に対してどのような機構で作用するかについて，その例をあげなさい。

3-2　遺伝の機構

3-2-1　メンデルの法則と遺伝子間の相互作用
(1) 遺伝と形質
　生物のもっているいろいろな特徴には，色・形・大きさ，などのように目に見えるものから，耐寒性・光合成能力，などのように目に見えないものまでさまざまなものがある。これらの個々の形状や性質を形質（character）という。その中で，草丈の高いか低いか，種子の丸型かしわ型か，など互いに対をなしている形質を対立形質と呼ぶ。対立形質のもとになっている対をなす遺伝子を対立遺伝子（allele）とよび，これらは，相同染色体上の同じ位置にある。

　注目する対立遺伝子がAA, aaのように同じ組成になっている場合を同型接合体（ホモ接合体：homozygote）とよび，Aaのように異なる組成になっている場合を異型接合体（ヘテロ接合体：heterozygote）とよぶ。対立遺伝子をヘテロにもつ個体で，形質が現れる方の遺伝子を優性遺伝子（dominant allele），現れない方の遺伝子を劣性遺伝子（recessive allele）という。すべての遺伝子についてホモの遺伝子型をもつ系統を純系という。

　なお，遺伝子を表す記号（遺伝子記号）は，イタリック体のアルファベットで示され，大文字で優性遺伝子を，小文字で劣性遺伝子を示すことが多い。たとえば，エンドウの草丈の場合，優性形質であるtallの頭文字をとって，優性遺伝子をT，劣性遺伝子をtで表す。野生型を$a+$のように＋記号で示すこともある。遺伝子の組み合わせ（AA, Aa, aaなど）を遺伝子型（genotype）といい，これがもとになって外に現れる形質を表現型（phenotype）という。

　遺伝子組成の異なる2個体を交配する場合を交雑とよび，交雑によって生じた子孫を雑種（hybrid）という。雑種第一代をF_1（Fは子を示すfiliusの頭文字），雑種第二代をF_2のように表す。
(2) メンデルの法則
　メンデルの研究は後世の研究者によって整理され，優性の法則・分離の法則・独立の法則

の3つにまとめられている。エンドウの草丈の高い優性の親（遺伝子型 TT）と草丈の低い劣性の親（遺伝子型 tt）を交雑すると，雑種第一代（F_1）は Tt の遺伝子型をもつ。この F_1 では優性の T のみが形質として現れ，すべて草丈が高いものとなる。このように，F_1 に優性の形質が現れることを，優性の法則という。遺伝子型がヘテロである F_1 の自家受精によって生じた雑種第二代（F_2）では，草丈の高いものと低いものが3:1に分離する（表3-1）。これは，F_1 の配偶子ができるときに，対立遺伝子が T と t に分かれて1個ずつ入るためである。このように，生殖細胞ができるときに，対立遺伝子がそれぞれ分離して各配偶子に入ることを分離の法則という。

　次に，2対の対立形質に注目してみよう。たとえば，種子の形と色に注目し，丸くて黄色の種子をつくる系統（$AABB$）と，しわがあって緑色の種子をつくる系統（$aabb$）との間で交雑して，F_1 をつくると，この F_1 はすべて丸くて黄色になる（$AaBb$）。さらに，F_2 を調べると，表現型の分離比は，次のようになる。

　（丸・黄）：（丸・緑）：（しわ・黄）：（しわ・緑）
　　＝9:3:3:1（図3-22）

このとき，1対の形質に注目すると，（丸）：（しわ）＝3:1，（黄）：（緑）＝3:1となる。すなわち，形の形質と色の形質は互いに影響し合うことなく，それぞれ独立に遺伝している。このように，2対以上の対立遺伝子があっても，生殖細胞ができるときにそれぞれの対立遺伝子が他の対立遺伝子とは無関係に独立して配偶子に入ることを独立の法則という。ただし，後から述べるように，遺伝子が連鎖している場合は，独立の法則は成り立たない。

（3）遺伝子間の相互作用

　一見メンデルの法則に合わないように見える遺伝でも，遺伝子間の相互作用や多少の修正を考えると，基本的にはメンデルの法則に合う場合が多い。代表的な遺伝様式に次のようなものがある。

a. 不完全優性

　オシロイバナやマルバアサガオでは，赤花の

表3-1　分離の法則

♂配偶子 ♀配偶子	T	t
T	TT	Tt
t	Tt	tt

F_1（Tt）どうしの交配で得られる F_2 遺伝子型
生殖細胞ができるとき対立遺伝子 T と t は互いに分離して入る。

［羽柴輝良監（2009）「応用生命科学のための生物学入門」改訂版，培風館より引用］

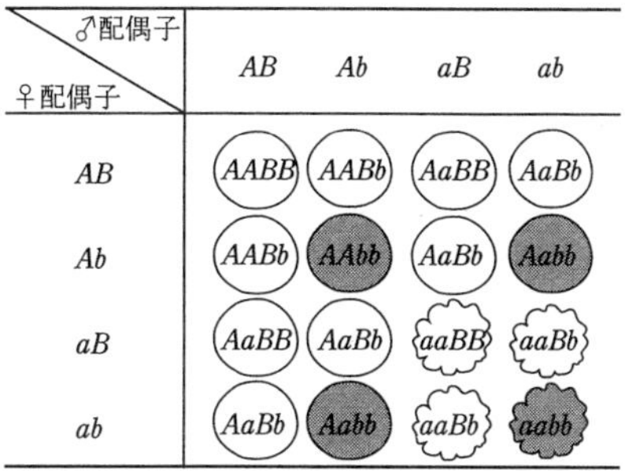

図3-22　F_1（$AaBb$）どうしの交配で得られる F_2 における遺伝子型と表現型の分離
　　A＝丸型（優性），a＝しわ型（劣性），B＝黄色（優性），b＝緑色（劣性）。生殖細胞ができるとき，各対の対立遺伝子の分離と再結合は独立かつ自由に行われる（独立の法則）。遺伝子型の分離は $AA:Aa:aa=1:2:1$，$BB:Bb:bb=1:2:1$ となる。
［羽柴輝良監（2009）「応用生命科学のための生物学入門」改訂版，培風館より引用］

純系（RR）と白花の純系（rr）を交配すると，F_1 や F_2 に桃色の花が出現する。これは，対立形質である赤と白の優劣関係が不完全なために，ヘテロ（Rr）の個体が中間色を示すためである。このような遺伝子間の関係を不完全優性という。

b. 複対立遺伝子

　1つの形質に関して3つまたはそれ以上の遺伝子がそれぞれ対立関係にある場合，これらの遺伝子群を複対立遺伝子とよぶ。その例としてヒトのABO式血液型がある。これは，赤血球表面の多糖類の差異によって区別される形質である。A 遺伝子がつくる酵素は N-アセチルガラクトサミンを，B 遺伝子がつくる酵素はガラクトースを付加する。O 遺伝子は1塩基欠失のため糖鎖付

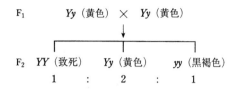

図3-23 致死遺伝子
　キイロハツカネズミの体色。黄色遺伝子Yがホモになると，発育初期に死ぬ。
[羽柴輝良監(2009)「応用生命科学のための生物学入門」改訂版，培風館より引用]

加活性のある酵素をつくれない。AとBはともにOに対して優性であるが，AとBの間に優劣関係はなく共優性である。

　植物では，自家不和合性を制御するS遺伝子に多くの対立遺伝子が存在することが知られている。

c. 致死遺伝子

　ある遺伝子がホモになると，死という形質を発現してしまう遺伝子を，致死遺伝子という。たとえば，図3-23に示したキイロハツカネズミの体色の場合，黄色遺伝子Yがホモになると発育初期に死ぬ。Yは致死作用に関しては劣性致死遺伝子である。

d. その他

　2対の対立遺伝子がまったく別個の形質に関与し，しかも，優性が完全の時，F_2の分離比は9:3:3:1を示す。しかし，2つの遺伝子が何らかの形で同一の形質に働くときは，F_2における形質の分離比は9:3:3:1からずれる。

　量的形質の遺伝，および集団レベルでの遺伝子の動態は7章で述べる。

3-2-2　連鎖と組換え

(1) 遺伝子の連鎖

　1本の染色体には多数の遺伝子が存在している。減数分裂によって生殖細胞ができるとき，同一の染色体に存在する複数の遺伝子はまとまって行動し，染色体が切れないかぎり，同じ配偶子に入る。このためメンデルの独立の法則には従わない遺伝現象を示す。他方，異なった染色体の遺伝子は，それぞれ別のまとまりとして独立に遺伝する。

　このように，いくつかの遺伝子が同一の染色体に存在する場合，それらの遺伝子は連鎖(linkage)しているといわれ，1つの染色体が，1つの連鎖群をつくっている。連鎖群の数は単相の核の染色体数(n)と一致する。たとえば，キイロショウジョウバエ($2n=8$)には4，エンドウ($2n=14$)には7，イネ($2n=24$)には12，ヒト($2n=46$)には23の連鎖群が存在する。

(2) 遺伝子の組換えと染色体地図

a. 組換え価

　同一染色体に存在する遺伝子でも，減数分裂のときに，対合した相同染色体間で互いに交叉(のりかえ：crossing-over)が起こってその一部が交換され，組換え(recombination)が起こることがある。生じる配偶子全体のうち，組換えを起こした配偶子の割合を組換え価(または組換え率)という。

　組換え価を求める場合，F_1と劣性ホモ親の間で検定交雑を行った場合を考えると考えやすい。検定交雑では，F_1に生じた配偶子の遺伝子型の分離比がそのまま子の表現型の分離比として現れる。たとえば，AとB(したがってaとb)が連鎖しているものとすれば，ABあるいはabを持つ配偶子ができるが，AとBあるいはaとbの間に組換えが起きると，AB, abのほかに一定の確率でAb, aBを持つ配偶子ができる(図3-24)。

　$AaBb$と$aabb$の検定交雑の場合，次の世代に$AaBb$, $Aabb$, $aaBb$, $aabb$が$n:1:1:n$で生じたときの組換え率は次のように計算できる。

$$組換え価＝組換えの起こった配偶子数／F_1の全配偶子数×100$$
$$＝組換えの起こった個体数／検定交雑によって得た総個体数×100$$
$$＝1+1/(n+1+1+n)×100$$
$$＝1/(n+1)×100$$

　たとえば，検定交雑の結果，表現型でAB:Ab:aB:abが8:1:1:8に出現したとすると，組

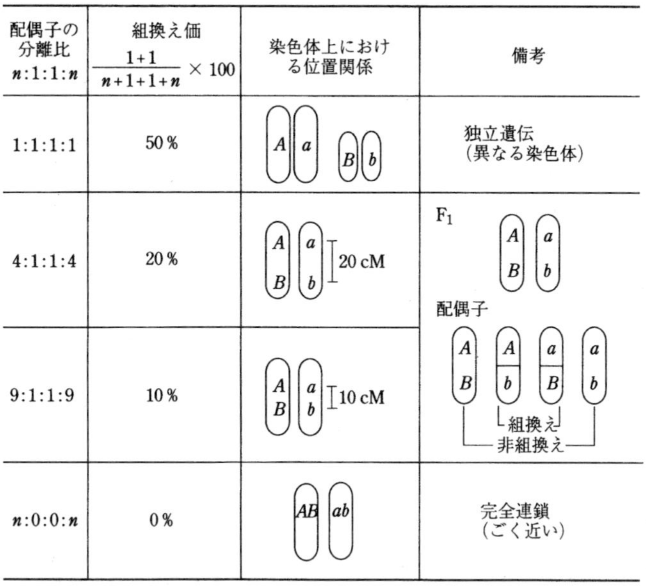

配偶子の分離比 $n:1:1:n$	組換え価 $\dfrac{1+1}{n+1+1+n}\times100$	染色体上における位置関係	備考
1:1:1:1	50%	$A\ a$ $B\ b$	独立遺伝（異なる染色体）
4:1:1:4	20%	$\begin{array}{c}A\ a\\B\ b\end{array}$ 20 cM	F$_1$ $\begin{array}{c}A\ a\\B\ b\end{array}$ 配偶子 $\begin{array}{cccc}A&A&a&a\\B&B&B&b\end{array}$
9:1:1:9	10%	$\begin{array}{c}A\ a\\B\ b\end{array}$ 10 cM	組換え 非組換え
$n:0:0:n$	0%	$AB\ ab$	完全連鎖（ごく近い）

図3-24 組換え価と遺伝子間の距離関係 非組換え配偶子：組換え配偶子＝n：1とする。2組以上の遺伝子型を表す場合に，独立していればA/a，B/b，連鎖していればAB/abと書き表すこともある。
［羽柴輝良監（2009）「応用生命科学のための生物学入門」改訂版，培風館より引用］

表3-2 配偶子が $AB:Ab:aB=8:1:1:8$ の比で生じた場合の，F$_2$ の分離比

♀配偶子＼♂配偶子	$8\,AB$	$1\,Ab$	$1\,aB$	$8\,ab$
$8\,AB$	$64\,AABb$	$8\,AABb$	$8\,AaBB$	$64\,AaBb$
$1\,Ab$	$8\,AABb$	$1\,AAbb$	$1\,AaBb$	$1\,Aabb$
$1\,aB$	$8\,AaBB$	$1\,AaBb$	$1\,aaBB$	$8\,aaBb$
$8\,ab$	$64\,AaBb$	$8\,Aabb$	$8\,aaBb$	$64\,aabb$

A と B（a と b）が連鎖。F$_1$（$AaBb$）の配偶子形成のときに組換えが起こる。
［羽柴輝良監（2009）「応用生命科学のための生物学入門」 改訂版，培風館より引用］

換え価は，11%となる。この時，F$_1$（$AaBb$）の自殖，あるいは，F$_1$どうしの交配によって得られるF$_2$の表現型の分離比は表3-2のように計算でき，$AB:Ab:aB:ab=226:17:17:64$となる。

b. 遺伝子間の距離

1つの染色体では遺伝子間の距離が遠いほど，交叉の回数が多くなり，組換え価も高くなる。逆に，組換え価を測ることによって，染色体中での個々の遺伝子の相対的な距離を推定することができる。したがって，組換え価を測ることによって，連鎖群（染色体）中での個々の遺伝子の相対的な距離を推定することができる。

遺伝子の相対的な位置を測るためには，次

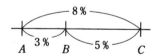

図3-25 三点検定交雑
［羽柴輝良監（2009）「応用生命科学のための生物学入門」
改訂版，培風館より引用］

のような方法が用いられる。まず，連鎖している3つの遺伝子を選び，そのうちの2つの間の組換え価を求める。たとえば，遺伝子A, B, Cについて，AB, BC, AC間の組換え価が3%，5%，8%であれば，これらの遺伝子は，図3-25のような配列順序になる。このような，遺伝子の配列順序の決定方法を三点検定交雑という。組換

え価1％の地図距離を1センチモルガン（1cMまたはモルガン単位）とよぶ。

　c. 連鎖地図

　以上のような方法で，染色体上の様々な遺伝子間の相対的な位置を決定し，それを直線上に表したものを連鎖地図（linkage map）または，染色体地図（chromosome map）という。

　一番端にある遺伝子を基点（0）として近接の遺伝子間距離の総和をセンチモルガンで表す。近年はDNAマーカーも染色体上に位置づけられており，遺伝子とDNAマーカーを統合した連鎖地図も作成されている（図3-26）。

(3) 性と遺伝

　a. 性染色体

　ヒトをはじめとして，多くの生物では雄と雌で形の異なる染色体がある。これは，性の決定に関係しているので性染色体（sex chromosome）とよばれ，X，Yなどの記号で表す。これに対して，性染色体以外の染色体を常染色体（autosome）という。性染色体の構成は，生物の種類によって異なる。昆虫類・ホ乳類では雄がXY（ヘテロ）で，雌がXX（ホモ）である。一方，鳥類などでは，多くの場合，雄がZZ（ホモ）で，雌がZW（ヘテロ）である。いずれの場合も，雄と雌の比率は1：1となる。

　ヒトやハツカネズミでは，Y染色体にその個体を雄にする遺伝子があり，精巣決定因子をつくる遺伝子がクローニングされている。一方，同じXY型の性染色体をもつショウジョウバエでは，X染色体と常染色体の比で雌雄が決められている。

　b. 伴性遺伝

　性染色体には性と無関係の遺伝子も多数存在する。性染色体にある遺伝子により，性と相伴って起こる遺伝を伴性遺伝という。XY型の場合，X染色体とY染色体に対立遺伝子があれば，通常の遺伝様式を示す。しかし，Y染色体に対立遺伝子がない場合には，X染色体にある遺伝子はそれが劣性であっても，雄（XY）には表現型として現れる。

　ヒトの赤緑色盲や血友病は，X染色体にある

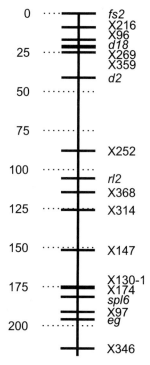

図3-26　イネの連鎖地図（第1染色体）
　一番端にある遺伝子を基点（0）として，位置をcM（センチモルガン）で表す。近接の遺伝子，DNAマーカーの距離の総和で示すため，50を超えている。小文字で始まるものは遺伝子，大文字で始まるものはDNAマーカーを示す。

劣性遺伝子に支配されており，伴性遺伝する典型的な例として有名である。

3-2-3　細胞質遺伝

　これまでは，核に存在する遺伝子について見てきたが，細胞質中の葉緑体（色素体）やミトコンドリアなどのオルガネラにも遺伝子が存在する。これらの遺伝子は細菌の遺伝子と同様の構造を持ち，自己複製を行い，それぞれのオルガネラからオルガネラに伝達される。葉緑体のゲノムサイズは120〜160キロ塩基対であり，160個程度の遺伝子を含んでいる。ヒトのミトコンドリアゲノムは16569塩基対からなる環状DNAであり，37種類の遺伝子がある。電子伝達系の複合体のいくつかのサブユニットをコードする遺伝子が13個，2種類のrRNAと22種類のtRNA

の遺伝子がある。植物のミトコンドリアゲノムサイズは200から2400千塩基対と変異に富んでいる。たとえば，イネ品種「日本晴」のミトコンドリアゲノムは491千塩基対で83個の遺伝子をコードしている。

ほとんどの動植物の場合，受精に際して精細胞からは精核だけしか伝達されず，子供の細胞質は卵細胞（母親）に由来する。このため，細胞質遺伝子は母性遺伝を行い，母親の遺伝子が子に伝達されることになる。

いくつかの農作物では，ミトコンドリア遺伝子に起因して花粉が正常に形成されない系統が見つかっている。これらは，細胞質雄性不稔系統とよばれ，一代雑種品種を育成する時に大いに利用されている。葉緑体遺伝子による細胞質遺伝としては，オシロイバナの斑入りの遺伝が有名である。

3-2-4　突然変異
(1) 突然変異の様式
同種の個体間に見られる違いを変異とよぶ。同一の遺伝子型をもつ個体間にも環境条件の違いにより変異が見られるが，これは環境変異とよばれ遺伝しない。一方，親と異なった変異が新たに出現し，これが遺伝するものを突然変異（mutation）という。

劣性遺伝子の多くは，優性遺伝子に突然変異が起こり，遺伝子の機能が弱くなったり，失われたものである。一方，遺伝子内で起きた突然変異が同義的塩基置換の場合は遺伝子産物の変化を伴わない。また，突然変異が，遺伝子発現や遺伝子産物の機能に重要でない領域に生じた場合は表現型に大きな変化をもたらさないことが多い。

突然変異は，野生型遺伝子のヌクレオチド配列に塩基置換，欠失，重複，挿入，逆位，転座などの変化が生じて起こる。DNAの複製の誤りが原因で自然に起こる場合と，紫外線などの物理的原因，塩基類似化合物などの化学的変異原によって起こる場合がある。また，トランスポゾン（転移性因子）やウイルスのDNAがゲノムに組み込まれて起こる場合もある。

(2) 人為突然変異
自然界では，生殖細胞に生じる突然変異の発生率は，ハツカネズミやヒトでは10万個体に1つ位であることが知られている。人為的に放射線・紫外線・化学薬品などを作用させると，発生率を高めることができる。

突然変異体は遺伝子の機能の解明に利用できる。突然変異が起こった結果，何らかの形質に異常が現れた場合，その遺伝子はその形質に関わる機能をもっており，正常な形質を発現するのに必要であることがわかる。例えば，ある遺伝子が機能を失った結果，葉が形成されなくなった場合，その遺伝子の機能は葉を形成することであることがわかる。このため，人為的に突然変異を誘発して突然変異体を単離し，遺伝学的な解析が行われている。

突然変異には異常なものが多いが，まれに現れる有益なものは品種改良に利用される。農林水産省では，放射線育種場をもうけ，農作物にガンマ線を照射して品種改良を行っている。この施設を利用して，たとえば，キクやカーネーションの花色突然変異や，二十世紀ナシの黒斑病抵抗性品種などが育成されている。

(3) 染色体数の異常
染色体の数のうえで異常が起きる場合は次のような場合がある。

異数性：体細胞の染色体はふつう$2n$であるが，$2n+1$や$2n-1$のように，染色体数が1〜数本異なるもの。たとえば，ヒトのダウン症候群では，21番目の染色体が1本増加している。

倍数性：$3n$の3倍体や$4n$の4倍体などである。植物の倍数体は，花・果実・塊茎などが大きく，農作物や園芸作物として利用されることが多い。たとえば，バナナ，リンゴ，チャ，サトイモなどでは，3倍体の優良品種ができている。

人為的に倍数体をつくるには，成長点にコルヒチン処理が行われる。コルヒチンはイヌサフラン（ユリ科）に含まれる物質で，細胞分裂のとき紡錘体の形成を阻害する。このため，染色体は分離できず，染色体が倍加する。

メンデルが観察した遺伝子の正体：メンデル が観察したエンドウの形質にかかわる劣性遺 伝子は表3-3に示したような遺伝子の突然変 異によることが明らかにされている。

表3-3　メンデルが観察した遺伝子の正体

形質： 優性／劣性	遺伝子	劣性ホモ型の形質との関連
草丈： 高い／低い	ジベレリン合成酵素（ジベレリン-3β-ハイドロキシラーゼ）の遺伝子	塩基置換や欠失などが生じて酵素活性が低下したため，活性型のジベレリンを充分合成できず，茎が伸長しない。
種子の形： 丸型／しわ型	デンプン枝付け酵素の遺伝子	トランスポゾンが挿入して不活性化している。アミロペクチンが減少する反面，スクロースの濃度が高くなる。そのため浸透圧が上昇して吸水し，発育初期に過剰に膨張する。成熟とともに乾燥するとその分の水分が失われてしわになる。
種子（子葉）の色： 黄色／緑色	葉緑素の分解に関わる遺伝子	塩基置換や挿入などにより不活性化している。葉緑素を分解することができなくなったため，いつまでも緑色となる。通常は老化に伴って葉緑素を分解するため黄色となる。

■ 演習問題 ■

1) 遺伝子組換え技術を用いて，除草剤抵抗性の 植物を得た。この植物の自家受粉によって得 られた次世代を育てたところ，およそ4分の1 の個体が除草剤に対して抵抗性がなかった。 その理由を考察せよ。

2) 2対の対立遺伝子間の相互作用の結果，F_2に おける形質の分離比が9:3:3:1からずれる例 を調べよ。

3) 性染色体による性決定の様式について様々な 生物の例を調べよ。

3-3　バイオテクノロジー

3-3-1　遺伝子組換えバイオテクノロジー

(1) 遺伝子組換えとは

　特定の遺伝子の解析や利用を行なう際には， その遺伝子を取り出して増幅させることが必要 となる。遺伝子組換えはその際に用いられる方

法であり，その遺伝子をゲノムから切り取って ベクターとよばれるDNA断片と結合させて増幅 させる「DNAクローニング」の技術を基本として いる。クローンとは，ある特徴をもった一つのも のを起源とする均一な集団を指し，DNAクロー ニングはある目的DNAのコピーをたくさん取得 することである。これにより，特定の遺伝子を 実験的に取り扱うことが可能になることから，遺 伝子組換えは遺伝子の解析や応用などのバイオ テクノロジーにはなくてはならない方法である。

(2) 遺伝子組換え技術の歴史

　3-1-1で述べたように遺伝子の本体がDNA であることが明らかにされ，その後，1953年に DNAの構造が明らかにされた。しかしこの時 点では，特定の遺伝子の構造や機能を解析す る方法はなかった。しかし，1960年代になって DNAを特定の塩基配列部分で切断する制限酵素 （restriction enzyme）と，DNAどうしをつなぎ 合わせるDNAリガーゼ（DNA ligase）が発見さ れた。これらの酵素を用いて，1970年代にバー ク（Berg, P.），コーエン（Cohen, S.N.），ボイ ヤー（Boyer, H.W.）が，遺伝子をベクターに組 み込み，これを大腸菌に導入して増やすことに 成功した（図3-27）。これにより，現在のDNA クローニング方法論が確立された。

(3) DNAクローニングとcDNAクローニング

　以上で述べたように，制限酵素とDNAリガー ゼを用いて目的DNAをベクターに組み込むこと で，理論的にはどのようなDNAもクローニング 可能である。一方，mRNAの配列情報はタンパ ク質にそのまま翻訳されるため，その解析は重 要であるが，RNAを直接クローニングすること はできない。しかし，RNAを鋳型として，逆転 写酵素（reverse transcriptase）によって相補的 DNA（complementary DNA; cDNA）を作成す ることにより，RNAのもつ塩基配列情報をもつ cDNAをクローニングすることができる。

(4) クローニングベクターの特徴

　クローニングするDNAの長さや，クローニン グの目的によって，様々なベクターが使用され る。一般的に用いられるベクターはプラスミド

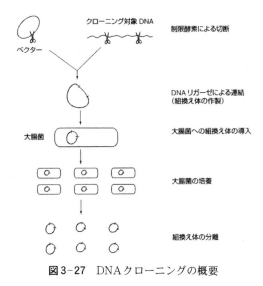

図3-27　DNAクローニングの概要

ベクターであり，これはバクテリア中にゲノムとは別に存在して自律増殖能を持つプラスミドの性質を利用している。これらのプラスミドには抗生物質耐性遺伝子が存在しているため，抗生物質を含む培地で大腸菌を培養することにより，プラスミドを保持した大腸菌を選択的に取得できる。このようなベクターの選択の工夫に加え，現在用いられているプラスミドベクターには，クローニングを効率よく行なうための様々な工夫が施されている。例えば，外来DNAを結合したベクターと結合していないベクターを区別するために，ブルー・ホワイト選別を行なえるベクターがある。このベクターにはβ－ガラクトシダーゼαサブユニットを作る*LacZ*遺伝子が組み込まれており，β－ガラクトシダーゼωサブユニットを作る大腸菌にこのベクターがそのまま導入されると，α－ガラクトシダーゼ活性が発現する（α-complementation）。この場合，この酵素活性が培地中に加えられた基質5-ブロモ-4-クロロ-3-インドリル-β-D-ガラクトピラノシド（通称X-gal）に作用して青い色のコロニーとなる。しかし，*LacZ*遺伝子領域内に設定されたクローニング部位にDNAが結合・挿入されると酵素活性は現れず，白色のコロニーが形成されるため，外来DNAの存在しないベクターを持つコロニーとの識別が可能となる。

（5）ベクターの種類

　プラスミドベクターによってクローニングできるDNAの長さは，およそ10キロ塩基対（10kb）までである。そのため，さらに長いDNA断片をクローニングするためには，コスミド（cosmid）やBAC（Bacterial Artificial Chromosomeの略）などが利用される。前者では数十kb，後者では数百kbのDNAのクローニングが可能である。また，ヒトゲノム解析などのように，非常に長いDNA断片を扱う場合には，1メガ塩基対（1Mb）程度のDNAをクローニング可能な酵母人工染色体（yeast artificial chromosome；YAC）に挿入したDNAを，出芽酵母に導入することでクローニングを行うこともある。

（6）PCRによるDNA増幅

　大腸菌を利用したクローニングに加え，特定のDNA断片を増幅する方法としてPCR法が用いられる。PCRはPolymerase Chain Reactionの略であり，1985年にマリス（Mullis, K.B.）によって開発された。PCRは耐熱性のDNAポリメラーゼを利用して，20塩基対程度の合成一本鎖DNAをプライマーとしたDNA合成を温度の上げ下げを繰り返すことによって，特定のDNA断片を増幅する（図3-28）。マリスはこの業績によって，1993年にノーベル化学賞を受賞した。

（7）DNAの塩基配列決定法

　クローニングしたDNA断片は様々な目的に利用可能であるが，ここではその解析方法の一例として，塩基配列の決定法について述べる。一般的に，マクサム（Maxam, A.M.）とギルバート（Gilbert, W.）によって開発された方法（マクサム・ギルバート法）と，サンガー（Sanger, F.）によって開発された方法（サンガー法）が用いられている。前者は，化学的な方法によって塩基特異的なDNA切断を起こして，その結果得られたDNA断片の長さに基づいて塩基配列を決定する方法であるが，最近では使われることは少ない。後者は，DNAの鋳型に基づいて酵素的に相補鎖を合成し，その際に塩基特異的にその反応を停止させる。そして，その結果得られたDNA断片の長さを解析することで，塩基配列を決定する

方法である。現在では，このサンガー法の原理に基づいて自動シークエンサーが開発され，最も広く用いられている。さらに最近では，これらの方法とは別の原理をもちいて，多数のDNA断片の塩基配列を平行して決定することのできる次世代シークエンサーが開発され，一回の解析で数ギガ塩基対（Gbp）の塩基配列を決定することも可能となっている。理論上では，ヒトゲノムの塩基配列が，次世代シークエンサーを用いれば一回で決定できることになる。

3-3-2　ゲノム編集
(1) ゲノム編集とは

ゲノム編集（genome editing）は，DNAの特定部位を比較的簡単に改変できる方法として近年開発が進められており，実験技法としてだけではなく，農学や医学をはじめとした様々な分野への応用も始められている。ゲノム編集は，特定のゲノム領域のDNAを切断し，修復機構を利用して遺伝子改変を行う技術である。この目的のためには，特定のDNA配列を認識する

人工のDNA切断酵素が用いられ，ゲノム上に導入されたDNA二重鎖切断が非相同末端結合（NHEJ）によって修復された際に塩基配列の変化が導入されることを利用して，特定ゲノム領域の改変を行う。

歴史的に見ると，ジンクフィンガーヌクレアーゼ（zinc finger nuclease：ZFN）が，最初の人工DNA切断酵素として開発された。ZFNは，DNA結合ドメインとしてジンクフィンガーを用い，DNA切断ドメインとして制限酵素*Fok*Iのヌクレアーゼドメインを用いている。しかし，ジンクフィンガーを組み合わせて特定のDNA配列を認識する人工DNA切断酵素を作成するのは困難であり，一般には普及しなかった。続いて，植物病原細菌の転写因子様タンパク質であるtranscription activator-like effector（TALE）をDNA結合ドメインとして利用したTALENが開発された。TALENでは，DNA認識ドメインを構築することがZFNよりも容易であったため，この方法を用いたゲノム編集の技術が一般に広まった。

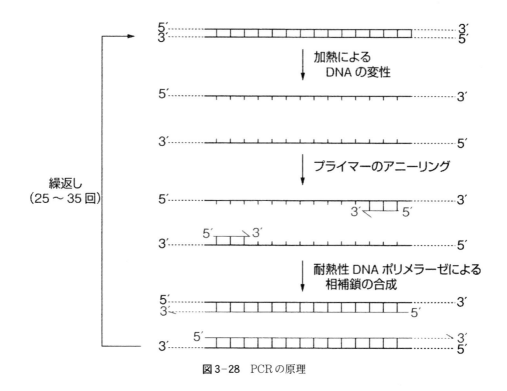

図3-28　PCRの原理

(2) CRISPR-Cas9 の開発と普及

　ZFN, TALENに続き，簡便にゲノム編集を行うことができる第三の方法が開発された。それが，CRISPR-Cas9である。この方法は，細菌や古細菌にファージなどの外来のDNAが侵入した際にそのDNA配列の一部をゲノム中に取り込み，2回目の外来DNAの侵入に対しては，そのDNAから転写される短鎖RNAが外来DNAを分解するシステムを利用している。この際，短鎖RNAの一部であるガイドRNAが外来DNAと相補的に結合し，ヌクレアーゼ（Cas9）が短鎖RNAの別の部位に結合することによって，外来DNAを特異的に分解する。このシステムを利用し，Cas9が認識するRNA配列と特定DNA領域に相補的なRNA配列を有する短鎖RNAと，Cas9ヌクレアーゼを同時に発現させることによって，ゲノム編集を行う。人工DNA切断酵素が特定DNA配列を認識する方法として，ZFNやTALENではDNA-タンパク質相互作用を利用していたが，CRISPR-Cas9では，DNA-RNA間の相補的塩基対形成を利用しており，DNA結合ドメインの構築が大幅に簡便になったことから，広くゲノム編集技術として普及した。

(3) CRISPR-Cas9 の応用と問題点

　現在，CRISPR-Cas9は動物培養細胞などを用いた基礎研究の分野にとどまらず，発生工学と組み合わせることで，遺伝子改変動物や疾患モデル動物の作成などにも用いられている。今後は，農学分野においても品種改良などに適用することで高い付加価値や有用物質の生産などにつながることが期待されている。また医学分野においても，ヒトに対しての遺伝子治療や動物を用いた移植臓器の作成などへの応用も期待されている。

　一方で，CRISPR-Cas9にも克服すべき問題点はいくつか残されている。そのうち最大の問題とされているのが，オフターゲット変異（off-target mutation）である。オフターゲット変異とは，目的以外のゲノム領域に導入されてしまう塩基配列の変異のことである。CRISPR-Cas9に関する技法の改良などにより，オフターゲット変異の頻度は低くなってきているが，たとえばこの技術を育種や医療などに応用する場合には，目的以外のゲノム配列の変異は低い頻度であっても大きな問題となる。今後は，オフターゲット変異頻度をさらに低くする技術の開発と共に，次世代シークエンサーなどによって目的としない変異を高感度に検出する方法の開発なども求められる。

3-3-3　トランスジェニック植物

　組換えDNA技術を用いてつくられた植物をトランスジェニック植物（transgenic plant）と呼ぶ。トランスジェニック植物をつくる際は，導入する組換えDNAを含むベクターの構築，植物細胞への組換えDNA導入，および，形質転換した細胞の選抜と植物体再分化の3つのステップが必要である。植物細胞への組換えDNAの導入には，いくつかの手法がある。

(1) アグロバクテリウム法

　植物細胞に遺伝子を導入するために最も一般的に用いられる方法はアグロバクテリウム法である（図3-29）。アグロバクテリウムは*Agrobacterium tumefaciens*とよばれる土壌細菌であり，根頭癌腫病とよばれる病気を引き起こすことで知られている。アグロバクテリウムにはTiプラスミド（Tumor-inducing plasmid）が存在し，LB（left border）とRB（right border）に挟まれたT-DNA（transferred DNA）にはオーキシン合成酵素遺伝子，サイトカイニン合成酵素遺伝子などが含まれており，これらの遺伝子が植物に組み込まれて発現するために植物細胞が分裂してこぶを作る。これらの遺伝子を取り除いてしまえばこぶはつくらない。代わりにT-DNA領域に目的の遺伝子を挿入しておくと，目的の遺伝子が，植物の染色体に組み込まれる。Tiプラスミドは巨大なプラスミドであり，通常の遺伝子組換え技術（3-3-1-(2)参照）を用いて目的遺伝子を挿入することが困難である。そこで，バイナリーベクターとよばれる通常の大きさのベクターが用いられている。目的遺伝子をバイナリーベクターのT-DNA領域に挿入し，このバイ

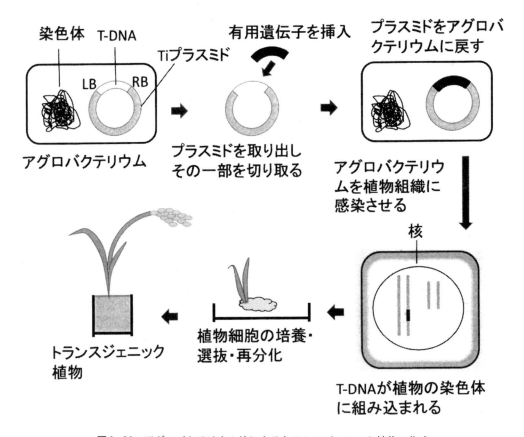

図3-29　アグロバクテリウム法によるトランスジェニック植物の作成

ナリーベクターをT-DNA領域を欠失したTiプラスミドをもつアグロバクテリウムに導入し，植物に感染する手法が用いられている。

　アグロバクテリウムを植物組織に感染させるときは，葉切片やカルスなどの植物組織をアグロバクテリウム培養液に浸し，余分な菌液を取り除いた後，2から3日間共存培養（co-culture）を行う。この間にアグロバクテリウムが感染して植物の染色体にT-DNAが組み込まれる。感染後アグロバクテリウムは不要となるので，抗生物質を用いて，アグロバクテリウムを死滅させる。

　植物細胞に遺伝子導入を行った場合，すべての細胞に遺伝子が導入されるわけではなく，導入された細胞を選抜する必要がある。選抜マーカーとして，カナマイシン耐性遺伝子，ハイグロマイシン耐性遺伝子，あるいは，除草剤耐性

遺伝子などが用いられる。これらの遺伝子は，バイナリーベクターのT-DNA領域にあらかじめ挿入されており，目的遺伝子とともに植物細胞に導入される。アグロバクテリウムを感染させた植物組織は，これらの薬剤を含む培地で培養し，形質転換した培養細胞（カルス）を選抜する。カルスから植物体を再分化させるとトランスジェニック植物を得ることができる。

(2) パーティクルガン法

　組織培養が困難（カルス形成あるいは再分化しない）か，あるいは，アグロバクテリウムが感染しない植物の場合，パーティクルガン（Particle gun）法が用いられる。パーティクルガン法では直径1 μmの金粒子にプラスミドDNAを付着させ，高速で植物細胞に撃ち込む。細胞に金粒子が導入されるとDNAが核に入り染色体に組み込まれる。パーティクルガン法では，成長点に直

接DNAを撃ち込んでトランスジェニック植物を
得ることも可能である。たとえばダイズの形質
転換などではこの方法が用いられる。

（3）トランスジェニック植物の例

　トランスジェニック植物には，害虫抵抗性遺
伝子が導入された作物（トウモロコシやワタ）や
除草剤抵抗性遺伝子が導入された作物（ダイズ
やナタネ）等があり，世界中で広く栽培されてい
る。

　a. 害虫抵抗性作物

　細菌の一種である*Bacillus thuringensis*は胞
子形成期にさまざまな昆虫に対して毒性を持つ
タンパク質（BTトキシン）を作る。BTトキシン
の遺伝子を導入して害虫抵抗性の作物がつくら
れている。

　b. 除草剤抵抗性作物

　除草剤ラウンドアップの主成分グリホサート
は，芳香族アミノ酸合成に必要な酵素の活性を
阻害する。グリホサートで活性を阻害されない
変異型酵素遺伝子が，アグロバクテリウム菌な
どからクローニングされ作物に導入されラウン
ドアップ抵抗性植物がつくられている。除草剤
バスタの主成分グルホシネートは，グルタミン
酸のアナローグでグルタミン合成酵素の活性を
阻害する。放線菌から取り出された*BAR*遺伝子
は，グルホシネートを無毒化する。この遺伝子
を作物に導入することによりグルホシネート抵
抗性植物がつくられている。

青色の花：遺伝子導入の技術は園芸種の開発
にも利用されている。たとえば，白色のカー
ネーションにペチュニアの青色を発現させる
遺伝子を導入することにより，これまでにな
かった青色の花をつけるカーネーションがつ
くられ，日本では切り花として市販されている
（図3-30）。パンジーの青色を発現させる遺伝
子を利用して青いバラも開発されている。

3-3-4　トランスジェニック動物
（1）トランスジェニック動物とは

　トランスジェニック動物とは，同種あるいは

図3-30　遺伝子組換えによる青いカーネーション
切り花が近隣のフラワーショップで市販されて
いる。

異種に由来する遺伝子を，ゲノムに人為的に導
入した動物のことである。導入される遺伝子を
外来遺伝子もしくはトランスジーンとよぶ。類
似した言葉として遺伝子改変動物があるが，こ
れはトランスジェニック動物に加え，遺伝子欠
損（ノックアウト）動物も含む，遺伝子に改変を
加えた動物全般を指す言葉である。

（2）トランスジェニック動物作出の意義

　トランスジェニック動物を作出する研究上の
意義は，特定の遺伝子機能や発現の影響を生
体内で解析できることである。具体例として，
オワンクラゲに由来する緑色蛍光タンパク質
（GFP）を特定の組織・細胞特異的に発現させ，
生体内でのGFP発現細胞の挙動を観察する実験
が行われている。通常の組織の中で特定の細胞
を追跡することはほとんど不可能であり，トラ
ンスジェニック動物は生命科学の基礎的研究の有
用解析ツールとして幅広く利用されている。

　一方でトランスジェニック動物は，産業応用
も期待される。原理的に，通常の育種改良より
迅速に動物の改良・改変を行うことが可能であ
る。このため，例えば，同種あるいは異種の成
長ホルモン遺伝子の導入と発現によって肉用家

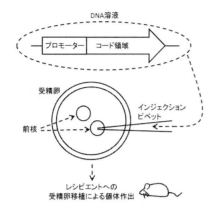

図3-31　トランスジェニック動物の作成法

畜の増体率を向上させることができる。乳用家畜では，牛乳アレルギーの解消，乳汁の低ラクトース化，チーズへの加工に適した乳質への変換を目的としてトランスジェニック動物が作出されている。ただし，これらのトランスジェニック家畜はコストと安全上の懸念から実用化には至っていない。

(3) トランスジェニック動物作出の方法

　第一に，導入する外来遺伝子の選定・作製を行う。動物では，遺伝子はその蛋白質をコードする構造領域とそのmRNAの発現を調節する領域（プロモーター）に分けられる（図3-31）。そこでまず，導入したい遺伝子と発現させたい組織や細胞に適したプロモーターを選ぶ。プロモーターと遺伝子の構造領域を遺伝子工学的手法により連結し，プラスミドに挿入後，大腸菌を用いて大量に増やす。第二に，外来遺伝子を前核期受精卵に導入する。大腸菌から回収した外来遺伝子を，予め準備した前核期受精卵の核内へガラスキャピラリーを用いて注入する（図3-31）。この作業は，卵にダメージを与えるために，遺伝子導入された動物を得るためには非常に熟練した技術を要する。最後に，偽妊娠させた仮親の卵管内へ受精卵を移植し，産子を得る。齧歯類の場合はこのようなDNA溶液の注入（マイクロインジェクション）が主流であるが，別の方法として精子ベクター法，体細胞核移植法，ウイ

ルスベクター法，トランスポゾン法などがある。なお，遺伝子が挿入されたゲノム位置やそのコピー数などによって外来遺伝子の発現様式が大きく異なるため，複数系統を作成して，目的に応じた系統を選択する必要がある。

> **体内で蠢く細胞たち**：動物の精巣には精子幹細胞が存在し，恒常的な精子産生を支えている。古くから，精子幹細胞は精巣内で「動かない」と考えられてきたが，近年，トランスジェニック動物を用いたマウス精子幹細胞の研究から，精巣内の精子幹細胞はダイナミックに運動することが明らかになった。このように動物の体を支える細胞挙動は研究者らの想像以上に動的な可能性が有り，今後，遺伝子改変技術によって，動物の体で蠢く細胞たちの姿が詳らかになっていくものと期待される。

■ 演習問題 ■

1) 遺伝子組換えにおいて，制限酵素と，DNAリガーゼが，どのような目的で使われているかを述べなさい。

2) 海外で栽培され，日本に輸入されている遺伝子組換え作物にはどのようなものがあるか，どのような遺伝子が導入されているか調べなさい。

3) 一般的な受精卵へのDNA注入によってトランスジェニック動物を作成した際，同じDNAを導入しているにもかかわらず個体毎に表現型がばらつく理由を説明せよ。

■ 参考図書 ■

1) 佐藤英明ら (2011)：新動物生殖学，朝倉書店

2) 佐藤英明ら (2014)：哺乳動物の発生工学，朝倉書店

植物と動物の生殖細胞と個体発生

4-1　植物の生殖

4-1-1　植物の生殖と生殖細胞の形成

　生物個体が，新しい個体をつくることを生殖とよぶ。体細胞や組織などの一部が直接新しい個体となる場合と，生殖のための特別な細胞がつくられる場合とがある。

(1) 植物の生殖

　生殖の方法として無性生殖と有性生殖とがある。無性生殖とは，特別な生殖細胞の配偶子をつくらず，個体の一部が分かれて単独で新しい個体をつくる生殖であり，有性生殖とは配偶子をつくる生殖である。

　無性生殖には，分裂と出芽，胞子生殖，栄養生殖（vegetative reproduction）がある。分裂は個体が複数に分裂し，それぞれが新しい個体となる生殖方法であり，出芽は個体の一部が隆起し，その隆起が独自に成長して，分離して新しい個体となる方法である。胞子生殖は，胞子または遊走子がつくられて放出され，それがそのまま発芽して成長し，新しい個体となる生殖方法である。胞子は生殖細胞ではあるが，接合せずにそのまま新しい個体となるので無性生殖に含まれる。栄養生殖は栄養器官の一部から新しい個体がつくられる生殖である。

(2) 栄養生殖

　栄養生殖は，根，茎，葉など，栄養器官（有性生殖に関わらない器官）の一部が，新たに独自の成長を始め，新しい個体をつくる生殖方法で，受精等はしないため遺伝的には親と同一である。このような遺伝的に同一な新しい個体はクローンともよばれ，優良な親の形質をそのまま受け継ぐため，農業上重要な増殖方法である。

　特に，枝の一部を切り取って発根させて新しい個体とする挿し木（cutting）は，果樹や花木を初め，多くの作物の増殖方法として用いられている。

　デンプン原料作物のキャッサバは茎を20〜30cmに切って土に挿し，糖原料作物のサトウキビは腋芽の着いた茎を，挿したり埋めたりして芽を出させ，増殖する。サツマイモは肥大した根を貯蔵し，そこから多くの芽（茎葉）を出させ，それを切り取って苗として挿し木する。

　3倍体が中心で，種子をつくらないバナナは，脇から出る分枝を苗として挿し（図4-1），また，幹からデンプンを採るサゴヤシは，サッカーとよばれる分枝を地面に置くように挿し木して繁殖させる。

　他に，茎を利用する作物として，ジャガイモやサトイモは地下部に形成される肥大した茎，塊茎を植え付け，それから新しい個体を得る。ナガイモはむかごで増殖する。

　クローンは遺伝的に同一であるため，ひとたび抵抗力のない病気が発生すると，甚大な被害を受けることがある。

(3) 有性生殖

　有性生殖では生殖のために，特別な細胞である配偶子（gamete）がつくられる。基本的に

図4-1　バナナの苗と育苗
A：掘り取った分枝の葉を切り落とすところ。葉を切って整え，苗として植える。
B：新たに多量に苗が必要な場合には，組織培養された幼苗を約6週間育苗し，移植する。
　　写真は3週間育苗した苗。

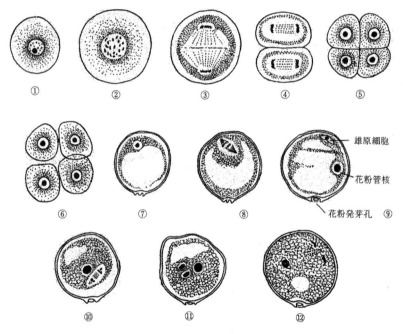

図4-2　イネの花粉の形成過程
図中の番号については，本文で解説。
［羽柴輝良監（2009）「応用生命科学のための生物学入門」改訂版，培風館より引用］

は2つの配偶子が合体して新しい個体となる。この2つの配偶子の形や大きさが同じ場合，同型配偶子とよぶが，多くの場合，形や大きさなどに差がある異型配偶子（heterogamete）である。大きな方を雌性配偶子，小さな方を雄性配偶子とよぶ。2つの配偶子の大きさに極端な差がある場合，大きな配偶子を卵とよび，小さな配偶子を運動性のある場合は精子，運動性のない場合は精細胞とよぶ。卵と精子（あるいは精細胞）の合体が受精である。

（4）減数分裂

　生殖細胞ができる過程で，染色体数が半減する特別な細胞分裂がおこる。これは分裂が2回連続しておこり，この一連の分裂を減数分裂（meiosis）とよぶ。

　第1分裂は前期，中期，後期，終期にわけられる。前期には，縦裂した相同染色体が1対ずつならんで着く状態（対合）となり，4本の染色分体からなる2価染色体ができる。中期には，2価染色体が赤道面にならび，後期には，縦裂したままそれぞれが両極に移動し，終期に染色体数が母細胞の半分の2個の娘細胞となる。

　第2分裂は染色体が赤道面にならぶ中期から始まる。後期に，縦裂していた染色体が分かれ

それぞれが別々の極に移動する。

　この減数分裂の結果，1個の複相（2n）の母細胞から4個の単相（n）の娘細胞ができる。

（5）花粉の形成

　イネを例にとって，花粉（pollen）が形成される過程を図4-2に示した。花粉母細胞（図中の番号①）は減数分裂（②～④）により4個の単相の細胞となり，この4個が密着した状態のものを四分子とよぶ（⑤）。やがて四分子は互いに離れ（⑥），肥大しながら外殻が形成され花粉細胞となる（⑦）。花粉外殻には将来花粉管が発芽するための花粉発芽孔がある。

　花粉細胞の中では，花粉核が分裂し（⑧），極端に大きさの異なる2つの細胞となる（⑨）。細

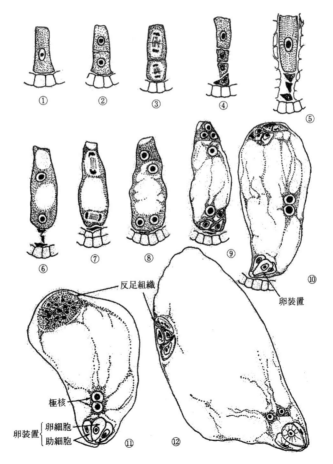

図4-3　イネの胚のうの形成過程
図中の番号については，本文で解説。

［羽柴輝良監（2009）「応用生命科学のための生物学入門」改訂版，培風館より引用］

胞質が少ない小さな娘細胞は雄原細胞で，大きな花粉管細胞の中に取り込まれた状態になっている。雄原細胞はさらに分裂し（⑩），2個の精細胞ができる（⑪）。精細胞の核を精核とよぶ。花粉はさらに大きくなり，デンプン等が蓄積し，小さくなった液胞が花粉発芽孔側に移り，花粉が完成する（⑫）。

　なお，精細胞ができる時期については，花粉完成後，花粉が柱頭に着き，花粉管を伸ばしてから雄原細胞の分裂がおこる植物もある。

(6) 胚のうの形成

　イネの胚のう（embryo sac）の形成過程を図4-3に示した。胚のう母細胞（図中の番号①）が減数分裂をして（②〜③），単相の縦列する4つの娘細胞となる（④）。このうち3つの細胞は退化し，奥の細胞だけが成長を続ける。この細胞が胚のう細胞である（⑤）。

　やがて胚のう細胞の核は3回分裂して（⑥〜⑨）8個の核ができる（⑨）。胚のう先端部（図では下側）の4核のうち，1核は卵細胞に，2核は2個の助細胞となり，残り1核は胚のう細胞の中央に移動する（⑩）。また，胚のう基部（図では上側）では3核が3個の反足細胞となり残り1核は胚のう細胞中央に移動し，中央で2核が結合した状態の極核になる（⑩）。この2個の極核を持つ大きな細胞が中央細胞である。反足細胞は分裂し反足組織となる（⑪⑫）。

4-1-2　生殖細胞の受精

　陸上植物の多くは胚珠が子房で包まれた被子植物である。生殖細胞の受精および種子形成が行われる過程は，受粉と花粉管の伸長，受精および胚発生の各段階にわけられる。この中には，遺伝的多様性を維持するために重要なさまざまな機構が含まれている。本項では，被子植物の生殖細胞の受精と，それに関わるいくつかの興味深い現象について述べる。

> **被子植物と裸子植物**：胚珠が子房に包まれない種子植物の一群を裸子植物とよび，針葉樹類，イチョウ類，ソテツ類などがこれに含まれる。花粉は発芽して花粉管を形成し，その中に含まれる精子は，花粉管を出た後，造卵器に達して受精する。内乳は受精前に胚のう細胞でつくられるため核相はnで，この点は被子植物と異なる。

(1) 受粉

　典型的な花は，がく（calyx），花弁（petal），雄しべ（雄ずい，stamen）および雌しべ（雌ずい，pistil）を備えている（図4-4）。受精の舞台となる雌性器官である雌しべは，柱頭（stigma），花柱（style），子房（ovary）からなる。

　被子植物において，受精にいたる過程の第一段階は受粉（pollination）である。これは，花粉が葯から離れて雌しべ先端部の柱頭に付着する

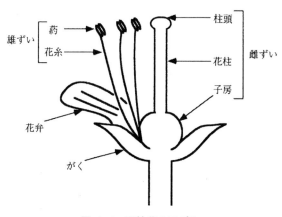

図4-4　両性花のモデル

現象である。受粉後，花粉は柱頭で発芽し，細管状の構造物である花粉管（pollen tube）を伸長させ柱頭に侵入する。花粉管はさらに花柱内を子房方向へ伸長していく。その際，花柱溝のあるものではその内側表面を，花柱溝が細胞で埋められているものでは細胞間隙をぬって伸長する。花粉内には生殖核（雄核）と花粉管核（栄養核）が存在するが，受粉時，すでに生殖核が二つ存在しているものを三核性花粉とよぶ。このように生殖核の分裂時期は種によって異なるが，それぞれが染色体数n，すなわち単相の核をもち，後述の重複受精（double fertilzation）に関与する。一方，花粉管核は受精には直接関与しない。

受粉，発芽そして花粉管の伸長などの受精にいたる過程は，植物の種の多様性の維持にとって特別な意味をもつ。動物のように自ら動き回って交配相手を見つけ出すことのできない植物には，遺伝的多様性を維持するための独特な機構が備わっている。受精の舞台となる花には，雌雄両性器官が一つの花に備わっている両性花（両全花）と，雌しべだけが備わった雌花や雄しべのみをもつ雄花のような単性花がある（図4-5）。単性花にはさらに，雌雄の単性花が同一の個体に存在する雌雄同株性と，異なる個体に分かれる雌雄異株性がみられる。単性花の着生は同一個体の花粉による受粉（自家受粉）を避け，結果としてほかの個体の花粉を獲得する機構の一つといえる。また両性花においても，雌しべと雄しべの成熟する時期をずらすことにより自家受粉を回避する雌雄異熟性がみられる種もある。さらに雄性器官の不全によって受精不能となる雄性不稔（male sterility）という現象もあり，作物の一代雑種（F_1）育種に利用されている。

> **F_1育種**：雑種第一代の形質が，両親のいずれよりも優れる雑種強勢（ヘテロシス）を利用した育種法。後代においては形質が分離するため自家採種が行えず，生産者は毎年，種子を購入する必要がある。

正常な両性花すなわち雌雄両性器官が正常で，自家受粉が可能な花においても，花粉の発芽や

```
両性花 ——— トマト，サクラ，ユリなど

単性花 ┬ 雌雄同株 ——— カボチャ，トウモロコシなど
       └ 雌雄異株 ——— ホウレンソウ，アスパラガスなど
         （雄株，雌株）
```

図 4-5　単性花と両性花の分類

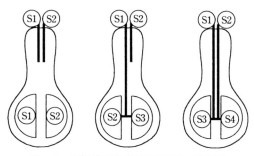

図4-6　配偶体型自家不和合性とS遺伝子

花粉管の伸長は自家不和合性を決定する複対立遺伝子（同一遺伝子座を占めるいくつかの遺伝子）Sにより制御される。図は花粉（n）のS遺伝子によって和合性が決定される配偶体型自家不和合性を示している。すなわち，花粉と同じS遺伝子をもつ花柱内では，花粉管の伸長が停止し受精できない。この際，花柱のS遺伝子に優劣関係はない。

伸長を制御することによって遺伝的に異なる個体の花粉による受精を優先する，自家不和合性も広くみられる（図4-6）。この性質は，雄性配偶子（n）すなわち花粉の遺伝子型に支配される配偶体型自家不和合性と，胞子体すなわち花粉親（2n）の遺伝子型の優劣関係に支配される胞子体型自家不和合性とに分類される。一般に，配偶体型自家不和合性では花粉管の伸長が花柱内で停止するのに対して，胞子体型では花粉管の発芽や柱頭内への侵入が阻害される。いずれの場合でも受粉した花粉に対する自他の認識が行われ，自家受精が回避される。以上述べたようなさまざまな機構によって，被子植物の半数以上が他殖性をもち，遺伝的多様性を維持している。

（2）重複受精

　伸長した花粉管は子房腔内に入った後，さらに下降し，珠孔から胚のう（胚珠内部の雌性配偶体）に達する（図4-7）。珠孔は，珠心を包んでいる珠皮に覆われずに残った小孔である。2つの生殖核（n）は胚のうに入り，それぞれ卵細胞（n）の核および中央細胞の2個の極核（n）と融合して，それぞれ胚（embryo）および内乳（内胚乳，endosperm）を形成していくことになる。このように2つの受精が行われることから，これを重複受精とよび，被子植物の生殖過程における特徴となっている。内乳の染色体数は3nとなるが，発芽時の成長に使われる栄養を供給する組織であり，植物体には成長しないため，受精卵由来の胚の染色体数2nが個体の核相となっていく。

（3）胚発生

　受精時に存在する反足細胞や助細胞は，胚形成初期に退化・消失する（図4-8）。極核に由来する内乳核は，胚形成初期に急速な核分裂を行い多核体となり，その後細胞壁が形成されて内乳となる。胚発生過程は双子葉植物のシロイヌナズナを用いて詳しく調べられており，受精細胞は1回目の分裂により生じた上部の細胞が球形の胚球に，下部の細胞が胚柄に分化していく。胚球が茎頂分裂組織（shoot apical meristem），子葉（cotyledon），胚軸（hypocotyl），幼根（radicle）をもつ成熟胚となるのに対して，胚柄は一部が幼根となるほかは最終的には胚の栄養分となり退化する。珠皮は胚を保護する種皮となる。植物種によっては茎頂がよく発達しており，幼芽とよばれる小さなシュートをもつ場合もみられる。分裂組織としては，子葉基部に茎頂分裂組織，幼根の先端には根端分裂組織，その他分化の明確ではない基本分裂組織が形成される。さ

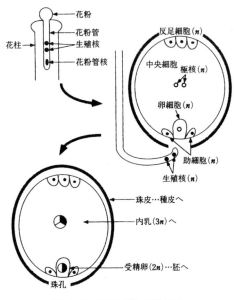

図4-7　重複受精の概念図

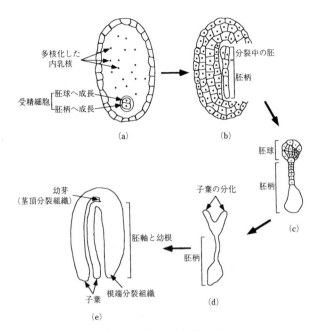

図4-8 被子植物の胚発生

双子葉植物であるシロイヌナズナの胚発生の過程がモデルとなっている。(c) では内乳
細胞が, (d), (e) では内乳細胞および胚・胚柄中の細胞壁と核が省略されている。

らに, 表皮となる前表皮や中央部に存在して維管束系を形成する前形成層もみられる。

イネやカキのように, 内乳が種子の成熟時まで残って発芽時の栄養を供給する種子を有胚乳種子という。これに対してマメ科やアブラナ科などの種子は, 胚の形成過程で内乳の養分がすべて子葉に移行して内乳が退化してしまう無胚乳種子であり, 発芽のための貯蔵物質は子葉に貯えられる。イネ, ムギ, トウモロコシなどの穀類やダイズ, ピーナッツなどのマメ類は, それぞれ上述のような内乳や子葉が主な食用部分となっており, デンプン, 脂肪, タンパク質が豊富に含まれている。一方, 種子自体を食べるこれらの作物に対して, モモ, リンゴなどのように, 子房あるいは花床が肥大した部分を食用に供するものもある。

■ 演習問題 ■

1) 無性生殖にはどのようなものがあるか記せ。
2) 減数分裂とはどのような分裂か説明せよ。
3) 植物の生殖において遺伝的多様性を維持するためのメカニズムについて説明せよ。

4-2 動物の生殖

家畜やヒトなどの動物では, 有性生殖 (sexual reproduction) を行う。有性生殖では雌雄がそれぞれ生殖細胞として精子, あるいは卵子 (卵母細胞) を生みだし, それらが合体 (受精) (fertilization) することによって次世代をつくる。そのため動物の雌雄は独特の生殖器官をもつ。雄では精子を生み出す精巣, 雌では卵子を生み出す卵巣とよばれる生殖腺をもつ。精巣でつくられた精子は卵子と受精するため射精されなければならず, そのため雄は副生殖腺や生殖器道をもつ。また, 体内受精を行う哺乳類, 鳥類では交尾器をもち, 雌の体内に射精する。雌は, 受精卵をどのように育てるかにより, 卵生, 卵胎生, 胎生に分かれるが, 胎生では, 母体内で受精と胚発生が行われ, 新個体がほぼ完成された個体として分娩される。さらに哺育も行う。そのため, 卵管, 子宮, 膣の生殖器道のみならず, 乳

腺も発達させている。

4-2-1　生殖細胞の分化と生殖器

　生物の体をつくる細胞には2種類ある。1つは個体の生命を維持するために機能し，個体の生命と運命をともにする細胞で体細胞という。他の1つは永遠に不死ということもできる細胞，すなわち生殖細胞（germ cell）である。有性生殖を行う動物，とくに哺乳類では生殖細胞（精子や卵子）は合体（受精）し，胚となり，その後，胚の一部の細胞が始原生殖細胞に分化し，始原生殖細胞は生殖腺に移動し，生殖腺の影響を受けて精子や卵子に分化する。そして精子と卵子が合体（受精）し，次世代の個体と生殖細胞をつくる。生殖細胞の形成にともなって減数分裂が誘導され，半数体の生殖細胞が形成されるが，減数分裂により相同染色体間で遺伝子の交換が起こり，さらにランダムな染色体の組み合わせが生じ，多様な遺伝子構成をもつ生殖細胞が形成される。

(1) 精巣の構造と精細管

　精子は精巣の精細管でつくられる。精巣は卵円形をした一対の器官で結合組織からなる白膜に覆われている。表面には精巣上体が観察される。成熟個体では精巣は陰嚢内に収められている。精巣内部（実質）は，白膜から派生した結合組織からなる精巣中隔によって細分され，精巣小葉をつくっている。各小葉内には，精細管とよばれる管が詰め込まれ，その両端は直精細管としてまとめられ精巣網に開いている。精巣網は精巣輸出管をへて精巣上体へとつながっている。

　精細管内には精子形成過程にある生殖細胞群と，生殖細胞の分化を支えるセルトリ細胞が分布している。また，精細管の外側には基底膜を介して筋様細胞や結合組織が見られるが，その中（間質）には雄性ホルモンを分泌するライディヒ細胞が分布する。

(2) 精細管における精子の分化

　精子は頭部と尾部からなり，運動性をもつ形態的に特殊化した細胞であるが，精細管内で幹細胞（精子幹細胞）から分化する。精細管内には

精子への分化過程にある細胞とそれに密着し，分化を支えるセルトリ細胞が分布する。成熟した動物では，精細管の周辺から内部（管腔）に向かって一連の細胞分化の過程が観察できる。この一連の細胞分化が精子形成または精子発生（spermatogenesis）である。また，減数分裂後の精子細胞が精子に変形する過程が精子形成（spermiogenesis）である（図4-9）。

　精細管内壁には幹細胞である精子幹細胞を含む精原細胞が配列している。精原細胞は有糸分裂を繰り返す中で，一部は幹細胞としての機能を維持しつつ，一次精母細胞へと分化する。一次精母細胞は減数分裂（meiosis）を開始し，1回目の分裂により，2個の二次精母細胞になる。さらに2回目の分裂で4個の精子細胞になる。すなわち，精子発生過程では，1個の一次精母細胞から4個の精子細胞がつくられる。

　精子完成過程では，細胞分裂はなく，先体の形成，尾部の形成，ミトコンドリア鞘の形成，クロマチンの凝縮と頭部への包み込みなどが行われ，精子となり，精細管腔へ放出される。

(3) 卵巣の構造と卵胞

　卵巣は豆形をした一対の器官で皮質と髄質からなる。構造は種，性周期，年齢などによって異なるが，表面は表面上皮によって覆われ，この下に皮質と髄質がある。皮質には顕微鏡レベルで観察できる原始卵胞やさまざまな発育段階の卵胞，黄体，白体などが含まれる。髄質には血管，リンパ管，神経線維などを含む疎性結合組織などが観察される。

(4) 卵子形成および卵胞発育

　卵子は体細胞の200〜1000倍の体積をもつ巨大な細胞である。また，透明帯や表層粒という特殊な構造をもっている。透明帯は，受精に際して同種の精子しか通過させない機能をもつ。表層粒は精子進入にともなって放出され，複数の精子が卵子内に進入するのを防ぐ役割をもつ。

　卵原細胞は，分裂を繰り返し，増数し，そして一次卵母細胞に分化する。ほとんどの哺乳類では，胎児期に卵原細胞は一次卵母細胞に分化し，その後，減数分裂を誘起する。減数分裂

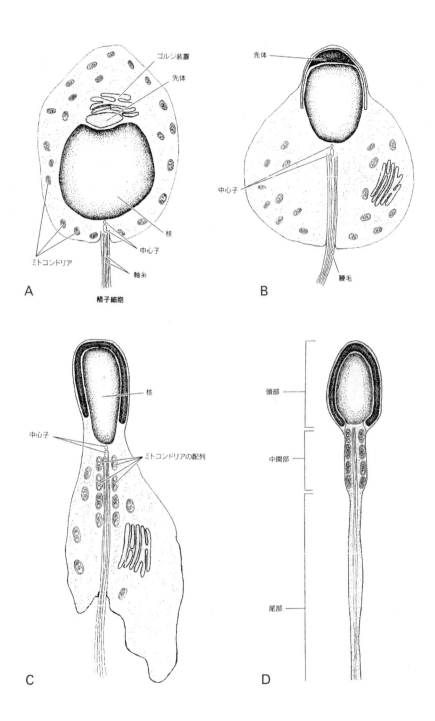

図4-9　精子完成過程の形態変化
（谷口和之・木曾康郎・佐藤英明監修，獣医発生学（2008），学窓社より改変引用）

は，1回の染色体の複製と2回の核分裂（第1減数分裂および第2減数分裂）よりなる。減数分裂は前期，中期，後期および終期に分けられるが，第1減数分裂の前期は長く，前期はさらに細糸期，接合糸期，太糸期，複糸期および移動期に細分される。一次卵母細胞の減数分裂は複糸期でいったん休止する。複糸期に入った卵母細胞は一層の扁平な細胞（顆粒層細胞）に取り囲まれるが，この時期の卵母細胞と顆粒層細胞からなる構造体を原始卵胞とよぶ（図4-10），その後，卵母細胞は卵胞の中で発育を進める。

　発育を始めた一次卵母細胞の核は大きく発達し，卵核胞とよばれるようになる。卵母細胞が一定の大きさになると周囲に透明帯が形成される。表層粒も卵母細胞の発育過程で形成され，最終的に卵母細胞の表層に配列するようになる。卵母細胞と周囲の顆粒層細胞の間には結合装置（ギャップ結合）が発達し，卵母細胞と顆粒層細胞は機能的に相互依存の関係になる。

　卵母細胞が発育を進めると，周囲をとりまく扁平な細胞は立方形となり，外周は基底膜に包まれ，一次卵胞（follicle）とよばれるようになる。ついで基底膜の外側に卵胞膜が形成され，卵胞膜に多数の毛細血管が分布するようになるが，この時期の卵胞は二次卵胞とよばれる。卵胞がさらに発達し，大きくなると顆粒層細胞間の間隙に液が蓄積するようになり，やがて間隙は互いに合体して腔（卵胞腔）を作り，卵胞液で満たされる。このような卵胞を胞状卵胞（三次卵胞）とよぶ。卵胞腔は次第に拡大し，卵母細胞は卵胞の一方に押しやられ，周囲の顆粒層細胞とともに卵胞腔に突出するが，この部分を卵丘とよぶ。この時期の卵母細胞周囲の顆粒層細胞を卵丘細胞とよぶ。また透明帯に接する卵丘細胞は放射状に並んでいるので放射冠とよばれる。

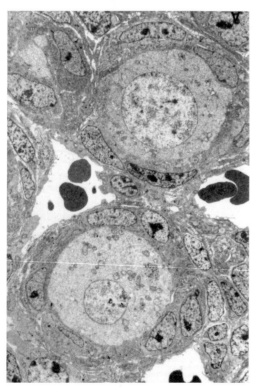

図4-10　マウスの原始卵胞　電子顕微鏡で観察すると卵母細胞周囲を扁平な細胞が取り囲んでいる。扁平な細胞の周囲に血管網が分布している。
（佐藤英明原図）

2010年のノーベル生理医学賞と体外受精：

　日本人2名がノーベル化学賞を受賞したこともあり，日本ではあまり大きな話題にはならなかったが，2010年のノーベル生理医学賞は，R.G.エドワード博士に授与された。1978年に初めて人の体外受精に成功し，ルーズちゃんと名づけられた女の子を誕生させた研究者である。医者であるP.C.ステプトー博士と動物学者であるエドワード博士の共同研究の成果であるが，ステプトー博士はすでに他界されたこともあり，単独受賞となったように思う。体外受精は米国の中国人研究者M.C.チャン博士が1959年に初めて実験動物で成功し，その後多くの日本人研究者がチャン博士グループに参画し，基礎が築かれたが，その成果が人の体外受精の成功につながったと考えられる。1983年には鈴木雅洲教授の指揮の下，わが国初の体外受精児が東北大学医学部で誕生した。英国での成功以来，約30年の間に世界で400万人を超える子供が体外受精によって誕生している。そして今，わが国では体外受精を行う医療が大きく発展し約50人に1人が体外受精により生まれている。体外受精技術は進歩し，

最近では卵子の中に精子を1匹注入して受精させる顕微授精も発達し，顕微授精が主流になりつつある。

　家畜でも体外受精が普及している。食肉市場で解体された雌から卵巣を採取し，さらに卵巣から未成熟卵子を分離し，体外で成熟させ，受精させる方法が発達し，牛では世界で1年間に約30万頭，わが国でも約3千頭の子牛が体外受精によって誕生し，銘柄牛の生産などに貢献している。牛や豚では体外受精の発展が基礎になり，新たな生殖操作技術が開発されてきた。受精卵の性判別も可能になり，雌雄の産み分けができるようになった。また，受精卵の凍結保存，核移植（体細胞クローン），キメラ，遺伝子改変も可能になっており，医薬品を乳汁中に分泌する牛や山羊，ヒトへ移植可能な臓器を生産する豚も作製されている。

　このような人や家畜の体外受精には多くの技術者が関わっている。そして体外受精を行う技術者の知識や力量を証明する資格も誕生している。人については生殖補助医療胚培養士（エンブリオロジスト），家畜については家畜体外受精卵移植師という資格である。これらの技術者が高い倫理観をもち，さらなる努力を続けることによって体外受精が社会の中に健全に定着することが望まれる。

4-2-2　精子の成熟・貯蔵および射精

　精細管で形成された精子は，精巣網，精巣輸出管を経て精巣上体に移動し，さらに精巣上体の頭部，体部を経て尾部に移送される。精子は精巣上体通過の過程で運動能力を獲得する。精巣上体頭部，体部，尾部に移動するにつれて運動精子の割合が増すと共に，前進運動を示すようになる。しかし精巣上体の精子は運動能力を獲得した後も運動を停止している。一方，精子は精巣上体通過中に受精能力を獲得する。精巣上体尾部の精子は体外受精を行うと前進運動し，受精する。すなわち，精巣上体尾部の精子は運動性と受精能力をもっていることがわかる。

　精子は射精時まで精巣上体尾部に貯蔵される。雌の生殖器道内に射精された精子は液状成分（精漿）に浮遊した状態にある。精漿は副生殖腺（精嚢や前立腺など）から分泌された液で，精子の運動を支える代謝基質などを豊富に含む。

4-2-3　精子の形態

　頭部には凝縮したクロマチンが含まれている。頭部のクロマチンは，遺伝情報であるDNAにプロタミン（精子特有の塩基性核タンパク質）が結合した状態にある。精子頭部の前半部分は先体で覆われている。先体内には，受精に際して必要な各種の酵素が含まれる。精子頭部の後半部分は，受精の開始に際して卵子の原形質膜（細胞膜）と融合する部分である。頸部は頭部と尾部の接合部分であり，尾部はべん毛ともよばれる。尾部の内部には軸糸が規則正しく配列する。軸糸は，中央を走る2本の中心微小管とそれを円周状に囲む9対で2連（ダブレット）の周辺微小管からなる。ダブレット微小管は，A管とB管からなり，A管から2本の腕が隣接する微小管のB管に向かって伸びている。微小管はチューブリン，腕はダイニンとよばれるタンパク質からなる。哺乳類の精子は軸糸の外側を2本の外線維が取り巻いている。中片部では，さらにその外側にミトコンドリア鞘が取り囲んでいる。哺乳類の精子は90〜250μm／秒の速度で前進運動を行う。精子の軸糸を構成する微小管のチューブリンとダイニンが，筋肉のアクチンとミオシンに相当し，滑り運動によってべん毛運動を引き起こす。

　精子は雌の生殖器道に入ると前進運動を行うが，雌の生殖器道で受精能獲得という変化を起こし，卵子に受精する能力をもつようになる。また受精する直前には超活性化運動（ハイパーアクチベーション）とよばれる運動を示す。

4-2-4　卵子の成熟と受精能力の発現

　胞状卵胞内の一次卵母細胞は種に固有の大きさに発達しているが，精子と一緒にしても受精は起こらない。発育を終えた卵母細胞が受精可能になるためには減数分裂を再開し，成熟（卵子

成熟）(oocyte maturation）という過程を経なけ
ればならない（図4-11）。

　卵成熟は直接的には下垂体から分泌される
性腺刺激ホルモンの一つ，黄体形成ホルモン
(luteinizing hormone, LH）により誘導される。
LHの作用を受けた一次卵母細胞の減数分裂は
移動期に入る。そして核小体や卵核胞は消失し，
凝縮した染色体は紡錘体の中央部（赤道板）に配
列する（第一減数分裂中期）。つづいて染色体は
両極に引き寄せられ（第一減数分裂後期），両極
に完全に分離する（第一減数分裂終期）。卵母細
胞の減数分裂では細胞質は不等分裂であり，第

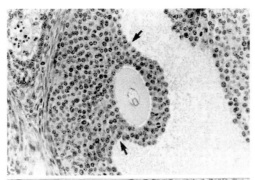
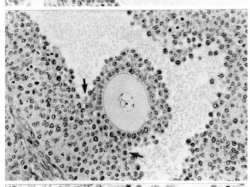
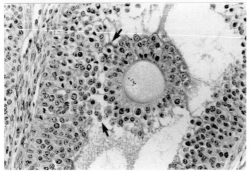

図4-11　マウスの卵子の成熟　成熟し，排卵され
るが，成熟を経て卵子は受精し，発生する能力
を獲得する。（佐藤英明原図）

一極体が形成され，透明帯と卵母細胞との間隙
（囲卵腔）に放出される。第一極体を放出した後
の卵母細胞は二次卵母細胞とよばれる。二次卵
母細胞は直ちに第二減数分裂を開始し，中期に
至り，減数分裂を休止する。卵母細胞はこの段
階で排卵される。その後受精すると，再び減数
分裂を再開し，姉妹染色分体が分離して減数分
裂は完了する。

　卵胞から卵子が排出されることを排卵（ovula-
tion）とよぶ。排卵される卵子の数は種によっ
て決まっているが，哺乳類の排卵数は魚類など
と比べるときわめて少ない。卵胞の膨張にとも
なって卵胞は卵巣表面から突出し，やがてその
頂上部が破裂し，卵子は卵丘細胞に包まれたま
ま卵胞液とともに排出される。排卵後の卵胞は
黄体となる。一方，卵胞が発育する過程で一部
の卵胞のみが発達を続け，その他の多くの卵胞
は退行し，排卵せずに死滅消失する。

　雌の生殖器道は卵管，子宮，膣からなるが，
卵管は腹腔に開口する開放形の管状構造体であ
り，卵管漏斗部，卵管膨大部，卵管狭部に区分
されるが，卵管膨大部で精子と卵子が遭遇し，
受精が成立する。受精した卵子（胚）は卵管内で
発生を続けながら，子宮に移動し，着床する。
胚と子宮は着床部位でともに胎盤を形成する。
なお，子宮は子宮角，子宮体，子宮頸部に分類
される。

4-2-5　受精と胚の発生
(1) 精子と卵子の移動
　射精では一度に数億から数十億の精子が主に
膣に射出される。その後，雌の生殖器道の収縮
運動と精子自身の運動の両方によって卵管膨大
部に運ばれる。精子が受精の場である卵管膨大
部に移動するに際して大きなハードルが何ヶ所
かある。子宮頸管や子宮卵管接合部である。内
腔は狭く，複雑な構造である。こうして卵管膨
大部に到達する精子の数は100～1000個であり，
射出時の百万分の一にまで減少する。射出され
た精子の多くは膣から体外に排出される。また
受精の場に到達しなかった生殖器道内の残留精

子は遊走性貪食細胞の食作用を受け，生殖器道から排除される。排卵された卵子は卵管采に捕捉され，受精の場である卵管膨大部へ運ばれる。

(2) 受精

精子と卵子は卵管膨大部で遭遇し，合体するが，これを受精とよぶ。卵子の近傍に到達した精子は，まず卵子を取り巻く卵丘細胞層のヒアルロン酸に富む細胞間質を通過する，この通過には精子頭部（先体）に含まれるヒアルロン酸分解に係わる酵素（ヒアルロニダーゼ）が係わる。卵丘細胞層を通過した精子は透明帯に結合するが，結合には精子頭部の細胞膜にあるレセプターが関与する。例外はあるものの精子と透明帯の結合は種特異的であり，異種精子は透明帯に結合しない。

精子が透明帯に結合すると先体は胞状化し，その中の酵素を放出する。これを先体反応とよぶ。透明帯に結合した精子は，先体反応で放出された酵素（アクロシン）で透明帯を分解するとともに，精子のハイパーアクチベーションによる推進力で透明帯に小孔を空けながら通過する。

透明帯を通過した精子は，頭部の赤道部で卵子の細胞膜と融合し，卵細胞質内に取り込まれる。精子と卵子の細胞膜の種特異性は低い。精子進入によって卵子には2つの大きな変化（表層反応と減数分裂再開）が起こる。表層反応は，表層粒の内容物の開口分泌であり，内容物は卵子と透明帯の間隙である囲卵腔に放出される。内容物には酵素が含まれ，この酵素は透明帯を構成する糖タンパク質を変性させる。この結果，透明帯への精子の結合と通過は阻害される。また，卵細胞膜も変化し，精子が融合できないようになる。この変化はそれぞれ透明帯反応，卵黄ブロックとよばれ，複数の精子が卵子に進入する，いわゆる多精子受精（polyspermy）を防ぐのに役立っている。多数の精子が受精の場に存在すると複数の精子が卵子に進入しうるが，上述したように受精の場に到達する精子数を少なくするメカニズムを持っており，これが多精子受精を抑制する要因となっている。

精子進入後，脱凝集した卵子由来のDNAと膨化した精子頭部由来のDNAの周囲に核膜が形成される。それぞれ雌性前核，雄性前核とよばれる。形成された雌性前核と雄性前核内ではほぼ同時にDNAの複製が始まり，両前核の合体直前まで続く。そして両前核は卵子の中央部に移動して合体する（図4-12）。

(3) 初期胚の発生

受精卵は胚とよばれる。子宮に着床する以前の胚を初期胚とよぶ。初期胚の分裂は体細胞分裂とは区別し，卵割とよぶ。体細胞の細胞周期には，M期とS期の間にG1期，G2期があり，1周期は20〜30時間であるが，初期胚の細胞周期（cell cycle of early embryo）はG1，G2とも短いので1周期に要する時間は短く，約12時間である。

体細胞分裂では，G1期に体積を増加させて分裂するので，分裂の結果生じた細胞はもとの細胞の体積とほぼ同じであるが，G1期のない初期胚では，細胞は体積を増すことなく，分裂を進める。分裂したそれぞれの細胞は割球とよばれる。割球の体積は卵割が進むにつれて次第に小さくなる。初期胚の分裂初期には割球はバラバラにすることもできるが，卵割が進むと割球は互いに密着して胚が一つの塊になる。これをコンパクションとよぶが，この時期の胚は桑実に似ているので桑実胚とよばれる。やがて桑実胚内部に腔ができ，液体がたまる。腔ができた胚は胚盤胞とよばれる。胚盤胞は発生を進めると将来胎児へと成長する内部細胞塊と将来胎児側胎盤となる栄養膜細胞層に分化する。胚盤胞腔の液は発生が進むにつれて増加し，その結果，胚盤胞は透明帯内部で大きく発育する。やがて透明帯が破裂し，胚は透明帯を破って脱出する。この現象を孵化（hatching）とよぶ。脱出した胚は子宮内膜と接着し，着床することが可能となる。内部細胞塊は分化し，その後，内胚葉，中胚葉，外胚葉に分化し，さらに形態形成を続け，種々の器官を形成する（図4-13）。また，栄養膜細胞層とともに胎膜（fetal membrane）（羊膜，尿膜，絨毛膜）も発達させ，胚を取り囲み，胚の発生を支える，絨毛膜は子宮内膜と接し，胎盤を形成する。

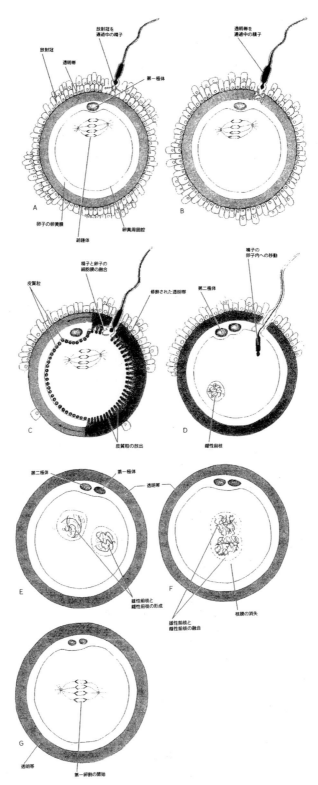

図4-12　受精過程の精子と卵子の形態変化
(谷口和之・木曾康郎・佐藤英明監修，獣医発生学(2008)，学窓社より改変引用)

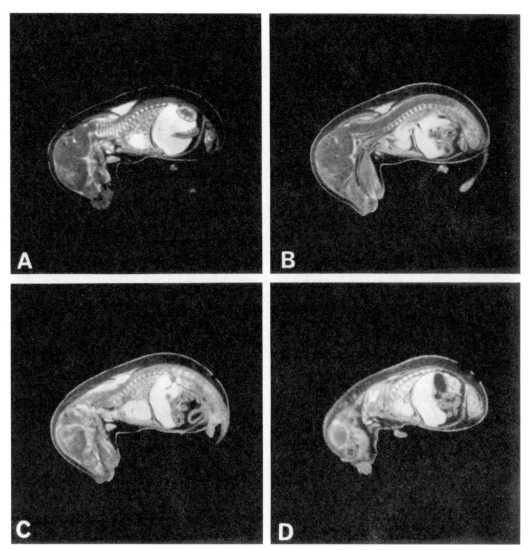

図4-13　マウス胎児（胎齢16日）の内部構造　MRIを用いて非破壊的に形態形成が観察できる。A，B，C，Dは2mm間隔で連続して内部（横断面）を撮影したものである。遺伝子操作技術と組み合わせることにより，形態形成と遺伝子の関係を迅速に解析できるようになる。（佐藤英明原図）

4-2-6　動物の形態形成と遺伝子
（1）胚ゲノムの活性化とゲノムインプリンティング

　哺乳類の初期胚は，卵生の動物とは異なり，発生の最初から外部からのエネルギー供給が必要である。また，排卵卵子は，細胞質内に母性因子と呼ばれる多くのmRNAをもっている。初期胚の発生は，当初は母性因子によって制御される。そして発生が進むと母性因子依存から胚自身のゲノム依存性に切り替わる。すなわち，胚性ゲノムの活性化（zygotic genome

activation）であるが，その後の形態形成は胚自身がもつ遺伝子によって支配される。なお，胚は精子および卵子由来の2本の染色体をもつが単為発生胚の解析から，それらには機能的な違いがあることが明らかにされている。胚発生においては母方，父方どちらかに由来する遺伝子が発現することが明らかにされ，その遺伝子発現を調節する仕組みであるゲノムインプリンティング（genomic imprinting）（後天的で可逆的なDNA修飾）と形態形成の関係についての解

析が進められている。詳細は今後解明されると思われるが，胎児の形態形成や成長に係わる遺伝子の多くがインプリンティングを受けることが明らかにされている。

　これに関連して性染色体の1つであるX染色体についての解析が進んでいる。哺乳類の雌ではX染色体を2本もつが，X染色体遺伝子の発現量を雄と同じレベルに保つために1本の染色体を不活性化させている。X染色体の不活性化は発生の初期に起こる。X染色体の不活性化もゲノムインプリンティングによって調節されている。

(2) 形態形成と遺伝子操作技術

　形態形成を支配する遺伝子同定を可能とするいくつかの遺伝子操作技術が開発されている。一つは受精卵への遺伝子導入（トランスジェニック）技術である。ヒト新生児の染色体異常の解析からY染色体の遺伝子が解析され，*SRY*が同定され，これが精巣決定因子をコードする遺伝子であることが明らかにされた。そしてマウスで*Sry*遺伝子（sex determining region on Y）が単離され，さらに*Sry*遺伝子をXX（雌）の核型の受精卵に導入し，精巣が形成されることが明らかにされた。

　また，マウスでは胚性幹（Embryonic Stem, ES）細胞と初期胚のキメラ作製技術を用いて解析が進んでいる。ES細胞（embryonic stem cell）が，胚の形態形成と遺伝子の相関を明らかにする上で欠かせない細胞になったのは，生殖細胞への分化能力をもつことによる。すなわち，ES細胞を初期胚に導入すると，初期胚細胞と混じり合い，キメラをつくり，発生を進め，キメラ個体をつくる。キメラ個体の中でES細胞は生殖細胞に分化する。そしてそのような生殖細胞をもつ個体が誕生する。こうした個体を交配させるとES細胞に由来する生殖細胞も受精を経て個体となる。このように遺伝子を改変したES細胞を用いると，遺伝子改変個体，特に特定の遺伝子を機能させなくした，いわゆる遺伝子ノックアウト個体をつくることができる。1989年に初めて遺伝子ノックアウトマウスが作製されたが，そ

れ以降マウスを用いて形態形成における遺伝子の機能解析が進んでいる。

　一方，体細胞クローン（somatic cell clone）技術が誕生し，ES細胞が樹立されていない動物種でも遺伝子改変体細胞を用いる体細胞クローンの作製が可能となっている。体細胞クローンは遺伝子改変個体の作製のみならず，形態形成における核DNAとミトコンドリアDNAの相互作用についても明らかにすることができるのではないかと期待されている。

■ 演習問題 ■

1) 始原生殖細胞はどのような過程を経て受精能力をもつ精子および卵子に分化するか，説明せよ。
2) 遺伝子と形態形成の関係を解析する方法の一つに遺伝子ノックアウト法があるが，遺伝子ノックアウト法とはどのような方法か，説明せよ。

■ 参考図書 ■

1) 星川清親（1975）：解剖図説イネの生長．農山漁村文化協会，東京
2) 佐藤英明編（2003）：動物生殖学，朝倉書店

植物と動物の生理

5-1　植物の生理

5-1-1　成長と分化

(1) 植物の発生の特徴

　植物は，胚発生過程で未分化細胞からなる茎頂分裂組織（shoot apical meristem）と根端分裂組織を形成し，発芽後はこれらの分裂組織から次々と器官形成を行う。たとえば，茎頂分裂組織からは葉，茎，花など地上部の全ての器官が形成される（図5-1）。分裂組織は，細胞分裂により細胞数を増加し，増加した細胞を器官形成に用いることにより維持される。したがって，植物の発生の最も基本的な点は，分裂組織の形成，維持と分裂組織からの器官形成である。

　また，植物の発生の特徴として，環境に応じて成長と分化を劇的に変化させる点があげられる。たとえば，明条件下で生育した芽生えは胚軸が短く，緑化，子葉の展開がみられるのに対し，暗黒下で生育した芽生えは胚軸が伸長し，緑化，子葉の展開がみられず，いわゆる「もやし」になる。また，浮きイネは水深に応じて草丈を伸ばし，10 m以上に伸びる場合もある。分化した細胞が全能性（totipotency）をもっている点も大きな特徴の1つである。

(2) 茎頂分裂組織

　植物の地上部の発生の根幹を担う茎頂分裂組織は，一定の大きさになるように遺伝子の働きにより制御されている。シロイヌナズナの *WUSCHEL*（*WUS*）遺伝子の突然変異体では茎頂分裂組織が維持されず，逆に *CLAVATA*（*CLV*）遺伝子の突然変異体では茎頂分裂組織が肥大する。つまり，*WUS* 遺伝子には茎頂分裂組織を維持する機能があり，*CLV* 遺伝子には茎頂分裂組織を小さくする機能がある。茎頂分裂組織の大きさは，この両遺伝子の相互作用により保たれている（図5-2）。*WUS* 遺伝子は *CLV* 遺伝子の発現を正に制御し，*CLV* 遺伝子は *WUS* 遺伝子の発現を負に制御する。そのため，もし *WUS* 遺伝子の発現が異常に上昇しても，*WUS* 遺伝子の発現を抑制する *CLV* 遺伝子の発現が上昇するためより強く *WUS* 遺伝子の発現を抑制し，逆に *WUS* 遺伝子の発現が異常に低下すると *CLV* 遺伝子の発現も低下し，*WUS* 遺伝子の発現抑制が弱くなる。このためいずれの場合も *WUS* 遺伝子の発現は元のレベルに戻る。このような負のフィードバック制御（feedback regulation）により，*WUS* 遺伝子および *CLV* 遺伝子の発現は一定の範囲内に保たれ，茎頂分裂組織の恒常性が維持されている。このような，負のフィードバック制御は，茎頂分裂組織だけではなく，植物ホルモンの応答等，植物の様々な生理現象を制御するしくみでみられる。

(3) 花の器官形成

　花は一般に雌しべ，雄しべ，花弁，がくの4つの器官からなり，雌しべを中心にこの順で同心円状に配置されている。この同心円状の各層から，どのようなしくみで各花器官が形成されるかが明らかにされており，ABCモデル（ABC

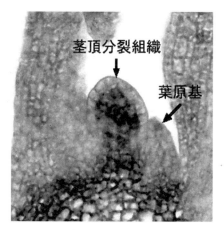

図5-1　イネの茎頂
中央のドーム型の組織が茎頂分裂組織で，その右下に茎頂分裂組織から分化した葉原基がみられる。色の濃い領域は，茎頂の未分化細胞で特異的に発現する*OSH1*遺伝子の発現領域である。ただし，茎頂分裂組織であっても最外層の細胞での発現はみられない。

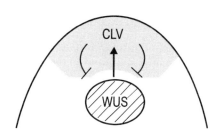

図5-2　茎頂分裂組織における*WUS*遺伝子と*CLV*遺伝子の負のフィードバック制御
*WUS*遺伝子が*CLV*遺伝子の発現を誘導し，逆に*CLV*遺伝子が*WUS*遺伝子の発現を抑制することにより，両者の活性のバランスが維持される。グレー：*CLV*遺伝子の発現領域，斜線部：*WUS*遺伝子の発現領域。

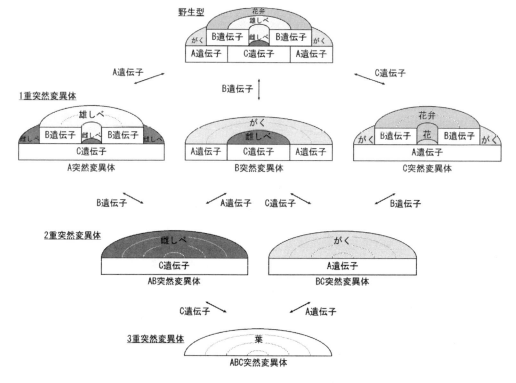

図5-3　花の器官形成のABCモデル
A，B，Cの3種類の遺伝子の組み合わせにより4つの花器官が決定される。C遺伝子が機能しないとdeterminacyが与えられないため，B遺伝子とC遺伝子の2重突然変異体ではがくが何層にも形成され，3重変異体では葉が何層にも形成される。

model) とよばれている (図5-3)。

　ABCモデルは，ある器官が別の器官に変化するホメオティック突然変異体 (homeotic mutant) の研究から提唱された。花のホメオティック突然変異体は3種類の変異体に大別される。Aグループの突然変異体は，がくが雌しべに変化し，花弁が雄しべに変化する。Bグループの突然変異体では花弁ががくに変化し，雄しべが雌しべに変化する。また，Cグループの突然変異体では，雄しべが花弁に変化し，雌しべが新たな花に変化するが，その花も同様な表現型を示すため，がく，花弁，花弁の順に何層も続く，いわゆる八重咲きの花が形成される。

　これら3種類の突然変異体では，いずれも隣り合う二つの層の器官が別の花器官に変化する。したがって，Aグループの遺伝子 (以下A遺伝子) はがくと花弁になる外側の2層で機能し，B遺伝子は花弁と雄しべになる中間2層で機能し，C遺伝子は雄しべと雌しべになる内側の2層で機能すると考えられる。そして，A遺伝子が単独で働く最外層からはがくが形成される。A遺伝子とB遺伝子の両者が作用すると花弁が形成され，B遺伝子とC遺伝子の両者が作用すると雄しべが形成される。C遺伝子が単独で働く最内層には雌しべが形成される。A遺伝子とC遺伝子はお互いに抑制し合っており，どちらか一方が機能を失うともう一方が機能する領域が広がる。C遺伝子にはさらにdeterminacyを与える

機能もあり，それにより花器官の形成が終息する。そのためC遺伝子の突然変異体では，雌しべががくに変化するのではなく，新たな花に変化する。このように3種類の遺伝子機能の組み合わせにより，形成される花器官が決定される。

　A遺伝子とB遺伝子の2重突然変異体では，全ての層でC遺伝子のみが機能するので，雌しべだけからなる花が形成され，B遺伝子とC遺伝子の2重突然変異体では，全ての層でA遺伝子のみが機能するので，がくだけからなる八重咲きの花になる。また，A遺伝子，B遺伝子，C遺伝子のいずれも機能しない3重突然変異体では，全ての花の器官が葉になる。このことは，花はこれらのホメオティック遺伝子 (homeotic gene) を獲得することにより葉から進化したことを意味している。

（4）植物ホルモン

　植物ホルモンには，オーキシン (auxin)，サイトカイニン (cytokinin)，ジベレリン (gibberellin)，ブラシノステロイド，アブシジン酸，フロリゲン (florigen) などがあり，植物の成長と分化を調節する。

　a. オーキシンとサイトカイニン

　オーキシンは細胞分裂の促進，発根の促進，重力屈性の誘導などの生理作用をもつ。サイトカイニンは細胞分裂の促進，シュート (地上部) 形成作用，分枝形成の誘導，老化抑制などの生理作用をもつ。植物細胞は全能性をもっており，

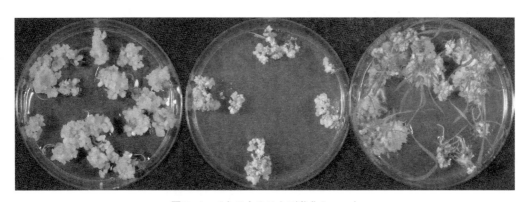

図5-4　イネのカルスと再分化シュート
左：イネの胚盤由来カルス，中央：再分化中のシュート
右：さらに再分化が進んだシュート

オーキシンとサイトカイニンを作用させることで，一旦分化した細胞からも脱分化，再分化を経て完全な植物体を再生できる。また，オーキシンとサイトカイニンの相対的な濃度により培養細胞の分化を決定することができ，培地中のサイトカイニンの濃度を相対的に高くすると培養細胞からシュートが分化し，オーキシンの濃度を高くすると根が分化する。その中間では未分化のまま細胞増殖を行う（図5-4）。

　b. ジベレリン

　ジベレリンは，伸長成長の促進，発芽促進などの作用をもつ。1940年代から1960年代には緑の革命とよばれる穀物生産量の劇的な増大がなされたが，イネの場合，ジベレリン合成酵素遺伝子の突然変異体が利用された。この突然変異体はジベレリン合成量が少ないため半矮性になり，多肥条件下でも徒長せず，増収が可能となった。コムギではジベレリンの情報伝達因子遺伝子の突然変異体が利用された。また，種なしブドウの生産にみられるように，ジベレリンは生殖においても重要な作用をもつ。

　c. フロリゲン

　多くの植物は日長（連続暗期の長さ）に応じて，花芽分化を行う。その花芽分化は茎頂分裂組織で起こる現象であるが，日長は葉で感知される。そのため，葉で感知した情報を茎頂分裂組織に伝える物質として，1936年にフロリゲンの存在が提唱された。長い間その実体は不明であったが，近年になり，花芽分化促進作用をもつ*FT*遺伝子がコードするFTタンパク質がフロリゲンの実体であることが明らかにされた。*FT*遺伝子は葉で発現し，そのタンパク質（フロリゲン）が茎頂分裂組織に運ばれ，そこで機能することにより花芽分化が引き起こされる。

> **花芽分化促進の分子機構**：シロイヌナズナにおける花芽分化の促進に関して，光周性経路，自律的経路，春化経路，ジベレリン経路が明らかとなっている。光周性経路では，概日時計と光受容体によって長日が認識されるとCONSTANSタンパク質が増加し，*FT*遺伝子の発現が誘導されて花芽分化が誘導される。

5-1-2　環境応答と情報伝達

　植物の環境応答としては，基本的な成長と分化に関わる現象，すなわち日長と花芽形成の関係や，温度の休眠打破に及ぼす影響などがよく知られている。一方，個体の生存を脅かすさまざまな環境変動，すなわち乾燥や高低温などに対しても植物は生命を維持する術をもっている。これらの環境シグナルへの対応としては，個々の細胞が自律的にシグナル認識と応答を行う場

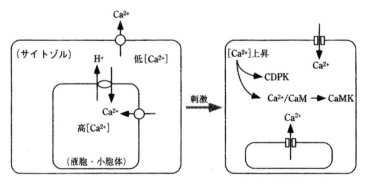

図5-5　細胞内でのカルシウムイオンの動態

○：Ca^{2+}-ATPアーゼ，⬭：Ca^{2+}/H^+対向輸送体，▯：Ca^{2+}チャネル，CDPK：Ca^{2+}依存性プロテインキナーゼ，CaM：カルモジュリン（Ca^{2+}結合タンパク質でいくつかの酵素を活性化する），CaMK：Ca^{2+}/CaM依存性プロテインキナーゼ。通常はサイトゾルにおけるカルシウムイオン濃度は極めて低く保たれているが，何らかの刺激によりサイトゾルへカルシウムイオンが流れ込むと，プロテインキナーゼが活性化され細胞内情報伝達系が活性化する。

合と，シグナルの認識を行う部位と応答する部位が同一ではない場合とがある。後者では，シグナルの認識とそこから離れた組織への情報伝達，およびその情報を受容した細胞での応答を誘導する細胞内情報伝達の各過程がある。細胞や組織を越えて情報を伝達する物質としては植物ホルモンなどがあげられる。一方，細胞内情報伝達に関与する物質はセカンドメッセンジャーとよばれ，カルシウムイオンが代表的である（図5-5）。一般に植物ホルモンなどの情報伝達物質は，細胞膜に存在するレセプター（受容体）に結合した後，プロテインキナーゼなどの関与を経て特異的遺伝子の発現を誘導する。

以下に，環境因子として代表的な光と水（乾燥）を取り上げ，植物個体の応答とそれを導く情報伝達機構について概説する。

（1）光

植物を暗所で育てると，茎は徒長し，そこにある方向から光があたった場合，光の方向に屈曲する（屈光性）。暗所下での徒長や屈光性は，

植物体が光合成を行える位置に茎葉を伸ばすための一種の適応現象である。黄化，すなわち光合成関連遺伝子の発現が暗所で抑制される現象も，不良環境下で不要なタンパク質を合成する無駄を省くという意味で，生命維持のしくみの1つといえる。

多くの光応答現象には，フィトクロム（phytochrome）とよばれる色素タンパク質が関与している。フィトクロムは赤色光吸収型（Pr）と近赤外光吸収型（Pfr）がそれぞれの光を吸収することで相互変換し，Pfrが活性型としてその後の情報伝達に関与している。また，PrとPfrの相互変換以外にも，タンパク質やmRNAの分解による制御を受ける場合がある。フィトクロムにはAからEまで5種類の分子種が存在し，またフィトクロムの他にも，クリプトクロム（cryptocrhome）およびフォトトロピン（phototropin）とよばれる青色光受容体の存在も明らかとなっている。日長による花芽形成の制御（光周性）にはフィトクロムが関与しており，

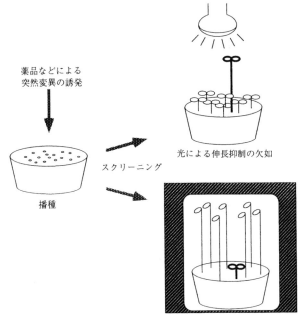

図5-6　光形態形成突然変異体の獲得
光に限らずさまざまな情報伝達系に関わる遺伝子を明らかにするため，突然変異体が利用される。突然変異の誘発方法やスクリーニングにさまざまな工夫がなされる。

長日植物であるシロイヌナズナでは，赤色光はフィトクロムBを介して花芽形成を抑制し，遠赤色光と青色光はそれぞれフィトクロムAとクリプトクロムを介して花芽形成を促進する。また，フォトトロピンは屈光性や後述の気孔の開閉に関与している。

光受容体から光特異的遺伝子発現までの情報伝達に関わる因子の単離においては，突然変異体を用いた研究が有効である（図5-6）。現在までに，光照射下で徒長する変異体や，暗所で子葉の展開や徒長の抑制がみられる変異体などが得られており，それらに関わる遺伝子の解析も進んでいる。

(2) 乾燥

植物の乾燥への応答として代表的なのは，気孔（stoma）の閉鎖である。気孔の閉鎖により光合成に必要な二酸化炭素の吸収が抑制され，成長は阻害されるが，クチクラ蒸散を除く大部分の蒸散を防ぐことができる。クチクラ蒸散とは，組織の機械的保護や水分の保持に役立ち，葉の表面をおおう脂肪酸類を主成分とするクチクラ層からのわずかな水分の蒸発をいう。その他，ストレス環境下でのタンパク質の保護や細胞の浸透圧の調節に関与する，ある種の糖類やアミノ酸（適合溶質）の合成も誘導される。

> **糖アルコール**：ヘキソースやその糖リン酸エステルから合成されるソルビトールやマンニトールなどの非還元糖を，糖アルコールとよぶ。適合溶質の一種であることから，糖アルコールの合成遺伝子を導入することによってストレス耐性を向上させることが，実験的に成功している。

気孔開閉のメカニズムは以下の通りである。開孔は植物体の乾燥状態の改善や光の刺激によっておこる。気孔を囲む孔辺細胞（guard cell）は気孔側とその反対側で細胞壁の厚さが異なっており，フォトトロピンが青色光を受容すると，細胞膜にあるH^+-ATPaseが活性化され，その結果，孔辺細胞の浸透圧が上昇して周囲から水が流入し，膨張するときの湾曲により開孔する。

この際，孔辺細胞の浸透圧の上昇は，周辺の表皮細胞からのカリウムイオンの流入によって誘導される。反対に植物体が乾燥すると，植物ホルモンの一種であるアブシシン酸が蓄積して環境情報として孔辺細胞に伝えられ，細胞内情報伝達系の一端を担うカルシウムイオン濃度がサイトゾルで上昇し，それに伴ってカルシウム依存性プロテインキナーゼが活性化される。以上のような情報伝達過程をへて，最終的には細胞膜に存在するカリウムチャネルが開いて孔辺細胞からのカリウムイオンの放出が行われ，浸透圧の低下が水分の流出による膨圧の低下につながり，孔辺細胞の体積が減少して気孔が閉鎖する。

5-1-3　栄養と代謝

生物の栄養型式は，独立栄養と従属栄養にわけられる。独立栄養とは，生物が生存するために外界から取り入れる栄養がすべて無機物である栄養型式をいう。光合成や窒素同化を営む全植物や窒素固定を行う細菌やラン藻などの栄養型式がこれにあたる。従属栄養とは，外界から取り入れる栄養が独立栄養生物の生産する有機物に由来する栄養型式をいう。多くの細菌，菌類，動物などの栄養型式はこれにあたる。ここでは，植物の栄養の代謝について述べる。ただし，光合成と呼吸のしくみについては，1章1-2で詳しく解説している。

(1) 光合成

a. C_3光合成

光合成とは，独立栄養生物が光エネルギーを利用して，CO_2とH_2Oから有機物を生産する一連の反応を意味し，i）集光・光化学反応，ii）電子伝達系・光リン酸化反応，iii）炭酸同化反応，およびiv）最終産物生産反応の4つの過程の代謝から成り立っている（詳細は1章1-2-5）。これらの過程は，植物の種の違いにかかわらず，基本的には同じ機構で成り立っている。しかし，地球上には，様々な環境要因に適応して，iii）の炭酸同化の過程に異なる機構を付加的にもっている植物がいる（C_4植物とCAM植物；後述）。

それに対して，この基本的な四つの過程のみから成り立っている植物をC_3植物（炭酸固定の初期産物がPGAの3炭素化合物であることに由来）といい，その光合成をC_3光合成という。なお，地球上の全植物の90%以上の種は，C_3植物に属すると推定されている。

　b. C_4光合成

　熱帯系の植物であるトウモロコシ，サトウキビ，ソルガムなどは，独自のCO_2濃縮機構を有し，強光，高温などの熱帯性気候に適した光合成を行っている。これらの植物は，葉肉細胞のみならず，維管束鞘細胞にも発達した葉緑体をもち，炭酸同化を高度に分業化している（図5-7）。これらの植物では，葉肉細胞の細胞質に溶け込んだHCO_3^-をホスホエノールピルビン酸（phosphoenolpyruvate, PEP）カルボキシラーゼ（PEP carboxylase, PEPC）が最初に炭酸固定する（CO_2は基質ではない）。この炭酸の受容体はPEPで，初期産物はオキザロ酢酸である。オキザロ酢酸はリンゴ酸，アスパラギン酸等に変換された後，維管束鞘細胞に移され，脱炭酸される。その時生じたCO_2は，維管束鞘細胞内で非常に高濃度となり（大気CO_2濃度の3〜15倍），効率良くその細胞の葉緑体に局在するRubisco

によって再固定され，C_3植物と共通のカルビン回路へ流れ込む。脱炭酸された化合物は葉肉細胞の葉緑体に戻って，リン酸化されPEPとなり，CO_2の受容体として再び利用される。この光合成は，初期産物であるオキザロ酢酸が4炭素化合物であることからC_4光合成とよばれ，C_4光合成を行う植物はC_4植物とよばれる。

　c. CAM光合成

　ベンケイソウ，サボテン，パイナップルなどの植物は，極度の乾燥条件に適したユニークな光合成を行っている。乾燥の激しい昼間は気孔を閉じ，夜間に気孔を開いて，PEPCによる炭酸固定を行っている。その生成物（リンゴ酸）は液胞にため込まれ，昼間その化合物から脱炭酸して得られるCO_2を使って，通常の光合成を行っている。この光合成を，ベンケイソウの有機酸代謝，Crasslacean Acid Metabolismの頭文字をとってCAM光合成とよぶ（CAM代謝とはいわない）。CAM光合成を行う植物をCAM植物とよんでいる。

(2) 光合成に影響を及ぼす環境要因

　光合成に直接大きな影響を及ぼす環境要因として，光，CO_2濃度，温度，および水などがあげられる。

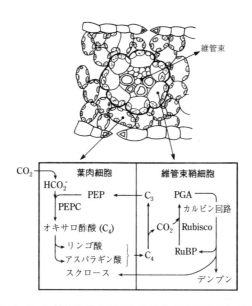

図5-7　C_4植物の葉の断面とC_4光合成の炭酸同化反応
［羽柴輝良監（2009）「応用生命科学のための生物学入門」改訂版，培風館より引用］

a. 光

光強度を変化させて光合成を測定すると，光補償点（光合成と呼吸によるCO_2の出入りの収支がゼロとなる光強度をいう）から光合成がほぼ直線的に増加する段階，光強度の増加に対し光合成が曲線的に応答する段階，さらに，光強度が増加しても光合成が増加しない光飽和段階の三つの段階がみられる（図5-8）。明るい所で育った植物（陽葉）ほど，曲線的に応答する範囲が広く，光飽和点が高く，その時の光合成速度も高い。C_4植物は一般にC_3植物より光飽和点が高い。

b. CO_2濃度

CO_2濃度の増加に伴い光合成も増加する（図5-8）。CO_2補償点（光合成によるCO_2吸収と光呼吸プラス呼吸によるCO_2放出の出入り収支がゼロとなるCO_2濃度，約0.005％）から大気CO_2濃度付近（約0.04％）まで，光合成はほぼ直線の増加し，約0.1％付近で飽和に達する。C_4植物の場合は，CO_2補償点が低く，光合成速度は大気CO_2濃度ですでに飽和している。

c. 温度

光合成の温度に対する応答は低温域から温度の上昇に伴いゆるやかに増加し，ある範囲の温度領域で最高値を示し，それ以上の高温域では逆に減少する。適温域は普通C_3植物ではかなり広く15〜35℃ぐらいに見出され，C_4植物では30〜40℃の範囲内であるものが多い。

d. 水

光合成に直接利用される水の量は，固定されるCO_2のモル比にして，1：1である。しかし，C_3植物の場合，1分子のCO_2が光合成によって固定される際，蒸散によってその50倍から100倍の水分子が消費される。光合成が盛んな葉での蒸散量は，1時間あたりにして葉の体内水分量の数倍にも相当する。C_4植物では，水の消費量はC_3植物より少なく約半分程度であり，CAM植物ではさらに少ない。蒸散によって失われる水と根からの吸収量とのバランスがくずれると，水ストレスを受ける。その時は気孔が閉鎖されるため，光合成も著しく阻害される。

(3) 窒素同化

生物は，タンパク質や核酸をつくるために，炭素，水素，酸素のほかに窒素（N）を必要としている。植物は，外界から無機態窒素を取込み，有機態窒素を合成する能力を有しており，この代謝を窒素同化（nitrogen assimilation）という。

a. 硝酸同化

植物は還元的な土壌環境（湿地，水田など）で生育する場合を除き，多くの場合硝酸（NO_3^-）を主な窒素源として根より吸収している。吸収された硝酸は，根や茎でも同化されるが，大部分は葉に運ばれて葉肉細胞内で同化される。その硝酸同化の概略を図5-9に示した。硝酸は，最初，細胞質に局在する硝酸還元酵素（nitrate reductase, NR）によって亜硝酸（NO_2^-）に還元

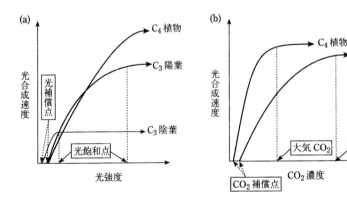

図5-8 光−光合成曲線とCO_2−光合成曲線
光強度変化に伴う光合成速度の応答（a）とCO_2−光合成曲線。CO_2濃度変化に伴う光合成速度の応答（b）
［羽柴輝良監（2009）「応用生命科学のための生物学入門」改訂版，培風館より引用］

される。NO$_2^-$は，速やかに葉緑体へ移行され，葉緑体中の亜硝酸還元酵素（nitrite reductase, NiR）によってアンモニア（NH$_4^+$）まで還元される。それぞれの還元反応における電子供与体は，光合成により生産される還元力が借用されている。NRの電子供与体は植物の場合直接にはNADHであるが，このNADHは葉緑体で生産されるNADPHの還元力がリンゴ酸・オキザロ酢酸のシャトル機構を介して細胞質へ伝達変換されたものである。NiRの電子供与体は，光合成の電子伝達系のタンパク質の一つであるフェレドキシンである。生成されたNH$_4^+$は，葉緑体にあるグルタミン合成酵素（glutamine synthetase, GS）によって，アミノ酸の一つであるグルタミン酸と結合してグルタミンになる。この反応ではATPが消費されている。グルタミンは，グルタミン酸合成酵素（glutamate synthase, GOGAT）によって，フェレドキシンを電子供与体として，有機酸の一種であるα-ケトグルタル酸と反応して2分子のグルタミン酸となる。グルタミン酸のα-アミノ基はアミノ基転移酵素の働きによってアラニン，アスパラギンなどの各種アミノ酸に変換されている。

b. アンモニア同化

植物はNH$_4^+$を直接吸収し，同化する能力も有する。この場合，大部分は根において同化される。根におけるNH$_4^+$の同化も，GSとGOGATによって行われる。しかし，根には葉緑体が存在しないので，GSへのATP供給は根のミトコンドリア生産由来のものが使われ，GOGAT反応への電子供与体は根の色素体が有するフェレドキシンやNADHが用いられる。

(4) 窒素固定

空気中には約78％もの窒素（N$_2$）が含まれているが，植物はこれを直接利用することはできない。しかし，ダイズ，レンゲソウなどのマメ科植物やハンノキ，ソテツなどの植物は，特定の種類の細菌やラン藻と共生して，空気中のN$_2$を固定しアンモニアとして，それを同化している。このN$_2$を固定してNH$_4^+$を生産する代謝を窒素固定（nitrogen fixation）という。なお，窒素固定と窒素同化はそれぞれ別の代謝を意味するも

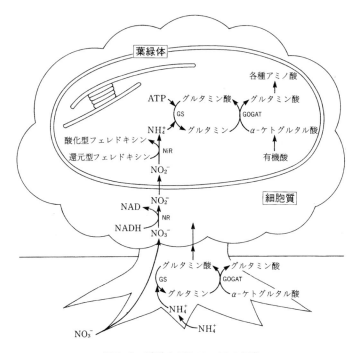

図5-9 硝酸とアンモニアの同化
［羽柴輝良監（2009）「応用生命科学のための生物学入門」改訂版，培風館より引用］

のであるので混同しないように注意されたい。

a. 窒素固定菌

マメ科植物の根には根粒とよばれる1〜10mmほどのコブ状の組織が認められる。その中に根粒菌とよばれる窒素固定菌がバクテロイドを形成して共生している。根粒菌は，自ら固定したアンモニアを植物に供給し，植物側から有機酸の供給を受けている。また，単独で窒素固定を行う嫌気性菌や好気性菌もいる。そのほか，一部の光合成細菌やラン藻などのように単独で光合成能と窒素固定能を合わせもつ生物もいる。

b. 窒素固定の生化学

窒素固定を担う酵素はニトロゲナーゼ（nitrogenase）とよばれるFeとMoを含む複合体タンパク質である。この酵素は，N_2を固定しNH_4^+を生成する反応を触媒するが，その際，多量のATPや還元力を消費する。1分子のN_2を固定するのに実に16分子のATPを必要としている。電子供与体は多くの菌においてフェレドキシンが機能している。

> **レグヘモグロビン**：マメ科植物の根粒を切断すると，内部が赤色であることがわかる。この赤色はレグヘモグロビンとよばれるタンパク質に由来しており，動物のヘモグロビン同様，酸素の運搬に関わることが知られている．酸素によって失活するニトロゲナーゼを保護するために，根粒内部は低酸素状態に保たれているが，レグヘモグロビンのはたらきによって根粒細菌に酸素が供給されている。

(5) 無機養分

植物は，生育に必要な水とCO_2以外の無機養分を根から吸収している。

a. 必須元素の基準

植物が正常に育つのに必要な元素を必須元素といい，17種があげられる。必須元素（essential element）としての判定は，次の3点を基準としている。i）その元素を欠くと植物のライフサイクルが完結しない。ii）栄養素欠乏症状はその元素のみを与えることで回復し，ほかの元素で代替えができない。iii）元素の効果は植物

の生育する培地や土壌の改善などの間接的効果ではなく，直接植物の栄養に関与するものである。

b. 多量元素

植物にとって比較的多量に必要とされる必須元素（macroelement）は，C，H，O，N，P，K，S，CaおよびMgの9つの元素である。C，H，Oは光合成で得られる元素であり，Nを含めて炭水化物，タンパク質，核酸，脂肪等の主成分である。Pは，核酸，ATPやリン脂質などの主成分である。Kは，膜電位・イオンの調節，酵素の活性化因子およびタンパク質の合成などに関与している。Caは細胞壁の主成分として，また，膜電位や浸透圧調節などに関与し，Mgはクロロフィルの成分や各種主要酵素の活性化イオンとして機能している。これらの多量元素のうちでも，特にN，P，Kは不足しやすい元素として肥料の三大要素に位置づけられている。

c. 微量元素（microelement）

微量ではあるが必須とされる元素には，Fe，Mn，Cu，Zn，B，Mo，ClおよびNiがある。逆に，体内含量が高いにもかかわらず，必須性が認められていない元素としては，Si，Na，Alなどがある。これらの元素はいずれもクラーク数が高く，植物の種によっては，準必須性が認められる場合もある。

5-1-4　個体と物質生産

植物が光合成により有機物をつくることを物質生産（dry matter production）とよぶ。この物質生産で固定された太陽エネルギーを用いて，地球上のほとんどの生命が生きている。

(1) 個体と個体群

砂漠など，生産性の極めて低い土地では，植物は孤立した個体として育つこともあるが，通常，数〜多種の植物が集まり，草原や森林などの多様な群落をつくる。また，群落の中でも，特に，水田で栽培されているイネのように同一種の個体からなる群落を個体群とよぶ。

孤立した植物個体では，その葉面積にほぼ比例して物質生産が拡大するが，群落においては，

植物が相互に影響しあい，複雑な物質生産の体制となっている。作物栽培においては，個体群としての物質生産が重要となる。

(2) 物質生産と個体群の構造

物質生産を解析する目的でとらえた植物群落の構造を生産構造（productive structure）とよび，それをあらわすのが生産構造図である。生産構造図は層別刈り取り法（stratified clipping method）を用いて，群落内での光合成器官としての葉の垂直分布，及び垂直方向での光の減少を測定し，図5-10はそれを一定の形式で示すものである。

草本群落の生産構造図のパターンは，広葉型（図ではアカザ）と，イネ科型（図ではチカラシバ）とに2分される。広葉型は群落上層部に葉が多く，上層での照度の減少が大きい。一方，イネ科型は，群落の中から下層にかけて葉が多く，照度は下層まで高い。水田でのイネ個体群の生産構造も典型的なイネ科型となり，高い生産性をもつ。

(3) 作物での物質生産

作物栽培では生産性の高い群落を構築し，それを維持することにつとめる。

イネの在来品種は葉が寝ており，少ない葉面積で地面を覆うのに適しているが，現在の施肥栽培条件では葉の重なりが多く，日の当たらない葉が増え，効率が悪い（図5-11A）。一方，収量性の高い改良品種では葉が立っており，葉に光がまんべんなく当たる（図5-11B）。

葉での光合成速度は光が強くなるほど増加するが，その増え方は徐々に鈍くなり，ある光の強さ以上になると増えなくなる。この時の光の強さを光飽和点とよぶ。日中の光の強さは，光飽和点をはるかに超えており，光の強さがその1/2となっても，光合成速度はほとんど変化しない（図5-11C）。従って葉の面積を2倍にし，葉にあたる光の強さを1/2にすると，2倍近い光合成を行うことになる。実際には呼吸量の影響を考慮する必要はあるものの，多くの葉に均等に光を分配することにより，土地面積当たりの光合成は増加する。改良品種では葉を立て，光を奥深くまで入り込ませることにより，生産性の高い群落を構築している。

実際の水田では，風での葉の揺らぎにより光が株本近くまで入り込み，群落の下位にある葉で光合成が行われることも高い生産性の維持に貢献している。逆に葉面積の過多（過繁茂とよばれる）や倒伏は，光の効果的な分配を阻害し，生産性を低下させる要因となる。

(4) 作物の成長解析

ブラックマン（Blackman, V.H. 1919）は植物の成長を指数関数的なものとしてとらえ，それを複利貯金に見立てて複利法則（compound interest law）とよんだ。

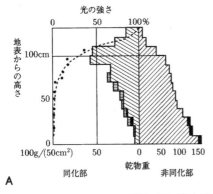 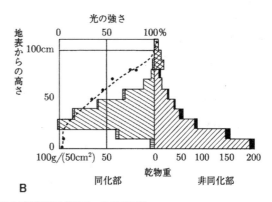

図5-10 草本群落の生産構造図（門司・佐伯1953）
A：広葉型，アカザ
B：イネ科型，チカラシバ

［羽柴輝良監（2009）「応用生命科学のための生物学入門」改訂版，培風館より引用］

個体の乾物重増加を示す式は，$w = w_0 e^{rt}$，ここでw_0は最初の乾物重，wはt後の乾物重，rは成長率である。この式をtについて微分して

$$r = (1/w)(dw/dt)$$

が求められる。このrは貯金でいえば利率に当たるもので，相対成長率（relative growth rate：RGR）とよぶ。指数関数的成長曲線では，RGRが一定である。

さらに，乾物重の増加は，光合成を行う葉面積によって支配されるであろうことから，成長率を単位葉面積当りであらわす純同化率（net assimilation rate：NAR）が考えられた。すなわち

$$[NAR] = (1/L)(dw/dt)$$

で，Lは葉面積である。単位重量当りの葉面積L/wは，葉面積比（leaf area ratio：LAR）とよばれ，

$$[RGR] = [LAR] \times [NAR]$$

の関係となる。

個体群の成長解析には，単位面積当りの乾物重の増加を扱うことが多く，この場合，主に個体群成長速度（crop growth rate：CGR）が用いられる。

$$[CGR] = (1/p)(dw/dt)$$

ここで，pは群落の地表面積を示す。この式から

$$[CGR] = [NAR] \times [LAI]$$

が導かれる。

ここで葉面積指数（leaf area index：LAI）は$[L/p]$で単位土地面積上の全葉面積をあらわす。

5-1-5　生体防御

あらゆる生物は，ほかの生物と競争，共生の関係にある。植物についても，昆虫や病原微生物との相互進化（共進化）の過程でいくつかの生体防御機構を備えてきたとみることができる。この防御反応は病原体の系統や植物の品種など

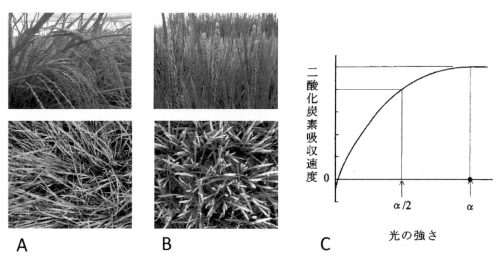

図5-11　イネの葉の受光体制と光合成
A：在来品種，B：改良品種。上段：穂揃い期の様子，下段：出穂前の群落を上から見た様子。
在来品種は葉が寝ており重なりが多いのに対し，改良品種は葉が立っており重なりが少ない。
C：光の強さと光合成速度との関係を示す模式図。

の様々な組合せによって多様に繰り広げられ，ときには打ち破られる。これまでに明らかにされてきた植物の生体防御に関わる現象は，静的抵抗性 (static resistance) と動的抵抗性 (active resistance) の二つに大別することができる。静的抵抗性は病原体が接触する前からもっている植物自体のさまざまな性質による抵抗性である。これに対して，植物の細胞あるいは組織が病原体の刺激に応答して，病原体の侵入・蔓延をくい止めようと防御反応を活性化させる抵抗性を動的抵抗性という。また，動的抵抗性が誘導された植物の中には，さまざまな病原体の二次感染に対して抵抗性を示すようになるものがある。この抵抗性は植物の全身で認められることから，全身獲得抵抗性 (systemic acquired resistance：SAR) とよばれている。

(1) 病原体と感染

a. 病原体と宿主

植物に伝染性の病害をもたらす病原体は，主に菌類 (真菌，卵菌類および変形菌)，細菌，ウイルス，線虫，ファイトプラズマ，ウイロイドなどである。大多数の微生物は植物に病気を誘導することができず，病原性 (pathogenicity) を獲得した一部の微生物のみが病原体 (pathogen) として病気を誘導する。菌類による病気を例にとれば，地球上には約10万種の菌類が存在するが，そのほとんどは腐生菌であり，約8千種が植物病原糸状菌である。ある病原体が感染・増殖し，病気を引き起こす植物を，その病原体の宿主 (host) という。多くの病原体は，ごく少数の植物種を宿主とするが，その宿主範囲は，植物の科レベルに対応する場合もあれば，属・種・品種レベルに対応することもある。特定の品種に対して病原性を示す病原体の系統をレース (race) とよぶ。

b. 感染と発病

病原体が植物に病気を誘導するためには，まず植物細胞に侵入しなければならない。菌類では，植物体上で胞子が発芽後，付着器 (appressorium) を形成する。付着器から伸びた侵入菌糸は植物細胞壁を貫通して植物細胞内に侵入し，

感染菌糸を形成して宿主組織内に伸展する。細胞壁の貫入には，付着器の物理的な力と細胞壁を分解するクチナーゼやセルラーゼなどの化学的な力が関与する。また，一部の菌類や細菌は，葉表面の気孔 (stomata)，水孔 (hydropore)，皮目 (lenticel) などの開口部から侵入する。ウイルスでは，アブラムシ，ウンカ，ヨコバエなどの昆虫を媒介者として微細な傷口から侵入する場合が多い。病原体が植物に侵入後，宿主の抵抗性を回避あるいは抑制し，栄養をとって生活するようになれば感染が成立したことになる。多くの場合，感染後に病原体がもたらす宿主の代謝異常や，病原体が生産する毒素などの代謝物，植物ホルモンなどによって病徴が誘導され，発病にいたる。病徴には，腐敗，細胞死による変色，矮化，萎凋，肥大，穿孔などがある。

(2) 静的抵抗性

a. 物理的抵抗性

植物の組織表面を構成するクチクラ (cuticle) の性質や，組織の開口部である気孔や水孔などの形状や数は，病原体の侵入に対する物理的な障壁となる。クチクラはクチン (cutin) とワックス (wax) などから成り立っており，それらが疎水的な環境をつくり出すことによって，胞子の発芽に必要な水滴の葉表面への付着が妨げられる。また，クチンは植物体表面を負に帯電させることによって，負に帯電している胞子を表面から忌避させる効果がある。

b. 化学的抵抗性

植物種の中には，感染とは関わりなく，組織の外部や内部に抗菌作用を示す化学物質を保持しているものがある。これらは非誘導性抗菌物質 (preformed antifungal compound) あるいはプロヒビチン (prohibitin) とよばれている。これらは，フェノール類，配糖体，サポニンなど病原菌の生育阻害や病原性発現に関与する酵素を阻害する物質であったり，病原体構成成分を加水分解する酵素であったりする。

(3) 動的抵抗性

a. 形態的防御応答

ⅰ) パピラの形成：植物は，病原糸状菌に侵入

を受けることで細胞壁と細胞膜の間に，侵入菌糸を取り巻くようにβ-1,3-グルカンなどのカロースや新たな二次代謝産物を含む抗菌物質を沈着させる。この構造をパピラ（papilla）とよび，菌の侵入を阻止する物理的障壁になることがある。

ⅱ）細胞壁の強化：病原体の攻撃を受けた植物の中には，防御反応の1つとして病変部の柔組織細胞壁にリグニンを沈着させたり，細胞壁を構成するハイドロキシプロリンに富んだ糖タンパク質（hydroxyproline-rich glycoprotein：HRGP）の架橋重合を促進させたりすることにより，病原体の侵入を阻止しようとするものがある。

ⅲ）過敏感反応：植物の品種の中には，病原体の侵入，感染を受けた細胞の原形質が凝集し，急速に膨圧を失って死にいたることがある。この現象は過敏感反応（hypersensitive reaction，HR）とよばれ，侵入してくる病原体を封じ込めるための一種の防御応答である。

b. 化学的防御応答

ⅰ）ファイトアレキシン：ファイトアレキシン（phytoalexin）は，微生物との接触によって植物体内で合成，蓄積される低分子の抗菌物質と定義されている。ファイトアレキシンは微生物の感染のみではなく，化学物質，紫外線などによっても生産され，植物における動的抵抗性発現の一翼を担っている。

ⅱ）感染特異的タンパク質：病原体に感染した植物が過敏感反応をおこし，感染部位が壊死するに伴って，これらの病斑部またはその周辺組織に新たに蓄積される一群のタンパク質を感染特異的タンパク質（pathogenesis-related protein，PRタンパク質）とよび，植物の自己防御機構に関与している。PRタンパク質には，キチナーゼ，β-1,3-グルカナーゼ，RNA分解酵素などの活性を示すものや，パーオキシダーゼ，タンパク質分解酵素阻害活性をもつものなどが含まれている。

(4) 生体防御の誘導機構

a. 病原体の認識と抵抗性シグナル伝達

植物は病原体のもつ共通の分子パターン（pathogen-associated molecular patterns：PAMPs）を細胞膜貫通型の受容体様キナーゼ（pattern recognition receptors：PRRs）によって認識して動的抵抗性を活性化する（PAMPs trigge-red immunity：PTI）。その制御機構については，グラム陰性の植物病原細菌に対するシロイヌナズナの抵抗性応答において最も詳細な研究がなされている（図5-12）。多くのグラム陰性細菌の鞭毛繊維タンパク質であるフラジェリンに存在する22アミノ酸配列（flg22）は，シロイヌナズナによってPAMPsとして認識される（図5-12A）。その認識に関わる受容体様キナーゼであるFLS2がシロイヌナズナで単離されている。flg22がFLS2に認識されると，そのシグナルはMAPキナーゼカスケードの活性化によって核に伝達され，植物特有の転写制御因子であるWRKYを介してPRタンパク質などをコードする防御関連遺伝子の発現を誘導する（図5-12A）。多くの細菌は，この認識反応により誘導される抵抗性応答により感染を成立させることができなくなる。

これに対して一部の細菌は，数十種類ものエフェクタータンパク質（effector）を，タイプⅢ分泌装置を介して植物細胞内へ分泌することにより，抵抗性の発現を抑制し，病原性を再獲得する（図5-12B）。抵抗性を打破された植物は，反対にそのエフェクターを病原体由来因子として認識し，ふたたび防御応答シグナル伝達系を活性化させる（effector triggered immunity：ETI，図5-12C）。この特定のエフェクターの認識と防御応答経路の活性化には，抵抗性遺伝子が深く関わっている。始めのPAMPsの認識により誘導された防御応答（PTI）と，次のエフェクターの認識によって活性化された防御応答（ETI）は，質的に共通していると推察されているが，後者では過敏感反応による細胞死を伴うことが多く，防御応答遺伝子の発現レベルが迅速で高いことから，特定の病原体に対してより強い抵抗性が誘導されるといえる。

植物と比較してライフサイクルの短い病原体は，植物に認識されないようにエフェクターの

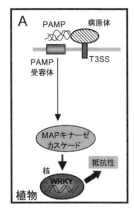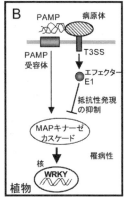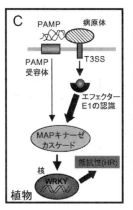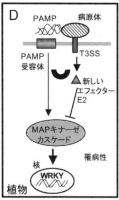

図5-12 植物における防御応答の誘導と病原体によるその抑制

A：植物は受容体により病原細菌のもつ共通分子パターン（PAMPs）を認識し，そのシグナルをMAP
キナーゼカスケード，WRKY転写因子を介して伝達し，抵抗性を発現させる。

B：病原細菌はタイプⅢ分泌系（T3SS）を介してエフェクターを植物細胞内に注入し，抵抗性発現を抑
制して感染する（罹病性）。

C：植物はエフェクターE1を認識し，過敏感反応（HR）を伴うより強い抵抗性を誘導する。このエフェ
クターの認識には，植物の抵抗性遺伝子産物が直接的あるいは間接的に関与していると考えられて
いる。

D：病原細菌はHR抵抗性を回避するために，E1に代わる新しいエフェクターE2を発現し，ふたたび
抵抗性を抑制する。

［眞山滋志・難波成任編（2009）「植物病理学」文永堂出版より改変］

構造を変化させ，ふたたび植物の防御応答を抑
制して感染を成立させる（図5-12D）。植物と病
原体の相互作用において，植物による抵抗性発
現と病原体による抵抗性抑制という分子レベル
の攻防が繰り返されている。

植物とウイルスの攻防：宿主の代謝系を利用
して複製を行うウイルスの増幅を特異的に抑
制する農薬の開発は難しいため，ウイルスに
対する植物の抵抗性を理解し，利用すること
は重要である。RNAサイレンシングは宿主の
遺伝子発現を制御する機構であるとともに，ウ
イルスに対する抵抗性機構としても重要であ
る。RNAサイレンシングでは，ウイルスゲノ
ムRNAは分子パラサイトとして特異的に分解
される。まず，ウイルスゲノムの複製過程な
どで生じた二本鎖RNAがDicer様タンパク質
（Dicer-like protein：DCL）によって分解され，
21〜24塩基の小さなRNA（short-interfering

RNA：siRNA）が生じる。続いてsiRNAが
Argonauteタンパク質に取り込まれ，RISC
（RNA-induced silencing complex）とよばれ
る複合体が形成される。RISCはsiRNAの塩
基配列の相補性を利用しウイルスゲノムを特
異的に分解する。これに対してウイルス側も
サプレッサー（suppressor）とよばれるタンパ
ク質を獲得し，RNAサイレンシングを抑制す
ることが知られている。その他，ウイルスを
認識する抵抗性遺伝子も知られていることや，
二本鎖RNAがPAMPsとして認識される可能
性も示唆されており，植物—ウイルス間相互
作用にも様々な攻防があることがわかる。

b. 抵抗性遺伝子

抵抗性遺伝子（resistance gene：*R* gene）によ
る抵抗性は植物の品種レベルで異なる特異性の
高い応答であることから，品種抵抗性（cultivar
resistance）とよばれる。図5-13に抵抗性遺伝子

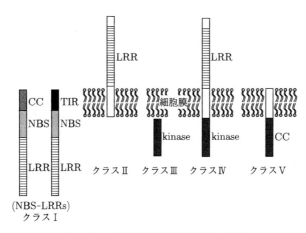

図5-13 病害抵抗性遺伝子産物の構造
CC：coiled-coil構造，kinase：プロテインキナーゼ，LRR：leucine-richrepeat，NBS：nucleotide-bindingsite，TIR：toll-interleukinreceptor様ドメイン，クラスI（NBS-LRRs）は，N末端の構造によってサブクラスに分かれる。

［羽柴輝良監（2009）「応用生命科学のための生物学入門」改訂版，培風館より引用］

がコードするタンパク質（Rタンパク質）の基本構造を示す。その中でもRタンパク質の多くはヌクレオチド結合部位（nucleotide-binding site：NBS）とロイシンリッチリピート（leucine-rich repeats：LRRs）を含むNBS-LRRタンパク質であることが知られている。Rタンパク質は病原体のエフェクターと直接相互作用して認識する場合とエフェクターが標的とするタンパク質を監視することで病原体感染を間接的に認識する場合があることが示されている。病原体感染を認識した抵抗性タンパク質は立体構造を変化させることで，抵抗性誘導のシグナル伝達を制御していると一般に考えられている。

（5）全身獲得抵抗性

　ある病原体に対して抵抗性が誘導されている植物では，植物体全身がさまざまな病原体の二次感染に対して抵抗性を示すことがある（全身獲得抵抗性，systemic acquired resistance：SAR）。その誘導には，サリチル酸（SA）を介したシグナル伝達系が関わっているが，全身移行シグナル分子としては，メチルSA，ピペコリン酸，脂質分子などが働いていると考えられているが，最近の研究ではピペコリン酸から合成されたN-hydroxypipecolic acid（NHP）がシ

グナル分子の実体ではないかという報告がなされている。一方，非病原性の土壌生息細菌（Rhizobacteria）を感染させておくことによっても，病原体の感染に対して全身に抵抗性が誘導されることが知られている。その誘導にはジャスモン酸とエチレンを介したシグナル伝達系が働いており，誘導全身抵抗性（induced systemic resistance：ISR）とよばれている。SARやISRにおける一次刺激の記憶にはDNAのメチル化やヒストン修飾などのエピジェネティックな制御が重要な役割をもつことが明らかにされつつある。

■ 演習問題 ■

1）植物ホルモンの情報伝達ではどのような負のフィードバック制御機構があるか，調べなさい。

2）フロリゲンはどのように発見されたかを調べ，長年発見されなかった理由を考えなさい。

3）通常の花と逆で，内側からがく，花弁，雄しべ，雌しべの順にならぶ花をつくる方法を考えなさい。

4）植物が乾燥状態にどのように対応しているか説明せよ.

5)C$_3$光合成，C$_4$光合成およびCAM光合成の違いについて述べよ。

6)硝酸同化とアンモニア同化の違いについて述べよ。

7)水稲の多収性近代品種は葉が立っている。なぜか。

8)サリチル酸とジャスモン酸は生体防御に重要な植物ホルモンであるが，お互いに拮抗的に働く例がよく認められる。その意義を植物の抵抗性戦略の観点から説明せよ。

5-2 動物の生理

5-2-1 動物の組織

(1) 動物の組織のなりたち

細胞は繰り返し分裂・増殖し，やがて一定の方向に分化が進み，特定の構造と機能をもつと，同じような働きを持つ細胞が目的に応じて集合し，機能および構造上の合目性をもった細胞集団である組織を形成する。動物組織は個々の固有の機能に応じて特殊化し，上皮組織，支持組織，筋組織，神経組織に大別される。組織は組合わさって，より大きな機能単位である器官を，さらに器官はまとまった働きを担う器官系を構成し，統合されて個体となる。

a. 上皮組織(epithelial tissue)

体表面(皮膚)，管腔(消化管，呼吸器や泌尿生殖器の管系など)や体腔(心膜腔，胸膜腔，腹膜腔)を覆う層状の細胞群を上皮組織という。上皮組織を構成する細胞は基底膜の上に層状に配列しており，上皮組織は細胞層数と細胞の形状とその機能によって区別される。

i)上皮組織の分類

細胞が1層に並んだ上皮を単層上皮，2層あるいはそれ以上の上皮を重層上皮という。単層上皮で細胞が扁平な場合は単層扁平上皮，背の高い円柱上の場合は単層円柱上皮，背がやや低く立方体をした場合は単層立方上皮と，重層上皮では最外層の細胞の形によって，重層扁平上皮，重層立方上皮，重層円柱上皮とよばれる(表5-1，

表5-1 形態による分類

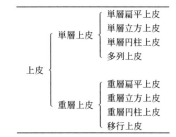

上皮	単層上皮	単層扁平上皮
		単層立方上皮
		単層円柱上皮
		多列上皮
	重層上皮	重層扁平上皮
		重層立方上皮
		重層円柱上皮
		移行上皮

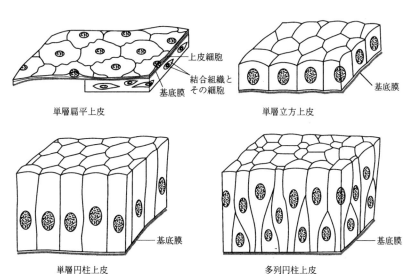

図5-14 上皮組織の形による分類

[羽柴輝良監(2009)「応用生命科学のための生物学入門」改訂版，培風館より引用]

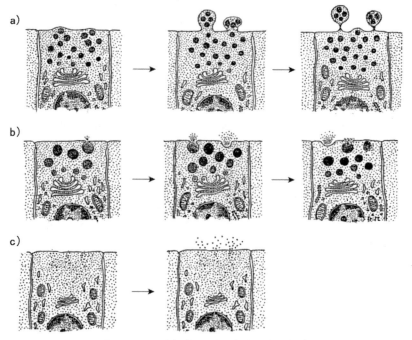

図5-15　上腺細胞からの分泌物の放出様式
a)：離出分泌，b)：開口分泌，c)：透出分泌。
［福田勝洋編（2006）「図説動物形態学」朝倉書店より引用］

図5-14）。重層上皮のなかには，組織の拡張と収縮に応じて，上皮の形態が移行する移行上皮がある。また，細胞は単層であるが，背の高さが違うため2層あるいはそれ以上に見える単層円柱上皮の亜型と考えられる多列上皮がある（図5-14）。一方，上皮組織はその機能の面から，被蓋上皮，腺上皮，吸収上皮，感覚上皮，呼吸上皮に分類される。

　被蓋上皮は，体の外表面や中空器官の内面に存在し，乾燥や機械的損傷から体を保護する。被蓋上皮を構成する細胞の中には，分泌や吸収などの機能を持つものがある。

　腺上皮は分泌機能を持つ腺上皮細胞からなり，上皮組織の特殊な構造である腺を構成する。腺には外分泌腺（唾液腺，汗腺，涙腺など）と内分泌腺（下垂体，甲状腺，副腎，膵島など）があり，前者は腺細胞からの分泌物が導管を通って，上皮組織の表面に排出され，後者の分泌物（ホルモン）は周囲の組織間隙に放出され，血管やリンパ管を介して，離れた場所に位置する標的細胞

に運ばれる。また，消化管や膵臓のように，器官によっては外分泌腺と内分泌腺が混在する。腺細胞で合成された物質は，全分泌（holocrine secretion），離出分泌（appocrine secretion），漏出分泌（eccrine secretion）によって細胞外に放出される（図5-15）。全分泌は分泌物が細胞質の大部分を占める分泌様式で，皮脂腺に代表される。離出分泌は，分泌物が細胞質から突出し，その基部がくびれて放出される（図5-15a）。この様式は乳腺細胞などでみられる。漏出分泌は，開口分泌（exocytosis）と透出分泌（diacrine secretion）に区別される。前者では，分泌顆粒の限界膜と細胞膜が融合し，その開口部から内容物が放出される（図5-15b）。この様式は，タンパク質を分泌する内分泌腺や外分泌腺にみられる。後者では，分泌物が細胞膜をしみでる様に通過する（図5-15c）。ステロイドホルモンや胃の塩酸の分泌等はこの様式をとる。

　吸収上皮は吸収機能をもつ被蓋上皮で，小腸や大腸の粘膜上皮などにみられる。感覚上皮は

外界の刺激を受けて，その興奮を神経系に伝えるように特殊に分化したもので，嗅上皮，眼球の網膜や内耳の蝸牛の上皮にみられる。呼吸上皮はガス交換にあずかり，肺胞上皮がその例である。

　ii）上皮細胞の細胞間接着

　上皮細胞の細胞膜間は特殊な構造によって結合される。上皮層の細胞は互いに結合するだけ

でなく，情報交換や協力をして上皮の機能的要求に応ずる。細胞間結合は，閉鎖結合（occluding junction），接着結合（adhering junction），情報結合（communicating junction）の機能型に分類される。

　閉鎖結合は密着結合（tight junction）ともよばれ，相接する上皮細胞の最上端部に位置し，上皮の細胞間隙を封じる（図5-16a）。閉鎖結合は

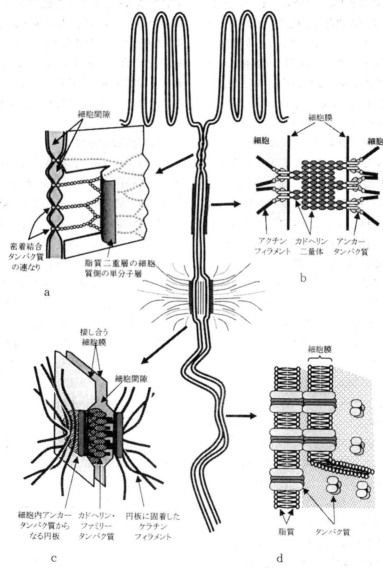

図5-16　小腸上皮細胞間の細胞結合の構成とその微細構造モデル
　　　a：閉鎖結合（密着結合），b：接着帯，c：接着斑，
　　　d：情報結合（ギャップ結合，ネクサス）
［福田勝洋編（2006）「図説動物形態学」朝倉書店より引用］

ひも状構造の隆起部分がお互いに吻合した網目として，細胞周囲に連続した帯状をつくる。このことから閉鎖（密着）帯（zonula occudens）ともいわれ，細胞間を封鎖する能力は網目の発達と関係するとされる。密着帯の向き合っている細胞の膜には，膜に埋もれた膜貫通付着タンパク質が長い列をなして，索状分子として並んでいる。密着結合には，膜貫通タンパク質，クローディン（claudin）とオクルーディン（occludin）が関与する。前者は密着結合の機能に必須であり，組織によりタイプが異なる。後者の機能は十分に理解されていない。近年，密着結合が細胞間シールの役割だけでなく，いろいろな細胞内反応を調節する役割を持つことが明らかにされた。

接着結合には，接着帯（zonula adherens）と接着斑（デスモソーム：desmosome, macula adherens）がある（図5-16b,c）。これらは上皮の構成細胞同士を強く連結し，個々の細胞の細胞骨格付着部位として働くことから，上皮の機能的単位を構築する。前者は中間の結合（intermediate junction）ともよばれ，密着帯より深いところに位置する。接着帯では，細胞膜が約20nmの間隔で対峙し，間隙はやや電子密度の高い物質で充たされ，細胞質側は多くの細胞膜付着タンパク質で裏打ちされ，連続して細胞の周囲を取り巻く。後者は細胞間のところどころに散在する小さな斑状の接着結合で，接着帯より深部に位置する。これらの接着装置の向い合う細胞膜では，膜内タンパク質，カドヘリンが膜を貫通し，分子同士が互いに結合している。

情報結合は構造上の特徴から，ギャップ結合（gap junction）あるいはネクサス（nexus）といわれる（図5-16d）。この部位は隣り合う細胞間に約2nmの隙間（gap）があり，大小の斑状をした細胞間接触域で，細胞間の興奮の伝達や物質の交流を行う。ギャップ結合は，細胞膜を貫通する膜内タンパク質粒子，コネクソン（コネキシンサブユニット6個で構成）が隣接する細胞間に直列に並び，細胞間を連絡する小孔（直径2nm以下）を構築する。この小孔を介して，細胞間の情報の交換が行われる。

接着結合や情報結合は上皮細胞だけでなく，心筋細胞，平滑筋細胞，内分泌細胞などの細胞間にも存在する。

b. 結合組織（connective tissue）

結合組織は全身の組織や器官の間を埋め，形の枠組みや支柱としてそれらを支えているので，支持組織（supporting tissue）ともよばれる。結合組織は血管，リンパ管，神経の通路，栄養物質や代謝産物の移動の場としても重要である。結合組織は細胞成分と細胞間質からなり，細胞成分として，組織内に固定する細胞（定着性細胞）と移動ならびに集散を行う自由細胞（遊走性細胞）が存在し，間質に分布する。細胞間質は線維とその間を埋める基質からなり，結合組織の密度，堅さ，弾性，抗張力などの物理的性質を決定する。

i）結合組織の分類

結合組織は一般に，疎性結合組織，密性結合組織，膠様組織，細網組織，脂肪組織に分類される。疎性結合組織と密性結合組織は線維性結合組織，膠様組織は胎児性の特殊な結合組織である。

疎性結合組織（loose connective tissue）は全身に広く分布し，組織内や組織間を埋めることから間充識ともよばれる。この結合組織には，膠原線維，細網線維，弾性線維が存在するが，細胞成分が多く，中でも線維芽細胞が最も一般的で，脂肪細胞，色素細胞，多種の遊走細胞がみられる。

密性結合組織（dense connective tissue）は真皮，強膜や角膜，腱や靭帯，筋膜や腱膜などに分布し，柱状，ひも状，または膜状に一定した形をつくる線維性結合組織である。密性結合組織は真皮などでは物理的な支えとなり，腱や靭帯では強い張力の源となる。また，非常に強くできていることから，強靭結合組織ともよばれる。

細網組織（reticular tissue）は細網細胞に富んだ細網線維の支持網工からなる。細網細胞は細網線維を産生し，この線維網工にからみつくように存在する。細網組織は，リンパ節，扁桃な

どのリンパ様組織，脾臓，骨髄などに分布する。

　脂肪組織（adipose tissue）は主に脂肪細胞（adipocyte）が集合してできている組織で，構成する線維は細網線維である。脂肪組織は白色脂肪組織（white adipose tissue）と褐色脂肪組織（brown adipose tissue）に区別される。

　白色脂肪組織を構成する白色脂肪細胞は単胞性脂肪細胞で，単一の脂肪滴が細胞の容積の大部分を占める（図5-17a）。白色脂肪組織は全身に分布し，皮下脂肪はその代表的な例である。この脂肪組織の機能は，エネルギー貯蔵源としてだけでなく，断熱作用，クッション作用としても重要である。褐色脂肪組織は褐色脂肪細胞から構成され，小さな脂肪滴が細胞内に数多く分散することから（図5-17b），多胞性脂肪細胞ともよばれる。また，非常に多くのミトコンドリアが存在する。褐色脂肪組織は，特に新生児や冬眠動物に発達し，脂肪分解により大量の熱を供給し，体温を調節する機能を有する。

　ⅱ）結合組織の細胞成分

　結合組織の定着性細胞と遊走性細胞は大きく細胞外物質の生産と維持，脂肪の貯蔵と代謝，生体防御と免疫機能とにかかわる細胞に区別される。

　定着性細胞には，線維芽細胞（fibroblast），脂肪細胞，色素細胞（pigment cell）などがある。線維芽細胞は疎性結合組織で最も一般的な細胞で，膠原線維の前駆物質であるトロポコラーゲン，弾性線維の前駆物質であるプロエラスチンや細胞外基質の構成要素となるプロテオグリカンやフィブロネクチンなどを合成し，細胞外に開口分泌する（図5-18）。脂肪細胞は脂肪を蓄積するために特別に分化した細胞である。色素細胞はメラニンという茶褐色の色素を産生するので，メラニン細胞（melanocyte）とよばれる。

　遊走性細胞には，マクロファージ（macro-

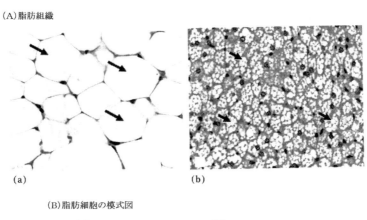

（A）脂肪組織

(a)　　　　　　　(b)

（B）脂肪細胞の模式図

(a)　　　　　　　(b)

脂肪滴

図5-17　脂肪組織と脂肪細胞
（A）脂肪組織（ヘマトキシリン・エオシン染色）
　　a.白色脂肪組織　b.褐色脂肪組織　矢印：脂肪細胞
（B）脂肪細胞の模式図
　　a.白色脂肪細胞（脂肪球は単房性）　b.褐色脂肪細胞（脂肪球は多房性）
［羽柴輝良監（2009）「応用生命科学のための生物学入門」改訂版，培風館より引用］

phage)，樹状細胞 (dendritic cell)，肥満細胞 (mast cell)，形質細胞 (plasma cell) やリンパ球 (lymphocyte) が存在する。マクロファージは活発な食作用のほかに抗原提示能やサイトカイン産生能を有する。樹状細胞は樹状様細胞質突起を伸ばすことが多く，マクロファージと同様に食作用と抗原提示能を示す。肥満細胞はまるい粗大な顆粒を有し，顆粒内にはヒスタミンやヘパリン等の活性物質を含み即時型アレルギーに関与する。形質細胞は抗体を産生する細胞で，抗原刺激を受けたB細胞から分化する。

iii）結合組織の線維性成分

結合組織の線維性成分は膠原線維 (collagenous fiber)，細網線維 (reticular fiber)，弾性線維 (elastic fiber) の3種類の線維からなる。これらの線維は線維芽細胞から分泌された前駆物質から細胞外で形成されるもので，それぞれ形態と機能を異にする。

膠原線維はコラーゲン (collagen) という線維状のタンパク質から構成され，その主な機能は張力に対する備えである。膠原線維は太さが50〜100 nmの膠原細線維 (collagen fibril) の束で，太さは2〜20 mmとさまざまである。線維芽細胞から細胞外基質中に分泌されたプロコラーゲン分子は3本のポリペプチド鎖がよじれあったらせん状の構造を示す（図5-19a）。細胞外で，

そのN末端とC末端のプロペプチドがプロテアーゼで切断され，不溶性のコラーゲン分子（直径：1.5 nm，長さ：300 nm）ができる。このコラーゲン分子（トロポコラーゲン：tropocollagen）が重合して，膠原細線維を形成する（図5-19b）。

細網線維は主としてⅢ型ゴラーゲン分子からなる30 nmのコラーゲン細線維がつくる小束で，膠原線維の一亜型である。細網線維は肝臓や筋組織，骨髄，リンパ性器官などのような組織でみられる。

> **コラーゲン**：コラーゲンはほ乳類では全タンパク質の約25％を占め，結合組織のほか皮膚や骨の主成分として最も多く存在するタンパク質である。コラーゲンはプロリンとグリシンが特に多いタンパク質で，これらのアミノ酸はコラーゲン分子の安定な三本鎖らせん形成に重要である。コラーゲンには約20種類の型が知られており，組織によりその分布が異なる。結合組織のコラーゲンの主要なものは，Ⅰ，Ⅱ，Ⅲ，Ⅴ，型で，皮膚や骨ではⅠ型が最も一般的である。これらは細線維を形成するコラーゲンで，細胞外に分泌され束ねられてコラーゲン細線維となる。

弾性線維は弾力性と伸展力に富む線維で，主成分はエラスチン (elastin) いうタンパク質から

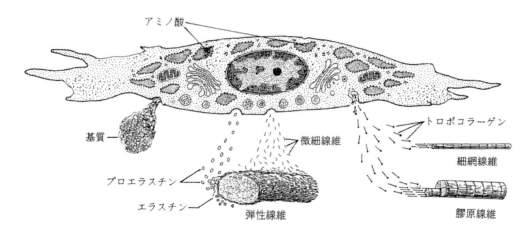

図5-18　線維芽細胞の機能を表す模式図
［福田勝洋編 (2006)「図説動物形態学」朝倉書店より引用］

構成される。エラスチン分子は主として線維芽細胞から，前駆物質として分泌されたトロポエラスチン（tropoelastin）が細胞膜近くで集合し，線維状あるいは不連続な板状に配列して形成される。

エラスチン分子は，数多く集まってランダム・コイル構造をとっており（図5-20），この構造に多くの架橋があることから，弾性線維はゴムのように伸縮が可能である。弾性線維の完成には，糖タンパク質のフィブリリン等からなる微細線維（microfibril）が必要である（図5-18）。弾性線維は皮膚，肺，血管，腱などに多くみられる。

c. 筋組織（muscular tissue）

筋組織は運動を司る器官で，収縮機能を有する筋細胞（muscle cell）から構成される。筋細胞間には結合組織が介在する。

ⅰ）筋組織の分類

筋組織は，平滑筋，骨格筋，心筋およびに区別される。骨格筋と心筋の筋細胞には横紋が見られることから，横紋筋（striated muscle）ともよばれる。骨格筋は意志によって動かされる随意筋（voluntary muscle）で，心筋と平滑筋は意志によって運動することができない不随意筋（involuntary muscle）である。

ⅱ）平滑筋（smooth muscle）

平滑筋は，主に平滑筋細胞から構成され，消化管，動・静脈，膀胱などの壁に層状に存在する。平滑筋細胞は平滑筋線維ともよばれ，細長い紡錘形を呈し，中央に1個の核を持つ単核細胞である（図5-21A）。収縮時の平滑筋線維の張力は，それぞれを包む細網線維の鞘に伝えられ，隣接する筋線維の細網線維に，次に周囲の結合組織の細網線維に連続して伝わる。このようにして，収縮時における平滑筋の張力は周囲に均等に伝えられる。

平滑筋線維には，筋収縮に関与する筋細糸（myofilament）が存在する。筋細糸には細い筋細糸と太い筋細糸があり，細い筋細糸は集合して束をなす。細い筋細糸はアクチン（actin）から，太い筋細糸はミオシン（myosin）からなる。アクチンは横紋筋細胞より相対的に多く存在する。平滑筋線維は所々でギャップ結合によって接

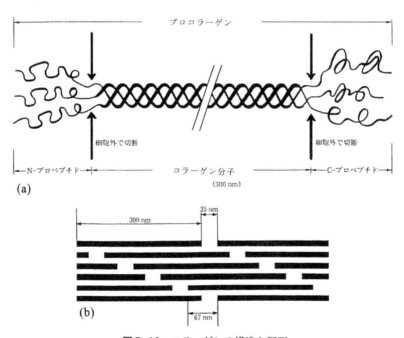

図5-19　コラーゲンの構造と配列
a：コラーゲンの分子構造，b：コラーゲン細線維中のコラーゲン分子の配列
［福田勝洋編（2006）「図説動物形態学」朝倉書店より引用］

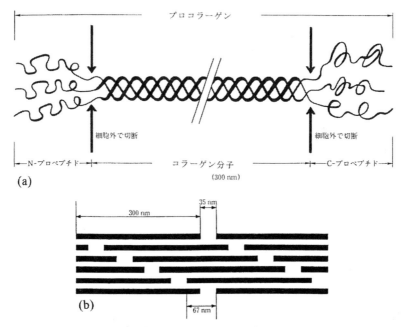

図5-20　エラスチンの構造
弾性線維の伸び（下）とちぢみ（上）はランダムコイル状のエラスチン分子が伸びたり，ちぢんだり
することによっておこる。それぞれのエラスチン分子の間に架橋（クロスリンク）がある。

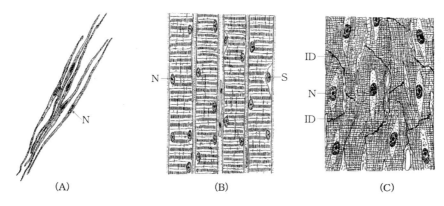

図5-21　筋組織の分類
（A）平滑筋　（B）骨格筋　（C）心筋
N：核　S：筋衛生細胞　ID：介在板

合し，収縮の興奮は細胞から細胞へ伝えられる。

ⅲ）骨格筋（skeletal muscle）

　骨格筋は，骨格筋細胞とその細胞間を埋めて束ねる結合組織から構成される。骨格筋線維の間と結合組織内には血管と神経線維が分布する。骨格筋は運動器官であり，その多くは骨に付着して骨格を動かす働きをする。

　骨格筋細胞は糸状の長い線維状の形態をとる

ので骨格筋線維（skeletal myofiber）とよばれ，太さが約40〜100 mmで，長さが数cmに及ぶ（図5-21B，5-22）。骨格筋線維は多核細胞であり，筋肉の発生・分化の過程で単核細胞である未分化の筋芽細胞（myoblast）が多数融合した合胞体（syncytium）である（図5-23）。

　骨格筋線維の細胞質は筋形質（sarcoplasm）とよばれ，大部分は収縮成分である筋細線維

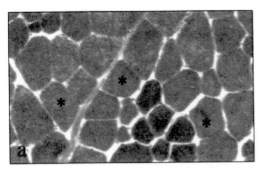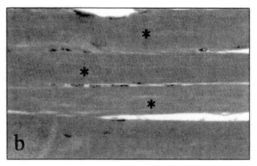

図5-22　骨格筋組織（ヘマトキシリン・エオシン染色）
a：横断面　b：縦断面　＊：筋線維

(myofibril) で占められ，筋小胞体，ミトコンドリア，ゴルジ装置などの細胞小器官や脂肪滴，グリコゲンなどを含む。ミトコンドリアは筋肉の収縮に必要なエネルギーの要求に応じられるように局在する。ミトコンドリアで生産されるATPは筋細線維の収縮のエネルギー源として利用される。筋形質には2種類の特殊な膜系，筋小胞体 (sarcoplasmic reticulum) とT細管 (transverse tubule) が発達する（図5-24）。筋小胞体は連続した膜系からなる細管で，筋形質全体に広がり，筋細線維の周囲に網目状の細管網を形成する。これは高度に特殊化した内膜系で，一般の細胞の滑面小胞体に相当する。筋小胞体は筋細線維の横紋と密接に対応して繰り返し構造パターンを示す（図5-24）。T細管は筋線維の細胞膜が内部に陥入して深く入り込んだ細管で，筋細線維を横に取り巻く。筋小胞体はT細管との間に三つ組み (triad) とよばれる特殊な連結構造をつくる。この連結部では，筋小胞体の終末の槽状部である終末槽 (terminal cistern) がT細管を両側から挟むサンドウイッチ様の構造をとる（図5-24）。これら膜系は細胞膜表面の電気的興奮を内部の筋細線維の収縮に結びつける。

筋細線維は，太さが約1mmの長い線維で，全体にわたって横紋が形成される（図5-25A）。横紋は，A帯 (A band)，I帯 (I band) およびZ線 (Z line) からなり，Z線とZ線との間の部分は筋節 (sarcomere) とよばれる（図5-25B）。筋節は筋線維の単位区間で，A帯の中央にはM線

(M line) がある。さらに，A帯の中央にH帯 (H band) が見られる（図5-25C）。筋細線維はさらに小さい筋細糸から構成される。筋細糸には，収縮に関わるミオシンからなる太い筋細糸とアクチンからなる細い筋細糸がある。ミオシン細糸 (myosin filament) は直径が15nmで長さが1.5mmで，平行に配列するミオシン細糸がA帯を作り，その中央にはM線として識別される横に走る構造がある。アクチン細糸 (actin filament) は直径が5～7nmで，Z線から両方向に伸び，I帯を作る。骨格筋の収縮は，滑り込み説 (sliding filament hypothesis) によって説明される（図5-26）。

コラーゲン：コラーゲンはほ乳類では全タンパク質の約25％を占め，結合組織のほか皮膚や骨の主成分として最も多く存在するタンパク質である。コラーゲンはプロリンとグリシンが特に多いタンパク質で，これらのアミノ酸はコラーゲン分子の安定な三本鎖らせん形成に重要である。コラーゲンには約20種類の型が知られており，組織によりその分布が異なる。結合組織のコラーゲンの主要なものは，I，II，III，V，型で，皮膚や骨ではI型が最も一般的である。これらは細線維を形成するコラーゲンで，細胞外に分泌され束ねられてコラーゲン細線維となる。

---

iv）骨格筋の筋線維型

骨格筋線維は，代謝様式により，赤色筋線維，

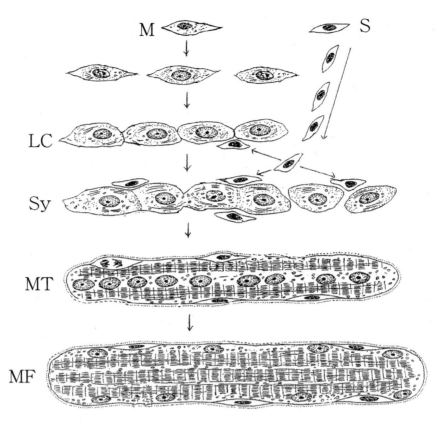

図5-23　骨格筋の形成

　単核の筋芽細胞（M）は分裂を送り返し，次にこれらの細胞は一列に並び（LC），細胞膜の接触する部分は融合し，合胞体を形成する。さらに，筋芽細胞，筋衛星細胞が融合し，筋管（MT）を形成し，成熟して筋線維（MF）となる。M：筋芽細胞　Sy：合胞体　S：筋衛星細胞　MT：筋管細胞　MF：筋線維

　［藤田恒夫監訳（1986）'立体組織学図譜' 西村書店より改変］

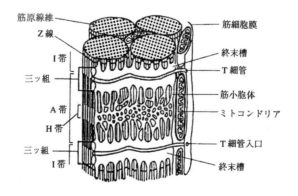

図5-24　筋細胞の微細胞構造の模式図

　［星野忠彦（1990）『畜産のための形態学』，川島書店より改変］

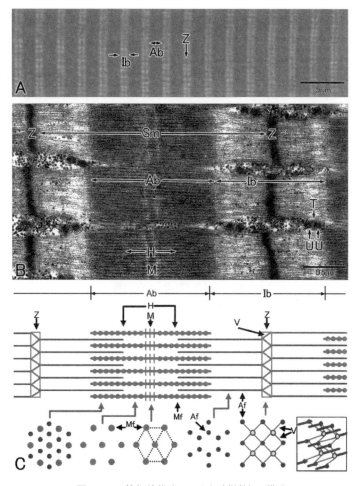

図5-25 筋細線維（ヒツジ半腱様筋）の構造
A：骨格筋線維の横紋。Azan染色。B：筋節と三つ組。透過電子顕微鏡像，TとUにより三つ組を
形成する。顆粒はグリコゲン。C：筋節における筋細系の配列。
Ab：A帯，Ib：I帯，Z：Z帯，H：H帯，M：M線，Sm：筋節，T：T細管，U：筋小胞体の終末槽。
Mf：ミオシン細系，Af：アクチン細系，V：Z細系，枠内はZ線の立体構造。
［日本獣医解剖学会編（2008）「獣医組織学」学窓社より引用］

白色筋線維，中間型筋線維に分類される。筋線維の赤色調は主として，ミオグロビンとミトコンドリアチトクロームの量を反映する。筋全体の色調は赤色筋線維と白色筋線維の割合に依存し，赤色筋は赤色筋線維が，白色筋は白色筋線維が多く存在する。骨格筋はまた生理学的な収縮様式により，遅筋と速筋に分類される。遅筋は遅筋細胞から，速筋は速筋細胞から構成される。代謝様式と収縮様式はそれぞれ独立した要素で，それらの組合せにより，骨格筋線維は赤色−遅筋，赤色−速筋，白色−遅筋，白色−速筋の4型に分類されるが，これらの亜型を含めると分類はさらに複雑になる。これら4型の筋線維の分布は，個々の筋や筋動物種によって異なる。骨格筋線維型は，負荷される運動の強さや長さによって変化し，運動機能に適応する。

ⅴ）心筋（cardiac muscle）

心筋の大部分は心臓の壁を構成する特殊な横紋筋である。心臓は心筋細胞のリズミカルな収縮・弛緩を反復することにより拍動する。

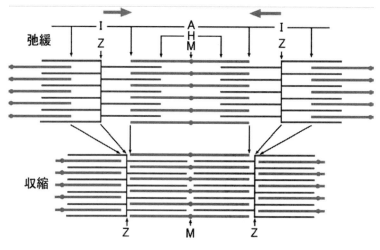

図 5-26 筋節の伸縮
収縮ではアクチン細系がM線に向かって滑り込み，筋節は縮む。
A：A帯，I：I帯，Z：Z線，H：H帯，M：M線。
［日本獣医解剖学会編（2008）「獣医組織学」学窓社より引用］

　心筋細胞（心筋線維）は1～2個の核を有し，長さ80～150 mm，太さ10～20 mmの類円柱状の細胞（図5-21C）で，大きさは哺乳類の大小を問わず種属間で大きな差はない。心筋細胞の筋細線維の筋節構造は骨格筋線維と同様に，A帯，I帯，Z線およびH帯とM線からなり，横紋もA帯のミオシン細糸とI帯のアクチン細糸の組合わせによって形成される。

　心筋細胞の筋形質には多数のミトコンドリアが筋細線維を取り巻くように縦に配列し，絶え間なく起こる筋収縮に要するエネルギーを生産する。筋線維は太い根が別れるように分枝し，細胞端に形成される介在板（intercalated disk）とよばれる結合装置を介して，相接する細胞と連結する（図5-21C）。介在板は横紋のZ線の所を波状に横断し，そこには，接着帯，デスモゾーム，ギャップ結合等の細胞間接着があり，前二者は力学的な接着装置として働き，後者は細胞間の興奮を伝達して心筋細胞の張力を支える。

　心筋の壁には一般の心筋細胞と異なった性質を示す筋線維の束からなる刺激伝導系（conducting system）が存在する。この系は心臓の律動興奮を起こし，その刺激を心房から心室へと伝達する。刺激伝達系は洞房結節（sinoatrial node），房室結節（atrioventricular node），房室束（atrioventricular bundle，ヒスの束；bundle of His），伝導心筋線維（cardiac conducting myofiber：プルキンエ線維，Purkinje fiber）からなり，筋収縮の興奮は右房の上大静脈基部にある洞房結節に始まり心室のプルキンエ線維まで伝達される。刺激伝達系は結合組織の鞘で一般の心筋線維と分け隔てられており，心筋は神経線維の刺激を受けなくとも自発的に収縮する。

　d. 神経組織

　神経組織は中枢神経系（脳髄と脊髄）と末梢神経系（脳神経と脊髄神経）から構成される。神経組織の基本的機能は情報の伝達であり，外部環境および体内でのできごとに反応し，生体の機能を統合・調整する。中枢神経系は受容器（外的刺激を受け入れる特殊化した装置：感覚器官）から得られた情報を整理統合し，情報に基づいた指令を効果器（効果を誘発する特殊化した装置：末梢器官）に伝える。末梢神経系は中枢神経系から発して生体内の各器官に達し，中枢からの指令を末梢器官へ，あるいは感覚器官からの情報を中枢へ伝達する。末梢神経系は機能的に意志や感覚などの動物性機能に関する"体性神経系"と意志と関係なく働く"自律神経系"に分類

される。また，末梢神経は中枢神経系から各末梢器官へ指令を伝える遠心性神経と感覚器から中枢へ情報を伝える求心性神経に分けることができる。自律神経は交感神経と副交感神経からなり，心臓，平滑筋，分泌腺などを支配し，生体の恒常性（血圧や体温などに変化が生じたとき，それを察知して元の状態に戻そうとする機能）の維持に密接に関係している。交感神経により機能が促進される器官は副交感神経でその機能が抑制され，また，それとは逆に副交感神経で促進される器官は交感神経で抑制される。このように，交感神経と副交感神経は各器官の機能を"拮抗的二重支配"あるいは"相反的二重支配"している。ただし，例外的に交感神経と副交感神経で共に機能が促進する器官もある。

　神経組織の形態学および機能的な基本単位はニューロン（神経単位：neuron）であり，詳細は，5章5-2-2に記述する。

■ 演習問題 ■

1）上皮を構造と機能の面から分類し，それぞれの特徴を述べよ。

2）上皮細胞間結合を機能型に分類し，それぞれの構造と機能の特徴を述べよ。

3）結合組織の線維成分を分類し，それらの構成タンパク質，構造的特徴，機能の相違を述べよ。さらに，結合組織での線維芽細胞の重要性について説明せよ。

4）白色脂肪組織と褐色脂肪組織を構成する細胞とその特徴と働きについて説明せよ。

5）筋組織を分類し，その構成する筋線維の形態学的な特徴と働きの相違について説明せよ。

6）骨格筋線維を構成する筋細線維の構造と収縮について，次の語句を用いて説明せよ。
　「筋節，A帯，アクチン，H帯，ミオシン，I帯，滑り込み説，Z線，T細管，筋小胞体，M線」

7）神経組織の基本的な単位であるニューロンの構造について，次の語句を用いて説明せよ。
　「神経細胞体，シュワン細胞，有髄神経，無髄神経，神経突起，樹状突起，神経終末」

5-2-2　神経系と内分泌系

　神経系（nervous system）と内分泌系（endocrine system）は，免疫系（immune system）とともに主要な自律機能調節系である。神経による機能調節の存在は19世紀には知られていたが，消化管から血中に分泌される調節因子"セクレチン"の発見に始まる「内分泌」という新概念の確立は20世紀になってからである。

(1) 神経系

　基本となる神経単位はニューロンとよばれ（図5-27），ニューロン同士の複雑な連関性により中枢活動が決定される。ニューロンは，樹状突起，細胞体，軸索および神経終末部から構成され，情報を活動電位の頻度で伝える。活動電位（action potential）は樹状突起側から神経終末部に向かって伝導（conduction）する。軸索では両方向への伝導が可能（両側性伝導）ではあるが，神経終末部はシナプス（synapse）とよばれる神経と神経（あるいは他の組織）との結合部を形成し，終末部から化学的伝達物質が放出されるために，実際は一方向性の伝達（translation）しかおこらない。また，体性神経の軸索は電気的絶縁性の高いシュワン細胞（髄鞘）で覆われている（有髄神経）。髄鞘と髄鞘の間の切れ目（ランビエ絞輪）は電気的抵抗が低く，活動電位はランビエ絞輪を跳ねるように発生する（跳躍伝導）。直径が1μm以上の有髄神経の伝導速度は，100 m/sec以上になる。

　活動電位発生の機構を理解するためには，まず，細胞膜をはさんで存在するイオン環境（化学勾配）と電気的環境（電気勾配）を知る必要がある。まず，細胞内ではNa^+濃度が低く（K^+濃度が高い），細胞外液ではNa^+濃度が高く（K^+濃度が低い）。このような化学勾配を作り出している細胞膜の装置が，Na/K交換ポンプ（Na^+/K^+ exchange pump）である。このポンプは細胞内で生成されるATPの60％以上を消費しながら，3：2の比率でNa^+とK^+を濃度勾配に逆らって逆方向に輸送している。このポンプの活動はウワバインで抑制される。さらに，刺激が無い状態で，細胞内の電位は細胞外に対して数10 mV負

に帯電している（静止膜電位）。ニューロンの静止膜電位は，K^+の膜透過係数の比率が大きい（$K^+ : Na^+ : Cl^- = 1 : 0.04 : 0.45$）ので，ネルンストの式（$E = RT/nF \cdot \ln([K]o/[K]i)$）で表される$K^+$の平衡電位（約$-90$mV）に近い値をとる。しかし，実際は複数のイオンの膜透過係数を考慮する必要があるので，ネルンストの式よりはゼロに近い値となる（Goldman-Hodgkin-Katzの式）。

　活動電位とは膜電位が短時間でスパイク状に変化することをよぶ。また，このように急激な電位変化をおこす細胞膜を興奮性膜とよび，心筋，平滑筋，内分泌細胞などの細胞膜が含まれる。活動電位が発生する機構は次の通りである。細胞膜には種々のイオンのみが特異的に通過するための膜貫通型のタンパク質（イオンチャネル）が存在する。ニューロンの場合，Na^+が電

気化学勾配を利用し，特異的なチャネルを通って，1/1000秒間だけ急激に（静止時の500倍）細胞内へ流入するために，静止膜電位がNa^+の平行電位（約$+60$mV）に近づく（ナトリウム説，sodium theory）。このNa^+チャネルはフグ毒によって特異的に抑制される。

　活動電位が発生した軸索の近傍では，外向きの電流が誘導され，脱分極性の電気緊張性電位が生じるために興奮が起こりやすくなる。脱分極が閾値を越えると，Na^+チャネルが活性化され活動電位が発生し伝導して行く（局所電流説）。これが，跳躍伝導の成因である。

　シナプスは，神経終末部が後膜（ニューロン，終板あるいは腺細胞などの膜）と連携するところであり，数十nmの細胞間隙で隔てられている。神経線維の末端は他のニューロンまたは効果器細胞に達し，興奮を伝達する。興奮伝達はシナ

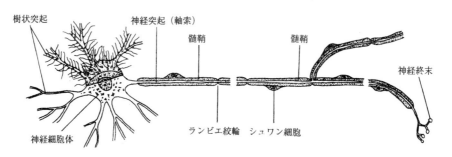

図5-27　ニューロンの構造

［羽柴輝良監（2009）「応用生命科学のための生物学入門」改訂版，培風館より引用］

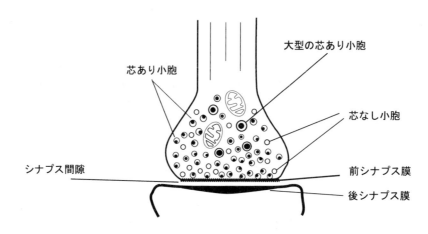

図5-28　化学的シナプスの模型図

プスでのみ行われる。シナプスは神経と神経との間では神経終末と神経細胞体との細胞膜間で、神経と支配器官との間では神経終末と支配器官細胞の細胞膜間に形成される。興奮を伝える側の細胞膜を"シナプス前膜"興奮を受け取る側の細胞膜を"シナプス後膜"、その間に挟まれた部分を"シナプス間隙"という。

　興奮伝達様式から、シナプスは電気的シナプスと化学的シナプスに分類される。電気的シナプスは興奮が局所電流によって連続的に伝達され、化学的シナプスはシナプス間隙に化学伝達物質が放出されることにより、興奮の伝達が起こる。化学伝達物質は神経終末の顆粒（シナプス小胞）に貯蔵される。（図5-28）

化学的シナプス：シナプスといえば、一般に化学的シナプスをさすことが多い。化学的シナプスは化学伝達物質を含む小胞をもつことから、小胞シナプスともよばれる。この小胞は神経細胞体で形成され、神経終末に移動し、興奮が伝わるとシナプス前膜に近づき、開口分泌によって、化学伝達物質をシナプス間隙に放出する。放出された化学伝達物質は速やかにシナプス間隙から消失し、シナプスは新たな興奮の伝達に備える。小胞は、形状から3種類に分類され、アドレナリン、ノルアドレナリン、アセチルコリン、ドーパミン、セロトニン、ヒスタミンなどの化学伝達物質を含む。

　神経終末部に達した活動電位は、終末部内のCa^{2+}濃度を高め、ATPと共同して化学的伝達物質を含む小胞を細胞膜と融合させ、伝達物質を間隙に放出させる（開口放出）。伝達物質は間隙を拡散し、後膜上に存在する特異的な受容体と結合し、後膜に脱分極や過分極を起こすことによって後膜の活動を制御する。シナプスでの伝達は一方向性であり、伝導より時間がかかり（シナプス遅延）、後膜では繰り返し放電が起こり（反復放電）、時間的・空間的な興奮の加重が見られる。伝達物質として、アセチルコリン（ACh）、カテコールアミンあるいはアミノ酸などが知られており、AChは神経節、骨格筋終板

表5-2　自律神経系の作用

器官	交感神経系	副交感神経系
涙腺	血管収縮	分泌増大
唾液腺	少量, 粘調性大	多量, 漿液性
気管支	拡張	収縮
心拍動・柏出量	増大	抑制
冠状欠陥	拡張/収縮	拡張
肝グリコーゲン	分解	（なし）
腸管運動	抑制	促進
胃腸分泌	抑制？	促進
膵外分泌	抑制？	促進
インスリン分泌	抑制	促進
副腎	促進	（なし）
汗腺	促進	促進

および副交感神経終末部などで、カテコールアミンは副腎髄質や交感神経終末部で放出される。グルタミン酸は学習が関与する海馬など多くの神経系で刺激的に、またグリシンや、γ-アミノ酪酸は脊髄や小脳で抑制的に作用する。

　自律神経系は、循環、呼吸、消化および内分泌機能などほとんどの機能を無意識下に調節する神経系である。交感神経系と副交感神経系に大別される。前者は脊髄の中央部から出ており、すぐにシナプスを形成してから臓器に入るが、後者は脳幹や仙随から出て臓器の近傍か組織内でシナプスを形成する。両者ともにシナプスの伝達物質はAChである。しかし、交感神経の最終伝達物質は主にノルアドレナリンであり、副交感神経はAChである。神経終末部の伝達物質が異なると後膜の受容体も異なり、作用効果も拮抗する。交感神経系の作用効果は、ストレスや興奮時に起こり（内分泌参照）、循環機能の亢進、気管支や瞳孔の拡張、消化管運動低下などが含まれる。一方、副交感神経系の作用効果は食事時などに起こり、循環機能の低下、気管支や瞳孔の収縮、消化管運動亢進などが含まれる（表5-2）。

(1) 内分泌

　内分泌腺（endocrine gland）細胞から分泌される化学物質はホルモン（hormone）とよばれる。古典的概念におけるホルモンは、「特定の細胞で生成・放出された後、特定の細胞によって特異的に認識され、生物作用を発現する化学的情報

伝達分子」と定義される。最近では，放出された
ホルモンが近傍細胞の機能を調節する系（傍分
泌系）やホルモン放出細胞自体が認識細胞であ
る系（自己分泌系）など，新しい概念が加わった。
また，多くの細胞で生成・分泌され，近傍細胞
の増殖や分化あるいは免疫機能などを調節する
サイトカイン（cytokine）とよばれるペプチド性
ホルモン物質の存在も知られてきたことから，
「内分泌」という概念は複雑化している。生体内
の諸内分泌腺から放出される主なホルモンの名
称と作用を，表5-3に記載した。ここでは，代
表的な3つのホルモンを例にとって説明する。

　a. 視床下部と下垂体

　間脳の視床下部は内分泌系の中枢である。視
床下部は摂食や飲水の調節以外に下垂体機能を
調節する。下垂体前葉で生成・分泌される成長
ホルモン（GH）は，視床下部ホルモン（成長ホ
ルモン放出ホルモン（GHRH）とソマトスタチン
（SST）による刺激と抑制作用），胃腸管ホルモン
（ghrelinやleptinによる刺激と抑制作用）および
栄養による分泌調節をうけている。このホルモ

ン自体は蓄積脂肪分解などの異化作用を示すが，
一方で肝臓や多くの組織でのIGF-I合成・分泌
を刺激することによって，骨端軟骨や細胞増殖
を促進（同化作用）する。血中のGHは一日数十
回程度の頻度でパルス状に分泌される。低栄養
では，基礎濃度は上昇し，パルスの振幅も増大
するが，高栄養では分泌は低下する。雌動物で
は基礎濃度は高いがパルスの振幅は小さい。ま
た，入眠時に分泌増加が起こる。乳腺の発育に
必須であり泌乳増加作用を示す。

　下垂体ホルモンは前葉と後葉で異なる分泌様
式を示す。前葉と後葉は発生時にそれぞれ異な
る組織が接合し下垂体の一つの組織になってい
ることから，前葉は腺下垂体，後葉は神経下垂
体とよばれる。成長ホルモン（GH）などの下垂
体前葉ホルモンは視床下部から刺激と抑制ホル
モンが分泌され下垂体門脈を経て前葉の各細胞
に作用し，ホルモンの分泌を調節する。しかし，
AVPとOTの下垂体後葉ホルモンは視床下部で
合成され神経細胞の軸索を移動し，神経終末部
がある後葉組織で分泌される。

表5-3　内分泌系，ホルモン名および作用（「生物学入門」培風館）

内 分 泌 腺 名		ホ ル モ ン 名	作　　　用
視　床　下　部		GHRH, SST, CRH, AVP, TRH, GnRH, など	下垂体前葉ホルモンの分泌調節
下　垂　体	前葉	GH, ACTH, TSH, LH, FSH, PRL など	成長，抗ストレス，甲状腺・性腺機能の調節
	後葉	AVP, OT（視床下部ホルモン）	血漿浸透圧の調節，生殖関連平滑筋の収縮
松　果　体		メラトニン	日周リズムの調節
甲　状　腺		T_4, T_3	栄養素代謝の調節
副　甲　状　腺		カルシトニン	カルシウム代謝の調節
膵　臓		グルカゴン，インスリン，SST, PP	糖代謝の調節
副　腎	皮質	アルドステロン コルチコステロン アンドロゲン	ミネラル，糖，性腺機能の調節
	髄質	アドレナリン（エピネフリン）	循環系，栄養素代謝の調節
性　腺	卵巣	エストロゲン，プロゲステロンなど	女性生殖機能の調節
	精巣	テストステロン	男性生殖機能の調節

b. ストレス反応

ストレス（stress）反応にかかわるホルモン
は，視床下部，下垂体および副腎から分泌さ
れ，これらの一連の反応系は視床下部－下垂体
－副腎軸とよばれる。まず，多量の出血，寒冷，
ショックなどのストレッサーは視床下部および
下垂体後葉からのそれぞれCRHやAVPの分泌
増加を促進する。これらのホルモンは，下垂体
前葉からのACTH分泌を増大する。ACTH刺激
によって副腎皮質からの糖質コルチコイドの分
泌が増大する。糖質コルチコイドは血糖値や脂
肪分解の増大および抗炎症作用を発現する。一
方，ストレス時の交感神経系の亢進は副腎髄質
からのカテコールアミン分泌を高め，高血糖，
血圧上昇，心機能亢進などをおこす。ACTH分
泌には動物種差が認められ，ヒトやラットでは
CRHが，反芻動物ではAVPがより大きな刺激
効果を示す。

c. 膵臓のランゲルハンス（膵）島

膵臓のランゲルハンス島は，血液中グルコー
ス濃度（血糖値）を調節する主要なホルモンを
分泌している。A細胞が分泌するグルカゴン
（glucagon）は29個のアミノ酸残基からなるペ
プチドであり，種差が小さい。肝臓グリコーゲ
ンの分解やアミノ酸からの糖新生を促進するこ
とにより血糖値を増大する。B細胞が分泌する
インスリン（insulin）は21個のアミノ酸残基（A
鎖）と30個のアミノ酸残基（B鎖）が2つのジスル

フィド結合で結ばれているペプチドである。筋
や脂肪細胞内へのグルコース取り込みを促進す
ることにより血糖値を下げる。D細胞が分泌す
るソマトスタチン（SST）は14個のアミノ酸残基
からなるペプチドで，グルカゴンやインスリン分
泌を抑制性に調節することにより，血糖値維持
に関与する。SSTは視床下部にも存在し，下垂
体前葉ホルモン分泌を主に抑制する。

ホルモンの作用は受容体による認識（受容体と
の結合）がないと起こらない。また，作用は一般
的にS字状に増大する。しかし，受容体数は余
分に存在しているので，ホルモンの受容体への
結合はわずかでも最大に近い生物反応がえられ
る。また，ホルモンと受容体の相互関係は，親
和性と受容体総数で表され，Scatchard plotに
より解析できる。この解析法によると，たとえ
ばラット肝細胞のインスリン受容体の親和性は
10^{-9} mol/l，受容体総数は10^5/cellのオーダーで
ある。

ホルモンは化学構造と認識機構の違いか
ら2種類に分類できる。第一のグループは細胞
膜外側に存在するホルモン受容体によって認識
される水溶性のホルモン群であり，ペプチド（タ
ンパク質）性ホルモンおよびカテコールアミンが
含まれる。第二のグループは細胞内に存在する
ホルモン受容体によって認識される脂溶性のホ
ルモン群であり，ステロイドホルモンおよび甲
状腺ホルモンが含まれる。第一のグループの機

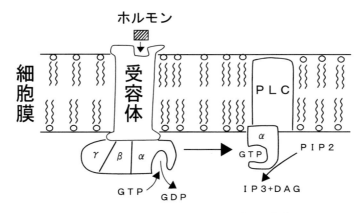

図5-29　GTP結合タンパク質受容体の構造

構には，①ホルモンと7回膜貫通型受容体の結合が，GTP結合タンパク質（Gタンパク質）（図5-29）を介してフォスフォリパーゼC（PLC），アデニレート・シクラーゼあるいはグアニレート・シクラーゼを活性化し，それぞれサイクリックAMP（cAMP），Ca^{2+}とジアシルグリセロール，およびサイクリックGMPなどの細胞内情報伝達物質濃度を増加，②内蔵イオンチャネルを活性化，③単一膜貫通型でタンパク質リン酸化の増加，などが含まれる。Ca^{2+}やcAMPはプロテインキナーゼCおよびAをそれぞれ活性化する。プロテインキナーゼは，2対のregulatoryおよびcatalytic subunitsから構成されており，regulatory subunitsに4個のCa^{2+}もしくはcAMPが結合すると，2個のcatalytic subunitsが乖離して活性型となり，タンパク質のリン酸化を開始する。リン酸化が連続しておこることにより種々の酵素が活性化され，最終的にホルモン作用が発現する。一方，第二のグループでは，細胞質中もしくは核内で受容体と結合した後，DNA上の受容体認識配列に結合し，メッセンジャーRNAの合成を促進し，作用を発現する。

■ 演習問題 ■

1）神経の興奮機構に関与する細胞の化学電気勾配について，説明しなさい。
2）下垂体前葉と後葉ホルモンの分泌に関する特徴を説明しなさい。
3）ストレス時に分泌される視床下部-下垂体-副腎軸について，説明しなさい。

5-2-3　物質代謝と制御

　植物は必要な有機物をすべて自分で生合成するのに対して，従属栄養生物である動物は，炭水化物，脂肪，タンパク質の有機物を摂取し，あらゆる活動のエネルギー給源や体構成成分の合成素材の給源とする。摂取された各栄養分は，そしゃくや胃・小腸の運動による機械的消化と，炭水化物分解酵素・脂肪分解酵素・タンパク質分解酵素による化学的消化を受け，細胞膜を通

り抜けることができる低分子化合物にまで分解されて主に小腸壁から吸収される。ここでは，消化・吸収後における各栄養素の代謝とその制御について述べる。

（1）炭水化物代謝とその制御

　a. グルコースの分解と糖新生の経路（図5-30）
　組織に取り込まれたグルコースは，2つの異なる過程，すなわち解糖系（glycolysis）とペントースリン酸回路（pentose phosphate pathway）で異化される。解糖系やこれに引き続くTCA回路では，エネルギー転移を仲介するATP，脂肪合成のためのグリセロール3-リン酸，脂肪酸やステロールの合成・アセチル基供与体として利用されるアセチル-CoA，ならびにアスパラギン酸・グルタミン酸などの原料となるオキサロ酢酸を供給する。ペントースリン酸回路では脂肪酸・ステロイドの生合成に必要な還元物質NADPH，ならびにヌクレオチドや核酸の生成に必要なリボースを供給する。

　一方，糖新生（gluconeogenesis）は，炭水化物およびそれ以外の物質からグルコースを生成する過程で，血液中のグルコース量が不足すると働く。糖新生系では，解糖系の3つの不可逆的反応過程を迂回してさかのぼるため，4つの固有な酵素が使われる。すなわち，グルコキナーゼとホスホフルクトキナーゼが関与する解糖過程は，それぞれグルコース-6-ホスファターゼとフルクトース-1，6-ジホスファターゼによる加水分解反応で遡り，ピルビン酸キナーゼが関与する解糖過程は，ピルビン酸カルボキシラーゼとホスホエノールピルビン酸カルボキシキナーゼの2つのエネルギー要求性の過程で迂回しさかのぼる。

　b. グリコーゲン合成と分解（図5-31）
　グルコースは細胞膜を通過して拡散するので，細胞内に貯蔵できない。グルコースリン酸エステルおよびフルクトースリン酸エステルは膜を通過できないので，糖のリン酸化は糖の保持に役立つがこれらのリン酸エステルが多量に蓄積されることはない。過剰の糖は不溶性の重合体であるグリコーゲンに変換され貯蔵される。合

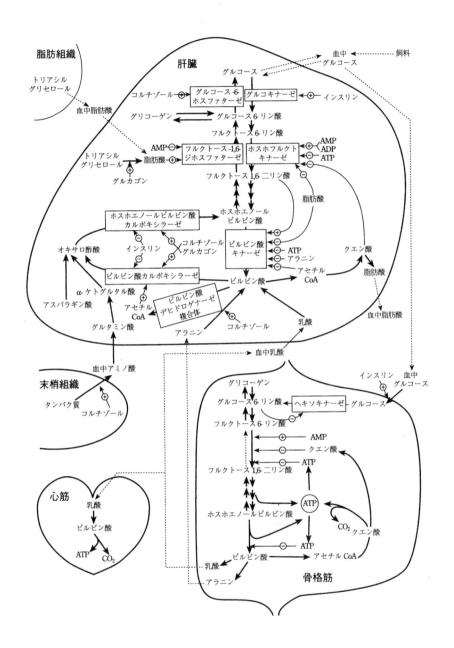

図5-30 解糖と糖新生の調節

[羽柴輝良監(2009)「応用生命科学のための生物学入門」改訂版, 培風館より引用]

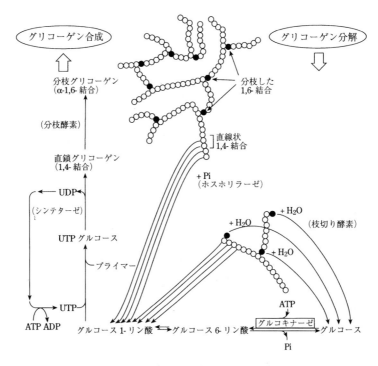

図5-31　グリコーゲンの合成と分解
［羽柴輝良監（2009）「応用生命科学のための生物学入門」改訂版，培風館より引用］

成されたグリコーゲンは，枝分かれした網状構造であるため，グルコースの結合や分解が迅速に起こり，密度の高い貯蔵形態となっている。グルコースの需要が高まると，ホスホリラーゼの加リン酸分解作用と分枝切断酵素の加水分解作用によってグルコース1-リン酸分子と遊離のグルコースが約10対1の割合で生成される。

c. 代謝制御

肝細胞では，細胞内の糖の代謝産物・ヌクレオチドの濃度や細胞外のホルモンバランスなどによって，解糖系と糖新生の両過程が調節されており，これにより肝臓自身とそれ以外の細胞のグルコース要求が満たされている。なお，糖新生が行われている時には，解糖系をオフにしてエネルギーの浪費を防ぐ。この場合，糖新生に要するエネルギーは脂肪酸やケトン体の代謝により供給される。なお肝臓，腎臓および腸管粘膜以外の筋肉や心筋などの組織では，糖新生の酵素が備わっていないため，組織自身の細胞

のエネルギー要求に従い解糖系だけの過程が調節されている。

肝臓における解糖と糖新生の調節には，細胞内調節因子として　ア）オキサロ酢酸　イ）アラニン　ウ）クエン酸　エ）脂肪酸　オ）アセチル－CoA　カ）フルクトース1，6-二リン酸　キ）ヌクレオチド比，また細胞外調節因子としてク）乳酸　ケ）血糖　コ）各種ホルモンが関与している。乳酸は，激しい運動時のように酸素の供給が十分でない場合には筋肉中に蓄積し，肝臓に運ばれ糖新生の炭素源になる。肝臓で合成されたグルコースは再び筋肉に運ばれる。なお，グリコーゲン合成と分解もまた，解糖・糖新生系同様に，グルコースの供給と需要に迅速に対応できるよう調節されている。

(2) 脂質代謝とその制御（図5-32）

a. 脂肪酸分解と合成の経路

脂肪酸の酸化経路はミトコンドリアの中に存在し，TCA回路および電子伝達系の最終的異化

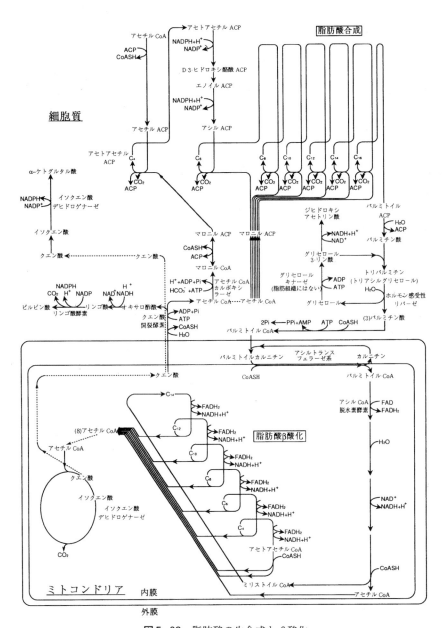

図5-32　脂肪酸の生合成とβ酸化

［羽柴輝良監（2009）「応用生命科学のための生物学入門」改訂版，培風館より引用］

反応と結び付いている。脂肪酸は細胞質内で活性化されてアシル-CoA (acyl-CoA) となり、これがミトコンドリア膜のカルニチン輸送タンパク質の助けで膜を通過しミトコンドリア内に輸送される。飽和脂肪酸はβ酸化 (β-oxidation) によって炭素鎖のβ位から酸化開裂を受け、炭素鎖が偶数のものは炭素2個からなるアセチル-CoA、炭素鎖が奇数のものはアセチル-CoAと炭素3個からなる1モルのプロピオニル-CoA (propionyl-CoA) に分解される。

一方、脂肪酸の合成については、2章2-3-4でもふれたが、アセチル-CoAを素材として、炭素鎖を2個ずつ伸ばして細胞質で行われる。アセチル-CoAはミトコンドリア膜を通過できないので、クエン酸として細胞質に運ばれ、クエン酸開裂酵素によりアセチル-CoAとオキサロ酢酸が生成する。脂肪酸合成に必要なNADPHは、オキサロ酢酸から生成されたリンゴ酸がリンゴ酸酵素の触媒作用をうけて供給される。なお、さらに必要なNADPHはペントースリン酸回路やイソクエン酸デヒドロゲナーゼから供給される。まず、アセチル-CoAからマロニル-CoA (malonyl-CoA) がアセチル-CoAカルボキシラーゼの作用により生成し、それ以降の反応は、多酵素複合体である脂肪酸合成酵素により触媒される。この両酵素反応とも脂肪酸合成系の調節部位であるが、とくにアセチル-CoAカルボキシラーゼが律速酵素となっている。

なお、組織の脂肪酸合成能は動物の種類によって違いがある。筋肉における脂質代謝はすべて異化反応に限られている。筋組織に隣接した場所で脂肪蓄積はおこるが、筋細胞で脂肪酸やトリアシルグリセロールが合成されることはない。

b. 代謝制御

β酸化の制御に一番大きく影響するのは、利用可能な基質の量である。これには脂肪組織から肝臓へ転送されるエステル化されていない脂肪酸、細胞外リパーゼがカイロミクロンレムナントに作用して放出される脂肪酸、および細胞内リパーゼが肝トリアシルグリセロールに働い

て放出される脂肪酸が含まれる。ついで影響するのは細胞のエネルギー状態で、酸化速度はATP、ADPの相対的濃度に依存する。さらに、脂肪酸がミトコンドリアを通過する際のカルニチン (carnitine) と膜内在性アシルトランスフェラーゼ (acyltransferase) 系とを介しても制御される。

一方、脂肪酸の生合成も、基質とエネルギー状態により制御される。クエン酸の供給が過剰になるとTCA回路内でエネルギーが大量に蓄えられてATPが高濃度となり、ミトコンドリア内のイソクエン酸デヒドロゲナーゼが阻害される。このため、クエン酸はミトコンドリア外に流出し、クエン酸開裂酵素によりアセチル-CoAとオキサロ酢酸に分かれ、アセチル-CoAからの脂肪酸合成が亢進する。さらに同化と異化の両過程は、カルニチンアシルトランスフェラーゼに強力に阻害するマロニル-CoAによっても制御される。

(3) タンパク質代謝とその制御

a. タンパク質の代謝回転（図5-33）

体タンパク質は、体内のアミノ酸プールとの間でアミノ酸を交換している。アミノ酸プールには、細胞内プールと血漿中のような細胞外プールがあり、アミノ酸は血液を介して各臓器間を移行する。細胞内プールとしては、筋肉中のプールが最も大きく、全体の70〜80%を占める。タンパク質はたえず合成と分解を繰り返す代謝回転により動的状態に置かれている。代謝回転には、細胞自体が寿命によって入れ替わる細胞レベルの代謝回転と、タンパク質自体の合成・分解による分子レベルの代謝回転がある。成長、妊娠、泌乳、産卵などのようにタンパク質が増加または生産されている場合、これに関わるタンパク質の合成速度は分解速度を上回っていることになる。

b. タンパク質合成と分解の制御

タンパク質の合成の速度は、DNAからmRNAへの転写の過程、mRNAが読まれる翻訳の過程やリボソームの量で調節される。例えば、グルココルチコイド (glucocorticoid) の分泌や投与に

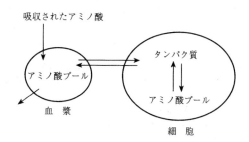

図5-33　体タンパク質の動的定常状態
［羽柴輝良監（2009）「応用生命科学のための生物学入門」改訂版，培風館より引用］

より肝臓でのアミノ酸分解酵素の活性が高まるのはその酵素を合成するためのmRNAへの転写過程での調節であり，また，短期間の絶食時の肝臓における血清アルブミンの合成量の低下は翻訳過程における調節である。

　タンパク質分解の主要な場はリソソーム系と考えられている。タンパク質は，まず自食作用によってオートファゴソームにより囲い込まれ，さらにリソソームとの融合を経てカテプシンやペプチダーゼなどの加水分解酵素によりアミノ酸にまで分解される。その他非リソソーム系のタンパク質分解として，細胞質や細胞膜に存在し，Ca^{2+}による活性調節を受けるカルパイン系，ユビキチン（ubiquitin）がタンパク質と共有結合しプロテアーゼ作用に対するシグナルを形成するユビキチン系，ATP依存性プロテアーゼなどが挙げられる。なお，タンパク質の分解速度は個々のタンパク質によって異なり，その速度は臓器により，また成長の過程により異なる。

■ **演習問題** ■
1)肝臓における解糖と糖新生の調節について，説明せよ。
2)脂肪酸のβ酸化と生合成の制御について，説明せよ。
3)体タンパク質は代謝回転により動的状態にある。これがどのようなものかを述べよ。

5-2-4　生体防御系

　動物は病原因子などを含むさまざまな異物に曝されながら生活をしている。この外界からの微生物（ウイルス，細菌，真菌，原虫，寄生虫）などの病原体の攻撃に対抗し生体を守る働きをしている生体防御システムが免疫系である。この免疫反応は，外界より侵入してくる異物（抗原）に対し，非特異的な自然免疫系と特異的な獲得免疫系（適応免疫系）に分類することができる（表5-4）。獲得免疫系は生物進化の過程で発達してきた免疫系であり脊椎動物が誕生して以降現れたシステムである。一方，自然免疫系は無脊椎動物から脊椎動物に至るまで保存された進化的に非常に古い時代に誕生したシステムである。病原体の侵入に対し最初の防御に当たるのが自然免疫系であり，病原体は通常この段階で排除される。この自然免疫系で防ぎきれない場合に作動するシステムが獲得免疫系である。

(1) 自然免疫系（innate immunity）

　自然免疫系は動物が誕生したときにすでに備わっている免疫系であり，一般的に病原体（抗原）に非特異的な因子群（生化学的・物理的障壁，可溶性因子，細胞性因子）からなり（図5-34），侵入してくるほとんどの病原体に対して作用し個体を感染症から守る。

　a. 生化学的・物理的障壁

　皮膚は病原微生物の侵入に対し効果的な障壁として作用する。また，汗・皮脂などの皮膚からの分泌物には殺菌作用がある。気道・消化管は粘膜で覆われており，分泌された粘液中には

表5-4　自然免疫系と獲得免疫系の特徴と構成要素

	自然免疫系	獲得免疫系
特徴	外来抗原に対し概して非特異的 感染を繰り返しても抵抗力は高 まらない	抗原特異的 感染を繰り返すことにより抵抗 力は高まる
可溶性因子	リゾチーム，補体，インター フェロン，急性期反応物質，抗 菌ペプチドなど	抗体
細胞	食細胞（マクロファージ，好中 球など），ナチュラルキラー細 胞	T細胞

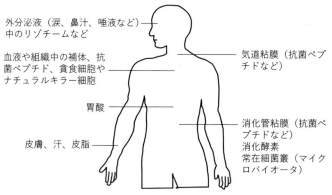

図5-34　自然免疫を構成する要素

外分泌液（涙、鼻汁、唾液など）中のリゾチームなど

血液や組織中の補体、抗菌ペプチド、貪食細胞やナチュラルキラー細胞

胃酸

皮膚、汗、皮脂

気道粘膜（抗菌ペプチドなど）

消化管粘膜（抗菌ペプチドなど）
消化酵素
常在細菌叢（マイクロバイオータ）

リゾチームなどの殺菌性物質が含まれている。さらに胃酸（低pH），消化管内の各種消化酵素・常在細菌叢（マイクロバイオータ）などが病原微生物の排除に重要な役割を果たしている。

　b. 可溶性因子

　細菌の細胞壁成分を加水分解する酵素であるリゾチームは生体内のさまざまな外分泌液中（涙，鼻汁，唾液等）に含まれていて細菌の侵入を阻止する。血清中に存在する補体（complement）は，侵入してきた微生物の表面に結合し細胞傷害性複合体を形成し微生物を溶菌する。さらに補体の一部の成分は感染部位に食細胞を集め（走化性，chemotaxis），別の補体成分の一部は微生物の表面に結合することによって食細胞による貪食を促進する（オプソニン作用，opsonization）。インターフェロンには，ウイルス感染を受けたさまざまな細胞が産生するαとβ，そしてナチュラルキラー細胞や活性化したT細胞が産生

するγの3種類がある。インターフェロンが産生されると，近傍の未感染細胞に作用し抗ウイルス活性を発現して感染の拡大が阻止される。その他感染初期に産生される急性期反応物質の一つであるC反応性タンパク（CRP）は，特に肺炎球菌の細胞表層に結合し補体を活性化するとともに貪食を助ける。また，抗菌ペプチドと総称される抗微生物活性を有する両親媒性のペプチド（通常10～50アミノ酸残基からなる）は，昆虫や植物にも見いだされており，獲得免疫をもたない生物の主要な生体防御システムであると考えられている。

　c. 細胞性因子

　皮膚や粘膜などの物理的障壁を突破した微生物は，可溶性因子とともに細胞性因子（マクロファージ，好中球などの貪食細胞，およびナチュラルキラー細胞）によって貪食（phago-cytosis）され排除されるか，貪食されずに殺傷さ

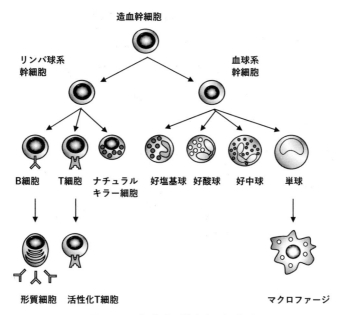

図5-35　免疫系を構成する細胞群

れ排除される。これらの自然免疫に関与する主
要な細胞群は，もともと単一の造血幹細胞から
分化した血球系幹細胞から分化した細胞である
（ナチュラルキラー細胞はリンパ球系幹細胞から
分化）（図5-35）。哺乳動物には専門的に貪食作
用を示すマクロファージと好中球が存在し，体
内に侵入した微生物を細胞内に取り込み消化す
る（図5-36）。ウイルス感染細胞やガン細胞など
は，ナチュラルキラー細胞や細胞傷害性T細胞
（キラーT細胞）によって殺傷される。

　パターン認識レセプター（pattern-recognition
receptor）　免疫の本質は前述したように外来
性の「非自己」である病原因子から「自己」の組
織（細胞）を守ることである。後述の獲得免疫系
は，この「自己」と「非自己」の区別を膨大な多
様性をもつB細胞の抗原レセプター（膜結合型
免疫グロブリン）とT細胞レセプターによって
行っている。一方，自然免疫系は，宿主の組織
（細胞）には存在せず病原微生物が共通してもつ
構造物の分子パターンである病原体関連分子パ
ターン（PAMP, pathogen-associated molecular
pattern）を認識し，それと結合するパターン認
識レセプターによって「自己」と「非自己」を区別

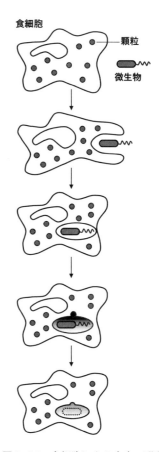

図5-36　食細胞による貪食の過程

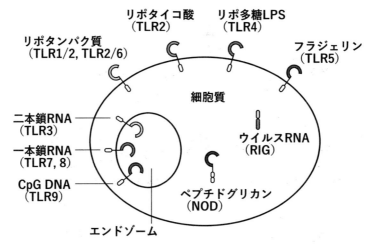

図5-37　細胞表面および細胞内のパターン認識レセプター
Toll様レセプター（TLR）はヘテロ二量体あるいはホモ二量体を形成し，さまざまな微生物由来の繰り返し構造を認識する。細胞質内に存在するNOD様レセプター（NOD）とRIG様レセプター（RIG）は，それぞれペプチドグリカンあるいはウイルスRNAを認識する。（図に示したリガンドは代表的なものを示してある。Nat. Rev. Immunol. 13 : 453-460, 2013を参考に作成）

している（図5-37）。このPAMPを認識するパターン認識レセプターには，免疫担当細胞（貪食細胞，樹状細胞など）やその他の細胞の細胞膜に存在するToll様レセプター（TLR），および細胞質に存在するNOD様レセプター，RIG様レセプターに加え，血漿中に存在するマンノース結合レクチンなどがある。感染部位におけるパターン認識レセプターの活性化により，血管内から細胞や血液成分が組織内に浸潤し後述の炎症反応が起こる。

(2) 獲得免疫系（acquired immunity）または適応免疫系（adaptive immunity）

　自然免疫系による排除を逃れた病原微生物（抗原）に対し抗原特異的に反応する生体防御システムが獲得免疫系である。一度疾病に罹り治癒すると二度と同じ疾病に罹らないのはこの獲得免疫系の働きによる。この獲得免疫系の特徴は抗原に対する特異性と免疫学的記憶である。獲得免疫に関与するリンパ球には液性免疫として重要な抗体を産生するB細胞と，細胞性免疫の主役であるT細胞がある（表5-4）。

　a. 獲得免疫に関わる細胞
　免疫系を構成している多様な細胞は，もとも

と単一の造血幹細胞と呼ばれる多分化能を持つ祖先細胞から分化したものである（図5-35）。獲得免疫に関わる主要な細胞は，B細胞，T細胞，抗原提示細胞の3種類の細胞である。B細胞とT細胞は，造血幹細胞から分化した共通の前駆細胞であるリンパ球系幹細胞から分化する。B細胞は，膜結合型免疫グロブリンを細胞表面にもち，この抗原レセプターと抗原の結合による刺激によって抗体産生細胞（プラズマ細胞あるいは形質細胞）に分化成熟する骨髄（bone marrow）由来の細胞である。哺乳動物は鳥類がもつファブリキウス嚢に相当する器官はなく，B細胞の分化成熟は胎児期には肝臓で，生後は骨髄で起こる。リンパ球系幹細胞が胸腺（thymus）で分化成熟することにより，細胞性免疫に重要な役割を果たすT細胞が作られる。T細胞表面上には，T細胞レセプターが存在し，抗原の刺激を受けて増殖する。パターン認識レセプターを介して病原因子を認識することができる抗原提示細胞（マクロファージ，ランゲルハンス細胞，樹状細胞など）は，細胞内に取り込んだ抗原を処理し，主要組織適合抗原複合体（MIIC, major histocompatibility complex）に結合した抗原情

抗原提示細胞

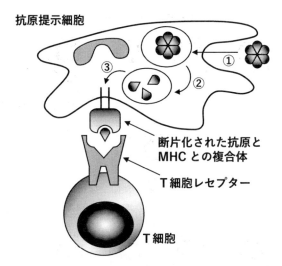

③

①

②

断片化された抗原と
MHC との複合体

T細胞レセプター

T細胞

図5-38 T細胞への抗原提示
抗原が抗原提示細胞に取り込まれ（①），貪食胞内で分解された後（②），断片化された抗原がMHC
クラスⅡ分子と複合体を形成して細胞表面に提示される（③）。この複合体をT細胞が細胞表面に
発現しているT細胞受容体が認識して結合する。

報をリンパ球に提示するという獲得免疫に欠く
ことのできない重要な役割を果たしている（図5
-38）。

> **B細胞の由来**：抗体産生細胞であるB細胞が
> 分化成熟するための重要な器官として，ニワ
> トリの肛門近くに存在するファブリキウス嚢
> （bursa of Fabricius）が最初に発見されB細胞
> と呼ばれるようになった。

b. クローン選択説
　免疫反応の特異性は，B細胞あるいはT細胞
のもつ抗原レセプターの特異性に担われている。
個々のリンパ球は一種類の抗原レセプターしか
もっていないので（これをクローンcloneと呼
ぶ），動物は多様な外来抗原に対処するために異
なる抗原レセプターをもつ多種類のリンパ球ク
ローンを産生しなければならない。抗原が宿主
体内に侵入し対応する抗原レセプターと結合す
ると，これが刺激となってこのレセプターをもつ
リンパ球は分裂を開始する。すなわち，抗原に
よってクローンが選択され分裂することによっ
てこのクローンが増える。次いで，B細胞の場合
は，抗原レセプターと同じ特異性をもつ抗体を

産生し分泌する（図5-39）。T細胞の場合は，サ
イトカインと呼ばれるタンパク質の産生を促し
免疫応答を活性化する。このとき，一部のリン
パ球は記憶細胞として残り，同じ抗原の二度目
の侵入に対し，より早く，より強い免疫応答が
起こる（二次免疫応答，図5-40）。

c. 抗体の構造と機能
　液性免疫の主体である抗体（antibody）は，構
造の違いに基づいて異なるクラスに分類され，
ヒトの場合IgM，IgD，IgG，IgE，IgAの5種
類のクラスがある。これらの抗体の基本構造は
同じであり，同じ2本の重鎖（H鎖）ポリペプチ
ドと同じ2本の軽鎖（L鎖）ポリペプチドからな
るY字形をした分子である（図5-41）。H鎖とL
鎖のN末端側は個々の抗体でアミノ酸配列が異
なり可変領域（V領域）とよばれる。このH鎖と
L鎖の組み合わせによってさまざまな抗原と結
合することができる抗原結合部位が形成される。
Y字の下の部分を構成するH鎖とL鎖のC末端
側の領域は定常領域（C領域）とよばれ，H鎖の
定常領域の違いによってクラスが異なる。注意
すべき点は，クラスの異なる抗体が同じ抗原結
合部位をもつということである。最初の抗原刺

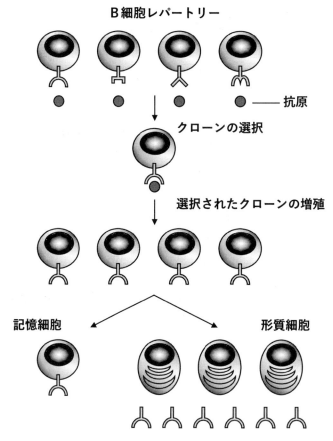

B細胞レパートリー

── 抗原

クローンの選択

選択されたクローンの増殖

記憶細胞　　　　　　　　　　　　形質細胞

図5-39　クローン選択説
生体はさまざまな抗原に対応するB細胞レパートリーをもっている。各B細胞クローンは一種類の抗原
レセプター（膜結合型抗体）しかもっていない。抗原が特異的レセプターをもつクローンと結合すると，
このクローンは増殖分化して形質細胞となり抗体を分泌する。一部のB細胞は記憶細胞となり二次免疫
に備える。T細胞の場合も同様にクローン選択説が成り立つ。

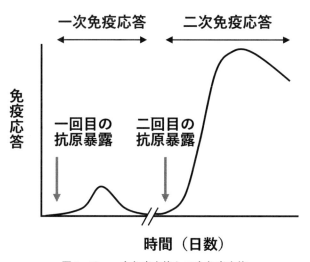

一次免疫応答　　　　　二次免疫応答

免疫応答

一回目の
抗原暴露

二回目の
抗原暴露

時間（日数）

図5-40　一次免疫応答と二次免疫応答

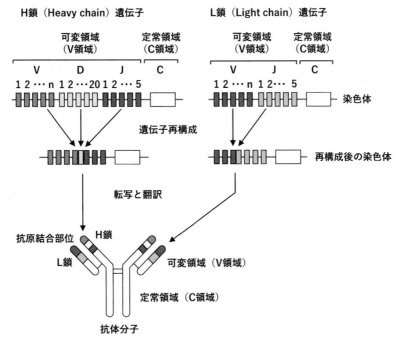

図5-41 遺伝子再構成による抗体の多様性の獲得機構

H鎖の抗原結合部位を構成する可変領域のVセグメント遺伝子を200個，Dセグメント遺伝子を20個，Jセグメント遺伝子を5個とすると，その組合せは20,000通り（200×20×5）となる。さらに，L鎖のVセグメント遺伝子とJセグメント遺伝子が各々100個，5個とするとその組合せは500通り（100×5）となる。H鎖とL鎖が組合わさって抗体分子を作るので多様性は全部で1千万通り（20,000×500）となる。実際は，遺伝子再構成時における接続部位のゆらぎや可変領域での突然変異によりさらに多くの多様性が生まれる。

激でIgMを産生しているB細胞が，抗原特異性を保ったまま他のクラスの抗体を産生するようになる現象をクラススイッチとよぶ。いずれの抗体も次の2つの機能を発揮する。すなわち①抗原を認識し特異的に結合する。②抗原との結合に続いて各クラスに特徴的な生物学的活性を発揮する。例えば，IgGは母親の胎盤を通過し乳児や新生児を感染症から守る。IgAは涙や唾液などの分泌液中の主要な感染防御抗体である。また，極微量しか存在しないIgEはアレルギーの発症と関連している。

d. 抗体の多様性の獲得

抗体もT細胞も膨大な種類の外来抗原を認識することができ，この多様性こそが免疫系の特徴である。この多様性獲得のメカニズムをヒトの抗体を例に見てみよう。H鎖の抗原結合部位は一つの遺伝子によってコードされているのではなく，V，D，J遺伝子断片（このV遺伝子断片は，抗体の可変領域を表すV領域とは異なり，V領域の一部のアミノ酸残基をコードする遺伝子断片でありVセグメントとよばれる）が結合してできている。染色体上には各々の断片をコードするVセグメント遺伝子が数百，Dセグメント遺伝子が約20個，Jセグメント遺伝子が約5個存在し，各々の領域から一つずつのセグメント遺伝子がランダムにDNAレベルで組み換えられることによって（遺伝子再構成）V領域（個々の抗原と結合する抗体の可変領域をコードする領域）の遺伝子ができあがっている（図5-41）。L鎖のV領域もVセグメント遺伝子とJセグメント遺伝子の組み換えによって作られる。抗体の多様性は，これらのH鎖とL鎖の組合せによっ

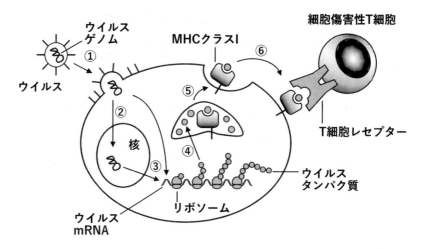

図5-42　T細胞によるウイルス感染細胞の認識
ウイルスが標的細胞に感染し（①），ウイルスゲノムが脱核によって遊離（核を経由しないウイルスもある）した後，ウイルスの遺伝情報の翻訳が細胞質で起こる（②または③）。作られたウイルスタンパク質はペプチド断片に分解され，主要組織適合抗原複合体（MHCクラスI）と結合することによってウイルス抗原が細胞表面に提示される（④→⑤）。提示されたウイルス抗原と宿主細胞のMHCクラスI分子の一部が細胞傷害性T細胞の受容体によって認識される（⑥）。

てさらに増大する。

e. 細胞性免疫

細胞性免疫はヘルパー活性，キラー活性，サプレッサー活性などの多様な機能を持つT細胞が主体となる免疫反応である。T細胞レセプターによる抗原の認識は，液性免疫における抗体とは異なり，標的細胞上あるいは抗原提示細胞上の主要組織適合抗原複合体（MHC）と結合した抗原ペプチドを識別している（図5-42）。T細胞レセプターも抗体と同様に遺伝子再構成によって多様性を獲得している。ヘルパーT細胞は抗原刺激を受けサイトカインを産生することによりB細胞の抗体産生を助ける。キラーT細胞はウイルス感染細胞や，ガン細胞に直接接触しパーフォリンと呼ばれる分子を放出することによって標的細胞を殺す。

(3) 炎症反応（inflammation）とアレルギー（allergy）

a. 炎症反応

生体が傷害（火傷，怪我，骨折など）を受けたり病原微生物による感染を受けると，傷害部位の修復や病原因子（抗原）の全身への拡散を阻止し，抗原を排除するための反応がただちに起こる。このときおこる腫脹，発赤，発熱，疼痛を主徴とする生体防御反応が炎症反応である。この反応には，さまざまな液性因子（急性期タンパク質，補体，キニン，さまざまなサイトカイン）や細胞（マクロファージ，好中球，好塩基球，肥満細胞など）が関わっており，自然免疫系および獲得免疫系が関与している。

b. アレルギー

病原細菌やウイルスなどの侵入に対し，われわれの体を守ってくれる免疫反応が過剰に働き自己の生体組織を障害することがある。このような反応をアレルギー（過敏症）と呼ぶ。アレルギーは発症機構によって四つのタイプに分類されている。I型アレルギーは肥満細胞表面に結合したIgEに，花粉のような本来無害な抗原が結合することによってさまざまな活性物質（ヒスタミンなど）が放出されておこる炎症である。I型アレルギーには喘息，花粉症，じん麻疹などがある。II型アレルギーは，からだの細胞成分に対する抗体が働いておこる細胞障害反応であり，溶血性貧血などが含まれる。III型アレル

ギーは抗原と抗体が結合した免疫複合体が血管
や組織に沈着しておこる炎症反応で，リウマチ
性の炎症や血清病が含まれる。Ⅳ型アレルギー
は，抗体は関与せず，抗原によって感作された
T細胞が直接働いて起こる炎症反応で，ツベル
クリン反応，接触性皮膚炎や金属アレルギーな
どが含まれる。

自然免疫の復権：かつて「免疫」と言えば抗
原に特異的な「獲得免疫」のことが頭に思い浮
かび，抗原に対し非特異的な「自然免疫」は
取るに足らないものであるという印象があっ
た。しかし，1998年に哺乳動物のTLR4（Toll-
like receptor 4, Toll様レセプター4）が細菌の
細胞壁成分であるLPSの受容体であることが
発見され，この免疫観は一変した。Tollはも
ともとショウジョウバエの発生時に背腹軸の
決定に関与する分子として同定されていたモ
ルフォゲンの一つである。その後，Tollを欠
損したハエが真菌感染に対し高感受性となる
ことが発見され，生体防御に重要な役割を果
たす分子であることが明らかとなった。TLR
は，このTollの哺乳動物のホモログで，現在
10種類以上が見いだされている。興味深い点
は，これらのTLRが細胞膜あるいはエンド
ソーム膜に発現しており，多様な微生物由来
の分子を探知するセンサーとして機能してい
ることである。TLR2はグラム陽性菌の細胞
壁成分，TLR4はグラム陰性菌のLPS（リポ
多糖），TLR3はウイルスに由来する二本鎖
RNA，TLR9は細菌ゲノムに特徴的なCpGモ
チーフをもつ非メチル化DNAを認識してい
る。また，細胞質にはNOD様レセプター2と
RIG様レセプター1が存在し，それぞれ細菌
細胞壁成分とウイルスの二本鎖RNAを認識し
ている。このように非特異的と考えられてい
た自然免疫は，専用のレセプターを使って戦
うべき相手を探知し，他の免疫細胞に情報伝
達分子を介して指示を出し病原体との戦いを
始めることが明らかとなったのである。

■ **演習問題** ■

1) 天然痘はジェンナーの開発した種痘（ワクチ
ン）によって地上から根絶した病である。こ
のワクチンが有効な理由を「免疫学的記憶」を
キーワードとして用いて説明しなさい。
2) 輸血は同じ血液型どうし（A型，B型，AB型，
O型）で行うのが原則である。その理由を免疫
学的な側面から考察しなさい。また，緊急の
際は大量出血したA型の患者に健常なO型の
血液を輸血することができる。血液型を決定
している赤血球表面上に存在する「血液型特
異抗原」をキーワードとして用いてその理由を
説明しなさい。

■ **参考図書** ■

1) 葛西奈津子（2007）：植物まるかじり叢書1　植
物が地球をかえた！，化学同人
2) 瀧澤美奈子（2008）：植物まるかじり叢書2　植
物は感じて生きている，化学同人
3) 西村尚子（2008）：植物まるかじり叢書3　花は
なぜ咲くの？，化学同人
4) 葛西奈津子（2008）：植物まるかじり叢書4　進
化し続ける植物たち，化学同人
5) 松永和紀（2008）：植物まるかじり叢書5　植物
で未来をつくる，化学同人
6) 眞山滋志・難波成任（編）（2009）：「植物病理
学」文永堂出版

6 生物と生態系

6-1 生物の存在様式

6-1-1 生物と環境

生物の生活に関与する外界の諸要因をまとめて環境（environment）という。

生物の環境は様々な構成要素や状態量が認められ、これらは環境要因（environmental factor）とよばれる。環境要因は非生物的環境要因と生物的環境要因に大別される。

ところで生物が現在見られるような分布と数になったのはどうしてだろうか。それを理解するためにはいくつかのことを知らなければならない。それらは（ⅰ）生物の歴史、（ⅱ）必要とする餌の分布と量、（ⅲ）個体の出生率、死亡率、移動率、そして（ⅳ）環境要因の影響である。このうち環境要因に対する生物の応答は様々である（図6-1）。ここでは環境要因として光、温度、pHを取り上げ、これらがどのように生物に影響を及ぼしているかを考える。

（1）光

太陽放射は、緑色植物が利用しうる唯一のエネルギー源であり、光合成によって高エネルギー化合物に変換される。窒素や炭素原子、また水分子が繰り返し生物によって利用されるのに対して、光合成の際に獲得された放射エネルギーは一度だけ利用される。太陽放射のうち緑色植物に利用される波長帯は400〜700 nmである。この点は水圏の植物プランクトンでも同様である。植物の葉は、規則的、あるいは不規則に変化する光条件に応じて光合成を行うための生理的な戦略を持っている。太陽放射の規則的変化には、季節変化や日周変化がある。太陽放射の季節変化に対しては、植物はエネルギー量に応じて生長量を変える。落葉樹では、不必要な季節には葉を落とす。

太陽放射の強度に適応した戦略として、陽性植物（sun species）と陰性植物（shade species）がある。陽性植物は、強い光を効率良く利用できる植物で、陰性植物はその逆である。これに対して、植物が生長するにつれて葉が重なるようになるので、葉によって利用できる太陽放射の強さは異なってくる。その結果、一本の木にも陽葉と陰葉が生じる。陽葉は、小さくて厚く、単位面積当り細胞数が多く、葉脈が密で、密な葉緑体を持つなどの特徴がある。これに対して陰葉は、大型でより光を通しやすいという特徴を持っている。陰葉の光合成能力はせいぜい呼吸速度と同程度と考えられている。

水圏では、光は深度とともに減少するため植物プランクトンは表層に浮かんでいる必要がある。植物プランクトンは光合成と同時に呼吸をおこなっているが、表層では呼吸速度より光合成速度の方が勝っている。深度の増加とともに光は弱くなり、光合成速度も小さくなる。ある深度になると両者が等しくなる（図6-2）。この深度を補償深度（compensation depth）といい、その光強度を補償光度という。補償深度以深では光合成速度より呼吸速度の方が大きくなる。

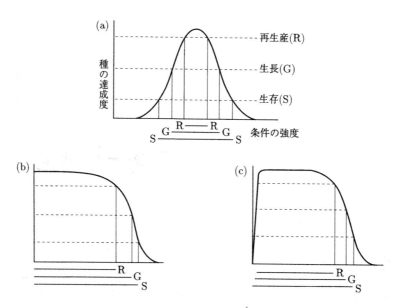

図6-1　環境条件に対する生物の応答
（a）温度やpHなどの条件に対する種の達成度，（b）高濃度で有毒になるような条件（毒物質，放射能，汚染物質など）に対する生物の応答，（c）銅や亜鉛のように必須であるが，高濃度になると有害になるような条件に対する生物の応答。生存，生長，再生産の順に条件が狭まることに注意。
［羽柴輝良監（2009）「応用生命科学のための生物学入門」改訂版，培風館より引用］

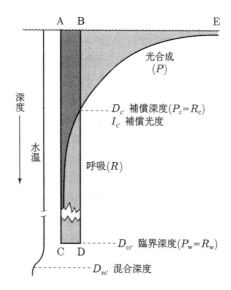

図6-2　海洋における補償深度，臨界深度，混合深度の関係
ABCDで囲まれた部分が植物の呼吸を，またACEで囲まれた部分が光合成を示す
［羽柴輝良監（2009）「応用生命科学のための生物学入門」改訂版，培風館より引用］

補償深度は内湾域では数m，透明度の高い熱帯外洋域では150mにも達する。水面からある深度までの全光合成と全呼吸が等しい時，その深度を臨界深度（critical depth）という。

(2) 温度

温度は植物や動物の分布に大きな影響を及ぼす。地図上で等温線と動植物の分布を重ね合わせることはよく行われ，またうまく重ね合わさることもあるが，実際に生物が経験するのは，この平均的な温度ではない。生物が生息する微小生息場所（microhabitat）の温度は，この平均温度とは異なっている。例えば直接日光が当たる土壌表面の温度は，大気温度より日変化が激しい。

生物の分布を等温線との関係でとらえる場合，温度と代謝速度の関係は直線的ではなく，指数関数的であることに注意しなくてはいけない。Q_{10}は，温度が10℃上昇したときに反応速度が何倍になったかを示す指数で，通常2.5の値を取る（10℃の温度上昇で反応速度は2.5倍になる）。

生物の分布は平均温度ではなく，最高温度や最低温度によって決まる場合が多い。例えば霜害は植物の分布を規定する最も大事な要因である。またベンケイチュウという背の高いサボテンは，氷点下の気温に36時間以上さらされると死亡し，その分布の北限は連続して36時間以上氷点下の気温になることのある地点を結んだものに対応している。またコーヒーの生産は，年間最低気温の月の気温が13℃以上の地域に限られる。

温度は，餌の供給量や競合者などの要因を介して間接的に生物の分布を決定する場合がある。また高温は，病原菌の増殖を活発化し，潜伏期間を短縮することで穀物の病気の発生に影響を及ぼすことが知られている。

温度と他の物理的要因との間には密接な相互作用があることも見過ごせない。特に水圏における温度と溶存気体濃度との関係（例えば魚の呼吸に必要な溶存酸素濃度は水温によって決定され，高温ほど溶存酸素濃度は低くなる），陸上群集における温度と湿度との関係（体の水分を保つため生物は適切な湿度を必要とする）は重要である。

温度はまた，生物が発生を始めるかどうかを決定する上での刺激としても働く。例えば温帯，寒帯，高山帯の多くの草本は，低温期を経て始めて発芽を開始する。温度は，他の刺激（例えば光周期）と共に働いて休眠状態（diapause）を破り，生物の成長を開始させる。

地球表面の7割を占める海の深部は0～3℃と低温であること，それに極域の氷床を含めると地球は低温環境であるといえる。この低温環境に適応した生物が最も成功した生物であるということができる。低温の害は，氷点に達しなくてもおこる。例えばバナナの実は低温になると黒くなり腐る。詳しくは分かっていないが，このような低温は膜の透過性を破壊し，カルシウムのようなイオンを細胞外に出してしまう。温度が更に下がり，氷点下数度になると生物体内でも氷ができ始める。その場合でも凍るのは細胞外の水であり，細胞内の水が凍るのは大変希である。細胞外に氷ができると，細胞から水が出ていき細胞質や液胞はより濃縮される。また細胞質が細胞壁から引きはがされる。

海洋においても生物は，水温の影響を直接的，間接的に受ける。直接的には水温が高いほど化学反応や発生，成長といった生物学的過程は速くなる。水温と塩分により海水の密度が決定され，海水が鉛直的に混合するかどうかが決まるが，これによって生物活動も影響を受ける。水温はまた，海水中の溶存気体（酸素や二酸化炭素など）の濃度を決定し，生物過程に大きな影響を及ぼす。海洋の水温の変動幅は，陸上の温度の変動に較べるとかなり小さい。これは水の比熱が大きいためである。潮間帯のタイドプール（潮だまり）では，水温は40℃に達することもあるが，外洋では最大でも30℃を少し越える程度である。海水の氷点は−1.9℃であり，密度もこの温度で最も大きい。比熱が大きいだけでなく，潜熱も大きいため，海水は地球の温度を一定に保つのに大きく貢献している。

(3) pH

陸圏の土壌や水圏の水のpHは，生物の分布や豊度に大きな影響を及ぼす。pHの生物に対す

る影響は，直接的なものと間接的なものとに分けられる。大部分の維管束植物の根の原形質は，pHが3以下あるいは9以上になると損傷を受ける（水素イオンや水酸化物イオンの直接的影響）。間接的な影響としては，pHにより利用できる栄養塩や毒物質の濃度が変化することがあげられる（図6-3）。pHが4.0〜4.5以下では，アルミニウムイオン濃度が増加し，多くの植物にとって毒となる。マンガンや鉄もpHが低いと毒作用を持つ。従って4.5以下のpHで生息し，繁殖できる植物は限られている。同様なことが池や湖や小川に生息する動物にも当てはまる。一方で高いpHにおいては，鉄やリン酸その他の微量元素は水に溶けにくい化合物になるので，植物はそれらの元素に対して欠乏状態になる。しかし一般にはpHが7以上の方が，より低いpHの土壌や水域より生息する生物の種類が多い。

　海水のpHは，炭酸塩，重炭酸塩の濃度で決まり，8程度で安定していたが，産業革命以後少しずつ低下しており，炭酸カルシウムの殻を作る生物への影響が心配され始めている。

6-1-2　生物の存在単位

　生態学では，扱う対象によって個体，個体群（population），群集（community），生態系（ecosystem）という用語が用いられる。個体は，生態学で扱う最も小さな存在単位であるが，それ自身で完結しているわけではない。個体であっても，非生物的環境との間で物質やエネルギーのやり取りを常時行っている。個体群は，ある特定の空間を占める同種個体の集まりである。この段階では個体間の関係も扱われる。群集は，一定の空間に生息する様々な生物種の個体群の集合である。異種間の様々な関係が扱われる。個体から群集までは眼で確認でき，直感的に把握できる。これに対して直感的には把握できないが，重要な概念に生態系がある。生態系は，群集と，それがよって立つ非生物的環境（気候，土壌，水質など）の総体ととらえられる。この段階で物質やエネルギーの流れを総体的に研究することが可能になる。ただし生物と非生物的環境との関わりは，生態系において始めて生じるのではなく，個体の段階から存在している。

■ 演習問題 ■

1）光，温度，pH以外の環境要因を考えてみよう。
2）Q_{10}は，温度がt_1，t_2の時の反応速度をそれぞれk_1，k_2とすると

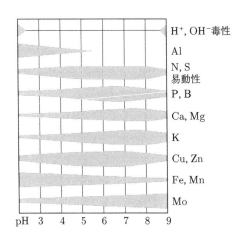

図6-3 土壌中のpH変化に対する，H^+，OH^-，Alの植物に対する毒性変化と種々の元素の得られやすさの変化

　　［羽柴輝良監（2009）「応用生命科学のための生物学入門」改訂版，培風館より引用］

$Q_{10}=(k_1/k_2)^{10/(t1-t2)}$ と表される。Q_{10}を2.5と仮定して，温度を7℃上げると反応速度は何倍になるか計算しなさい。

6-2 個体群の動態

6-2-1 個体群の数的変化

(1) 個体群

ひとつの生物種が形成する空間的なまとまりをもつ集団を個体群（population）という。個体群内の個体分布が均質でなく局所個体群を形成している場合，局所個体群は基本的に独立して増減しながら絶滅や発生を繰り返すが，局所個体群間には相互にゆるい遺伝的交流が保たれる。このような内部構造を持つ個体群のことをメタ個体群（Metapopulation）という。個体群は生態学的な階層構造の基盤であり，数量的変動の単位となるまとまりである。

(2) 個体群の成長モデルと密度効果

a. 基本的な個体群成長モデル

一つの個体群における個体数の変化には，出生（birth），死亡（death），移入（immigration），移出（emigration）の4つの要因が関係する。出生，死亡，移入，移出による個体数の変化率（単位時間あたりの個体数変化）をB，D，I，Eとすると，時間tに対する個体数Nの変化率は，次のようになる。

$$\frac{dN}{dt} = B+I-D-E \qquad (1)$$

これに基づく個体数成長の基本的な2つのモデルが，指数的成長（exponential growth）とロジスティック的成長（logistic growth）である。

b. 指数的成長

個体の出入り（移出，移入）のない個体群の場合には，式(1)は，$I=0$，$E=0$である。個体あたりの瞬間出生率と瞬間死亡率をそれぞれb，mとすると，B，Dは個体数Nに比例するから，$B=bN$，$D=mN$となる。従って，時間tにおける個体数Nの瞬間変化率は次のようになる（図6-4）。

$$\frac{dN}{dt} =B-D=bN-mN=(b-m)N=rN \quad (2)$$

通常，出生率と死亡率の差$(b-m)$をrで表し，これを内的自然増加率（intrinsic rate of natural increase）という。出生率が死亡率を上回れば（$r>0$），個体数は増加し，死亡率が出生率よりも大きければ（$r<0$），個体数は減少する。

rは個体当たりの増加率であるから，式(2)は，rが一定であれば，その個体群の個体数増加率はそのときの個体数に比例することを意味している。このような個体数の増加のしかたを指数的成長とよび，時間t_0における個体数をN_0として積分すると，時間tにおける個体数N_tは，

$$N_t = N_0 e^{rt}$$

と表される。

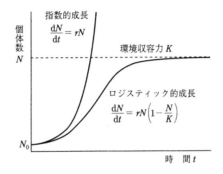

図6-4　個体群の指数的成長曲線およびロジスティック的成長曲線
[羽柴輝良監（2009）「応用生命科学のための生物学入門」改訂版，培風館より引用]

十分な生活空間と必要資源があり，捕食者や競争者がいないなどの最適環境にある場合，個体群は最大の増加率（最大内的自然増加率 r_{max}；maximum intrinsic rate of natural increase）で加速度的に限りなく大きくなる。一方，現実には何らかの環境抵抗（environmental resistance）が働くため，実現内的自然増加率（realized intrinsic rate of natural increase）はrmaxよりずっと小さくなる。

c. ロジスティック的成長

実際の個体群では，一般に個体数はS字状の曲線を描いて増加する。すなわち，個体数が増加し始めたごく初期の段階では，指数的成長に近似してどんどん個体数が増えていく。しかし，個体数が増加し，個体群密度が高くなるのにつれて増加速度は徐々に低下し，ついには増加率が0になって（$dN/dt=0$），個体数はある最大値において増減を示さなくなる。指数的成長モデルでは，「環境的な制限のない最適条件」を仮定しているが，そのような条件は通常は存在しない。個体群密度が上昇するのにつれて，生活に必要な物質や環境要素（食物やすみ場の大きさなど）が不足したり，捕食者が増えたりして，次第に増加にブレーキがかかるのである。個体群密度の上昇の結果，出生率 b の低下や死亡率 m の上昇，またはその両方の変化によって増加率が低下する現象を密度依存効果（density-dependent effect）という。

密度依存効果が働いて，個体あたりの増加率が個体数に比例して低下する場合，式(2)は次のように変形される。

$$\frac{dN}{dt} = (r-hN)N \qquad (3)$$

h は制限係数とよばれ，1個体増えることによって内的自然増加率が低下する割合である。すなわち，個体あたりの内的増加率の低下分であり，hN が密度依存効果を表している。図6-4において，個体数が収斂する最大値は環境収容力 K（carrying capacity）とよばれ，ある環境内でその生物種が生存できる許容量を個体数で表したものである。個体数がこの最大値に達した

とき（$N=K$），増加率は0になるから，$r-hK=0$，すなわち $h=r/K$ である。これを式(3)に代入して整理すると，

$$\frac{dN}{dt} = rN(1-\frac{N}{K}) \qquad (4)$$

となる。

生活に必要な物質や環境要素が有限である場合に現れる，このような個体数増加のしかたをロジスティック的成長とよぶ。$(1-N/K)$ の項は密度依存効果の程度を表す因子であり，「個体数が増加する可能性の残りの割合」を意味する。指数的成長とロジスティック的成長の差 $-rN(N/K)$ が環境抵抗である。

6-2-2　個体群の変動
(1) 個体数変動のパターン

生物種の個体数の変動には，密度依存効果と密度独立効果が働く。競争・資源量・捕食や寄生・化学的環境などには密度依存効果が働く。その効果は負に働くことが多く，個体数を環境収容力付近において平衡維持したり，振幅の小さな増減をもたらしたりする。気候変動などの密度独立効果は，個体群密度に影響を受けずに出生率や死亡率を変化させ，環境収容力よりも低いレベルで個体数を大きく変動させる。自然個体群においては，両方の効果が複合的に作用するが，長期的な変動を考えた場合，密度依存効果が個体群の調節維持に働く役割は大きい。

(2) r 選択と K 選択

MacArthur, R.H. と Wilson, E.O.（1967）は，個体群に作用する密度依存的な自然選択には，環境条件の安定度に対応する二つの方向性があることを指摘し，ロジスティック的成長式のパラメーター r と K にちなんで，r 選択（r-selection）と K 選択（K-selection）という考え方を提唱した。r 選択と K 選択の二つの方向性には，個体群が変動の大きな環境下で非平衡状態にあるか，または安定した環境下で平衡状態にあるかということが関係する。

環境が相対的に不安定で変動が大きい場合，そこに棲む個体群は環境収容力よりもかなり低

い密度に抑えられ，環境に対して飽和していない状態（非平衡状態）で変動する。そこでは生活に必要な資源には常に余裕があるので，環境条件が好転したときに速やかに個体数を増加させることができるように，個体群の内的自然増加率rを大きくするような性質が選択される。このような高い生産性へ向かう自然選択をr選択という。これに対して，長い期間にわたって安定した環境条件のもとでは，個体群は環境収容力のレベル付近において平衡状態に達する。ここでは，環境に対して生物が飽和状態にあり，生活に必要な資源に余裕がないために，高い増加率よりも資源をめぐる競争力や高密度に対する耐性が大きいなどの性質が有利になる。このような自然選択をK選択とよぶ。K選択は環境中の資源利用の効率性を増大させる方向へ向かう選択である。

　Pianka,E.R.(1970)は，r選択とK選択の特徴を表6-1のように整理した。r選択が働く変動の大きい環境下では，繁殖開始齢が若く，世代時間が短いことが有利であり，環境が好適になっ

た時に急速に個体数を増加させるために，できるだけ多くの物質とエネルギーを再生産に振り向け，子供（卵）のサイズを小さくして数を多くする方向（小卵多産型）に進む。同時に，体サイズが小さい，成長・成熟が早いなどの形質が選択される。このような適応的な性質をr戦略，そのような特性をもつ生物種をr戦略者という。逆に，K選択が働く安定した環境下では，物質とエネルギーを個体の体の維持と，少数ではあるがサイズが大きくて適応度の高い子供（卵）を産み出す方向（大卵少産型）に進化する。競争力を大きくするために，ゆっくりとした成熟，大きな体サイズ，長い世代時間などの形質が選択される。これをK戦略およびK戦略者という。これがr-K戦略説であり，様々な生物の生活史研究においてその考え方が取り入れられてきた。しかし，これは生活史進化の一つの側面をわかりやすく説明しうる概念の一つであると考えるべきであり，実際には他にも様々な類型化が可能であることを忘れてはならない。

表6-1　r選択およびK選択の特徴

項　　目	r　選　択	K　選　択
気　　候	変わりやすく予測できない。不規則に変化する。	安定しており予測可能，または規則的に変化する。
死亡率	多くは破滅的，無傾向，密度独立的	傾向あり，密度依存的
生存曲線	C型が多い。	A型，B型が多い。
個体群サイズ	経時的に変わりやすい。非平衡。通常は環境収容力より低い。飽和していない群集中にあり，生態的空白，毎年再移入がある。	安定している。平衡状態。環境収容力に近い高密度。生物群集は飽和していて，再移入なしに個体群を維持。
種内・種間競争	変わりやすく，ゆるやか。	通常厳しい。
選択する形質	1. 速い成長 2. 高い内的自然増加率 3. 速い繁殖 4. 体サイズは小さい 5. 1回産卵 6. 小子多産	1. 遅い成長 2. 高い競争能力 3. ゆっくりした繁殖 4. 体サイズは大きい 5. 多回産卵 6. 大子少産
生存期間	短い。通常1年以下	長い。通常1年以上
結　　果	高い生産力	高い効率
遷移の段階	初期段階	後期段階，極相

［羽柴輝良監(2009)「応用生命科学のための生物学入門」改訂版，培風館より引用］

サプライサイドの生態学：自然個体群には，たいていの場合外部からの移出入がある。海洋では，エビやカニやウニやナマコなど，多くの底生生物が浮遊型の幼生期をもつ。幼生は浮遊生活期を終えると着底（settlement）して成体の個体群に加入（recruitment）する。成体の個体群動態の解析には，幼生の供給量の変化が重要であることが認識され，幼生供給の側からの研究ということでサプライサイドの生態学（supply-side ecology）と呼ばれて盛んに研究が行われるようになったのは，1980年代以降である。

■ 演習問題 ■
1）種の個体群の分布を斑状にする要素にはどのようなものがあるか，陸上生物と水界生物に分けて論じなさい。
2）環境収容力の変化が個体数変動に影響する場合がある。環境収容力自体を変化させる要素にはどのようなものがあるか，列記しなさい。
3）r戦略者とK戦略者について，具体例を挙げなさい。

6-3　生物群集の成り立ち

6-3-1　生物群集と種間相互作用
(1) 生物群集とは

生物群集は「環境との相互作用の下に互いに影響し合う複数の種個体群の集合体」であるが，まとまりのある単位としてどのように認識するかは，実際には難しい。ある場所に住む多種個体群のまとまりを，相互に関係しながら変化する一つの生物体になぞらえる考え方もあった（群集有機体説）。しかし，種個体群の分布は，生理的・生態的特性と，物理的環境や他種との相互作用によって決まる。そのような個体群から構成される生物群集は，明瞭な境界をもたず連続的に変化することも多い。従って，ある生息場所に着目した時に，そこに生活する生物種間の相互関係の総体が生物群集の本質だと考えるべきである。

生物群集を構成する個体群の間には，競争・捕食・寄生・共生などのさまざまな関係が生じる。これらを種間相互作用という。種間相互作用には，2種間の直接的な相互作用（直接作用 direct effect）と，第3の生物種を介して2種間に働く間接的な相互作用（間接作用 indirect effect）がある。

(2) 直接作用

直接作用のうち，主要なものを以下に示す。

a. 捕食（predation）と寄生（parasitism）は，一方の生物種が生活に必要な資源を，他方に依存する関係である。捕食には通常の「食う−食われる」関係のほかに，ある種のハチ類でみられるような，孵化した幼虫が宿主である生物を食物として成長する捕食寄生（parasitoidism）も含まれる。また，植物食動物が植物を食物とする植食も捕食−被食関係の一つである。寄生は一方の生物種が他方を殺すことなく，相手の体から食物（栄養物）を摂取する関係であるが，この2種間の利害は捕食の場合と同じである。

b. 競争（competition）は共通する資源をめぐる関係で，直接的な資源の奪い合いである消費型競争と，競争関係にある種の個体が資源を利用するのを妨げる行動による干渉型競争がある。一方の種のみが負の影響を受けるような競争は非対称な競争（asymmetric competition）という。植物にとっての主な資源は，光・水分・無機栄養分・空気中の二酸化炭素であり，これらの資源をめぐる競争（とくに消費型競争）が植物における相互作用の主要なものである。一方，植物が生産する物質が周囲の他の植物の生育を抑制または阻害する場合がある。このような作用をアレロパシー（他感作用：allelopathy）といい，干渉型競争の一つである。

c. 共生（symbiosis）は，異種間で相互に密接な関係を持ちながら空間的に同居している場合をいう。両生物種が相互に依存し合って利益を受ける場合を相利共生（mutualism），一方の種は利益を受けるが，他方は利益も害も受けない場合を片利共生（commensalism）という。

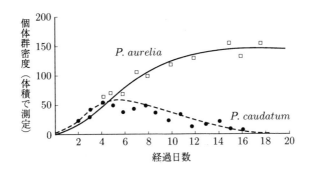

図6-5　2種類のゾウリムシの種間競争
［羽柴輝良監（2009）「応用生命科学のための生物学入門」改訂版，培風館より引用］

（3）間接作用

3種以上の種間関係において，2種間に直接的な関係がないにも関わらず，他の種を介して影響を与え合う場合である。「風が吹けば桶屋が儲かる」ような状況であると考えると分かりやすい。たとえば，3段階以上の栄養段階において上位から下位へ，下位から上位へと，仲介するする栄養段階を介して，直接的な関係のない2種が影響を与え合うような関係は栄養段階カスケード（trophic cascade）と呼ばれる。また，上位の捕食者が群集の中の優位種に対して選択的捕食を行うことによって，下位の栄養段階における競争関係が緩和されて，結果的に群集全体の多様性が維持されていることがある。このような場合の上位捕食者は，必ずしも直接的な関係を経ないで群集全体に影響を与えることから，石橋を支える要石（かなめいし）になぞらえて，キーストーン種（keystone species）と呼ばれる。この関係も間接作用の一例である。

6-3-2　種間競争と多種共存

（1）種間競争

2種類の原生動物（ゾウリムシの仲間），ゾウリムシ（*Paramecium caudatum*）とヒメゾウリムシ（*P. aurelia*）を用いて行われた，種間競争についてのGause,G.F.（1934）の有名な実験がある。この2種は近縁で，食物要求その他の生活のしかたもよく似ている。

この2種を食物となるバクテリアの密度を一定に維持しながら，別々の容器で飼育するとそれぞれロジスティック的個体群成長を示す。しかし，両種を一つの容器で混合飼育すると，内的自然増加率*r*の大きいヒメゾウリムシはどんどん増加するが，*r*の小さいゾウリムシは途中から次第に個体数が減少して消滅してしまう（図6-5）。

このように，生活要求がよく似ている2種では，資源をめぐる種間競争が厳しくなるために共存できないという考えを，Gauseの原理（principle of Gause）または競争的排除則（competitive exclusion principle）という。Gauseの原理は，生物群集の形成と維持の過程を考える上での基盤となる重要な理論である。

（2）生態的地位

ひとつの生物種は，物理的，化学的な環境要因のそれぞれについて，生活が可能である範囲（例えば，温度の上限と下限など）をもっている。また，食物の種類やすみ場の性状などの資源に対する要求や，活動（出現）の時間や時期にも，それぞれの種に特有の幅がある。これらは生物群集の構成種に職業のような役割を与えており，それは生態的地位（ニッチ：niche）と呼ばれる。ある生物種の住むことのできる環境条件の範囲，資源に対する要求やその利用のしかたなどによって，その種が生活できる条件のセットが形成される。これらの各項目を多次元の座標軸としたときに，その種の要求する各軸の範囲

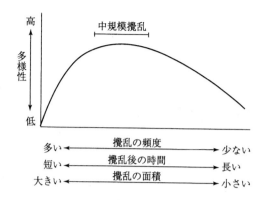

図6-6　中規模攪乱仮説による多様性の増減の概要
［羽柴輝良監（2009）「応用生命科学のための生物学入門」改訂版，培風館より引用］

に囲まれた空間をニッチと捉えることもできる。競争者がいない時の基本ニッチ（fundamental niche）に対して，競争者が居る時に種間競争によって狭くなったニッチを実現ニッチ（realized niche）と呼ぶ。

（3）生物群集における多種共存

　自然の中では多様な種が共存している。この多種共存を可能にする機構として，資源の分割，資源のパッチ状分布，環境変動による攪乱，捕食者の存在などがあげられる。

　a. 資源の分割

　Gauseの原理は，「同じ資源を利用する2種は共存できない」，「同じニッチを占める2種は共存できない」などと表現されることがある。しかし，競争的排除が生じるのは，ニッチが非常に近くて，しかも内的自然増加率に差がある（すなわち，競争力が異なる）2種において，一方の個体数の増加によって他方の増加が妨げられる場合である。

　ヒメゾウリムシに替えて，同じく近縁種であるミドリゾウリムシ（*P. bursalia*）とゾウリムシを混合飼育すると，ミドリゾウリムシは容器の下層に，ゾウリムシは上層に分かれて共存する。このように，生活要求や資源の利用のしかたを違えることによってニッチの位置や幅が変わるときに，ニッチ転移（niche shift）という。このときに形態形質などの変化により共存を図る場

合が形質置換（character displacement）である。また，このように資源要求をずらして共存する現象を総称してニッチ分化（niche differentiation）という。

　b. 資源のパッチ状分布

　自然の環境の構造は均質ではなく，資源はパッチ状に散在するのが普通である。競争関係にある種が資源のパッチに集中的に分布する場合には，ニッチの分化がなくても種間競争が緩和され，多種の共存が可能になる場合がある。

　c. 環境変動による攪乱

　環境変動による攪乱が多種共存を促進する機構としては，①競争関係にある種の個体群密度が全体として低下し，必要な資源の相対的な量に余裕ができるために競争が緩和される，②競争において優位な種が取り除かれたり，または競争種間の優劣関係が攪乱によってときどき逆転したりするために，競争的排除の進行が中断する，③すみ場の微細構造が変化または多様化する，などがあげられる。

　Connell, J.H.（1978）は，攪乱の程度と群集の多様性の関係について，中規模攪乱説（Intermediate Disturbance Hypothesis）を提唱した（図6-6）。攪乱があると群集の中に隙間が生じ，新しい種が入り込む可能性ができるが，攪乱が頻繁に起きる環境では，そこに定着できる種は限られるため群集の多様性は低くなる。一方，

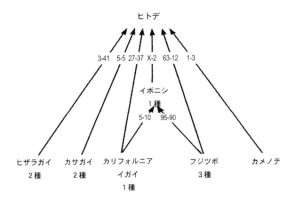

図6-7 ヒトデが下位の生物をどのような割合で捕食するかを示した模式図
図中の数字は，捕食者が摂食した食物生物の割合（%）を表す。
ハイフンの左側は個体数でみた割合，右側はカロリーでみた割合である。
[羽柴輝良監（2009）「応用生命科学のための生物学入門」改訂版，培風館より引用]

撹乱の頻度が低く，長期間にわたって安定した環境では，限られた資源をめぐって競争的排除が働くために，最終的には多様性が低下する。また，撹乱を受ける空間の範囲が大きすぎたり，小さすぎたりする場合にも多様性は高くならない。このため，群集の多様性は，中程度の撹乱のあるところで最も高くなるという仮説であり，多くの生物群集において適合することが確認されている。

d. 捕食

Paine, R.T. (1966) は，岩礁域潮間帯の固着性生物群集を対象として，多様性に対する捕食の役割を研究した。最上位の捕食者のヒトデを実験的に除去し続けると，1年後には小型で成長の速いイガイやカメノテに取って代わられた。この空間をめぐる競争はその後も続き，最終的にイガイが優占し，イガイとそれに付着する生物からなる単純な群集となった。固着性生物がすみ場を失って姿を消しただけでなく，ヒザラガイ類や大型のカサガイ類はすみ場と食物が不足したために，他の場所へ移動した。開けた空間に生息していた藻類，イソギンチャク類，カイメン類なども消滅した。

この実験結果は，肉食性の捕食者であるヒトデが，岩場表面の空間占拠競争における強力な優占種であるイガイを捕食することによって，イガイによるすみ場の独占が抑制され，多種の生物の共存が可能になっていたことを示している（図6-7）。この研究からPaine, R.T.は，「強力な捕食者の存在は，栄養段階下位の群集構成種のうち，競争に強く資源を独占しがちな種の優占を抑制し，群集全体の多様性の維持に貢献する」という捕食者仮説を提起した。この例における上位捕食者のヒトデは，前述のキーストーン種である。

■ 演習問題 ■

1) 自然における複数の種の個体群分布と生物群集との関係を図で示しなさい。
2) 生物種間の相互作用（捕食，競争，寄生など）について，項目ごとに具体例を挙げなさい。
3) ある種の生態的地位を決める主要な要因が3つの場合（ex.水温，塩分，pH）について，その種の生存可能な範囲を図で示しなさい。
4) R.T.Paineによる岩礁域潮間帯での継続的なヒトデの除去実験の終了後，この実験区を放置した場合，生物群集はどのように変化するか推論しなさい。

促進作用と生態系エンジニア：ある生物種の存在が，他種の資源の利用効率を高めるのが，促進作用（facilitation）である。また，特定の生物種群の活動による物理環境の改変が，別の種の資源利用に影響を及ぼすことを生態系エンジニアリング（ecosystem engineering）と呼び，その環境改変種のことを生態系エンジニア（ecosystem engineer）とよぶ。海洋においては，サンゴ礁を形成するイシサンゴ類，大規模な藻場を形成する大型褐藻類や海草類，岩礁潮間帯にイガイ礁を形成するイガイ類などは，沿岸の環境を改変することによって，多くの生物に生息場所を供給し，生物多様性に影響を与えるという意味において，生態系エンジニアであるといえる。

6-4　生態系の動態

6-4-1　生態系の構造

　生態系とは「一定の空間に生息する生物群集と物理的環境との相互作用から構成される複雑なシステム」のことで，自然のしくみを理解するために1935年，タンズリーにより提唱された概念である。エネルギーの流れと物質の循環を作り出しているまとまりとして捉えることもできる。

　陸上生態系では基礎生産者は光合成に必要な太陽光を受けるために重力に逆らって高く伸びる必要があり，セルロースやリグニンといった炭水化物からなる支持組織を発達させている。したがってよく目につく。一方海洋生態系では，光は浅層にしか届かないため基礎生産者は表層にとどまる必要がある。海洋の基礎生産者である植物プランクトンは，体を顕微鏡サイズに小さくすることによって単位体積当たりの表面積を増し，沈みにくくなっている。また栄養塩は海水に溶けているので細胞表面から吸収することができる。

　ここでは，陸上生態系，海洋生態系，農耕地生態系を取り上げ，それぞれの特徴を考える。

(1) 陸上生態系

　地球上の気候はいくつかのブロックに区分さ

れるが，それはまた植生分布とも対応している。このような対応が見られるのは，植物が環境による選択を受け，生存できるように熱収支の平衡を保ち，水分の調節をしているからである。また陸上生態系では，生産者である植物の特性が生態系の性格を極めて強く規定するので，植生の分類の単位（バイオーム：biome）がそのまま生態系の類別に利用されている。温暖で湿潤な熱帯の植物は，水を蒸発することによって熱を放散する。温帯地方では，夏は蒸発によって冷却効果を得ており，冬には多くの植物は完全に落葉する。これは土壌が凍結して水の利用ができない時期に，水分を保持するためである。さらに北方では，生産力を最大化する最良の解決法は，凍結に耐える常緑性の針葉形態を持つことである。地球上の植生の分布を決める主要な要因は，温度と乾湿度の地理的勾配である。図6-8は8つの重要なバイオームの分布を，年平均温度と年平均降雨量との関連で示したものである。

(2) 海洋生態系

　海洋環境は，大きく漂泳環境（pelagic environment）と底生環境（demersal environment）とに分けられる（図6-9）。底生環境とは，波打ち際，潮間帯から深海までの海底のことであり，漂泳環境とはその上の水柱のことである。海洋環境はまた，沿岸域と外洋域とに分けることができる。沿岸域は200 m以浅の海域であり，大陸棚の縁辺までと考えて良い。外洋域はそれより沖合の海域である。

　海洋に生息する生物は，沿岸域に生息するか外洋域に生息するかで沿岸性種とよばれたり，外洋性種とよばれたりする。また生活様式（生活型：life type）によってプランクトン（plankton），ネクトン（nekton），ベントス（benthos）に分けられる。このうちプランクトンとネクトンは漂泳環境に生息する生物で，プランクトンは流れに逆らって泳ぐことのできない生物と定義され，植物と動物を含む。ネクトンは遊泳力の大きな魚などの動物である。ベントスは底生環境に生息する植物と動物をさす。

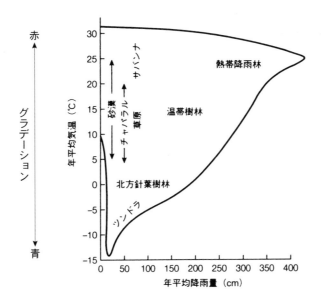

図6-8 8つの主要なバイオームの分布と年平均気温および年平均降雨量との関係
[Mackenzie, A., Ball, A.S. and Virdee, S.R. ／岩城英夫訳 (2001)
『生態学キーノート』, シュプリンガーフェアラーク東京より改変]

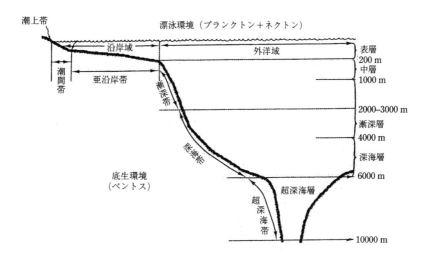

図6-9 海洋の基本的生態区分
[羽柴輝良監 (2009)「応用生命科学のための生物学入門」改訂版, 培風館より引用]

海洋生物の種の地理分布は、陸上生物ほどよく知られていない。これは外洋域で生物を採集する機会が限られていること、採集器具が統一されていないこと、海流によって本来の生息場所から遠く離れた海域に運ばれることがあること、生息場所が3次元的であり、分布が時空間的に変化すること等のためである。海洋の非生物的環境は水平よりも鉛直的に急激に変化する。例えば光は表層で強いし、栄養塩は深層で多く、生物も当然これら環境要因の影響を受ける。後述するように、海洋の一次生産は緯度によってではなく、栄養塩の得られやすさによって規定されている。

(3) 農耕地生態系

　農耕地生態系は、現在全陸地面積の約10%に相当する15億haを占めている。農業は、収穫の際に作物の形で元素を農耕地から取り除いてしまうので、これを補うために、たい肥や化学肥料を使用する。この肥料が作物に吸収されずに河川に流出してしまうと富栄養化の原因になり、問題をおこす。

　農耕地生態系を維持するためには、特定の作物の生長を促進するために施肥を行ったり、他の草本を除去するため除草剤散布等によって遷移(succession)を遅らせる不断の努力が必要である。また、殺虫剤を散布して食物連鎖を断ち切ったり、逆に食物連鎖を利用する場合(天敵の利用)もある。

　農業が引き起こす問題としては、肥料の河川や海洋への流出の他に水の過度の利用がある。最も劇的な例はアラル海の荒廃である。この巨大な内海は、かつて砂漠や半砂漠であった土地のワタ畑の灌漑用として過度に水を取り出したため面積が半分ほど減少してしまった。残った水も農業廃水によって著しく汚染されている。地球上の人口増加のため、生態系に負担のかからない農業が求められているが、その例は6-5節に述べられている。

　農耕地生態系の中でも水田は環境保全に役だっている。というのは水田は降水の流出を平均化させ、土壌侵食を防ぎ、気温の激変を和ら

げるからである。また水田には多量の灌漑水によって栄養塩類が供給され、湛水条件下ではラン藻類によって窒素固定が行われ、排水に伴い有害物質が除去されるなど、水田はきわめて生産性の高い安定した食糧生産の場となっている。

6-4-2　生物生産

　一定時間内に一定面積(水圏では一定容積とすることもある)内で生物が有機物を合成することを生物生産という。一次生産のうち呼吸に使われた分も含めた量を総生産(gross production)とよび、総生産から呼吸を差し引いた量を純生産(net production)とよぶ。陸上生態系の1年間の純生産量は、乾重量にして110〜120ギガトン(1ギガトン＝10^9トン)、海洋生態系の純生産量は50〜60ギガトンと推定されている。海洋は面積では地球の3分の2を占めるが、純生産では2分の1である。しかし陸上生態系における生産量は、多くが地上部分についてのものであり、地下部分(根)の生産量が見積もられれば倍になる可能性もある。

　陸上生態系では一次生産者は、重力に打ち勝って太陽光を得、また根を通して土壌から栄養塩を吸収し、体組織に運搬する必要があるため、炭水化物でできた支持組織を発達させている。一方海洋生態系では生物は水という媒体の中で生活しているため、重力に抗する努力は少なくてすむので頑丈な支持組織は必要としない。また栄養塩は体が接している海水の中に溶け込んでいる。植物プランクトンは体が小さく、表面積が相対的に大きいことで浮力を増しているし、栄養塩の取り込みが容易になっている。

　また体組成にも違いがあり、植物プランクトンは小型でタンパク質に富んでいるので、一次生産の大部分は一次消費者に食べられる。これに対して、陸上生態系の一次生産者は主に消化しにくい形の炭水化物からなっているので、せいぜい5〜15%が一次消費者に食べられるに過ぎない。

(1) 陸上生態系における生産

　森林生態系は、高層に達するため巨大な現存

表6-2 地球の植物現存量および純生産量

生態系タイプ	面積 (10^6 km^2)	現存量		純生産	
		単位面積 あたり (kg/m^2)	総量 (10^9 t)	単位面積 あたり (g/m^2)	総量 (10^9 t)
熱帯多雨林	17.0	45	765	2200	37.4
熱帯季節林	7.5	35	260	1600	12.0
温帯常緑林	5.0	35	175	1300	6.5
温帯落葉林	7.0	30	210	1200	8.4
亜寒帯林	12.0	20	240	800	9.6
ウッドランド・低木林	8.5	6	50	700	6.0
サバンナ	15.0	4	60	900	13.5
温帯草原	9.0	1.6	14	600	5.4
ツンドラ・高山帯草原	8.0	0.6	5	140	1.1
低木砂漠	18.0	0.7	13	90	1.6
氷雪・岩石・砂砂漠	24.0	0.02	0.5	3	0.07
農耕地	14.0	1	14	650	9.1
湿原	2.0	15	30	2000	4.0
陸水	2.0	0.02	0.05	250	0.5
全陸域小計	**149**	**12.3**	**1837**	**773**	**115**
外洋	332.0	0.003	1.0	125	41.5
湧昇域	0.4	0.02	0.008	500	0.2
大陸棚	26.6	0.01	0.27	360	9.6
藻場・サンゴ礁	0.6	2	1.2	2500	1.6
河口域	1.4	1	1.4	1500	2.1
全海洋小計	**361**	**0.01**	**3.9**	**152**	**55**
総計	**510**	**3.6**	**1841**	**333**	**170**

[羽柴輝良監(2009)「応用生命科学のための生物学入門」改訂版, 培風館より引用]

量を持つ(表6-2)。現存量は, 特に低緯度の熱帯雨林で多く, 高緯度の森林ほど小さくなる。陸上生態系における一次生産は, 一般に高緯度域より低緯度域の方が高い。このことは, 森林, 草原, 湖沼についてあてはまる。これは陸上生態系の一次生産が, 主に太陽放射と温度によって決定されていることを示唆している。ただし低緯度でも水が不足している地域の生産は低い。中でも熱帯雨林は最も生産が高く, 年間純生産量は37.4ギガトンに達する。次に高いのはサバンナ(13.5ギガトン)と熱帯季節林(12.0ギガトン)である。単位面積あたりの純生産量は熱帯雨林や湿原で高い。

(2) 海洋生態系における生産

陸上生態系と異なり, 海洋生態系では純生産が緯度によっては支配されない。これは海洋表層では栄養塩が欠乏しがちだからで, 河川水の流入する沿岸域や, 湧昇(upwelling)がみられ

る海域など, 栄養塩の供給が行われる海域で純生産が高い。単位面積あたりの純生産量は, 藻場やサンゴ礁, 河口域で高い。

海産無脊椎動物や魚類は冷血動物であり, 陸上に多い温血動物に比較してエネルギー消費が少ない。また海産動物は重力に抗するエネルギー消費が少なくてすむので, 運動のために消費するエネルギーも少ない。そのため海産動物では食物から得たエネルギーの多くを成長と再生産にまわすことができる。従って海洋の一次生産は地球全体の1/3〜1/2に過ぎないが, 高次生産は1/2以上に及ぶ。

6-4-3 食物連鎖と栄養段階

生態系における食物連鎖(food chain)は, 無機化合物から有機化合物を合成する生産者(一次生産者), 生産者を直接捕食する第一次消費者(第二次生産者), それを捕食する第二次消費者

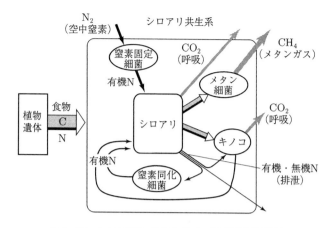

図6-10　シロアリに見られるC：N比問題解決法
［羽柴輝良監（2009）「応用生命科学のための生物学入門」改訂版，培風館より引用］

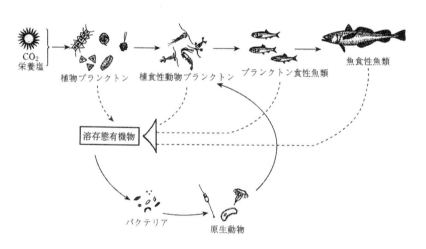

図6-11　海洋における生食連鎖と微生物環
［羽柴輝良監（2009）「応用生命科学のための生物学入門」改訂版，培風館より引用］

図6-12　生物量のピラミッド
（a）サンゴ礁，（b）イギリス海峡。ピラミッド図の縮尺はおおよそのもの。
［Mackenzie,A.,Ball,A.S.andVirdee,S.R. ／岩城英夫訳（2001）
『生態学キーノート』，シュプリンガーフェアラーク東京より改変］

……およびこれらの死体や排出物を分解する分解者のような栄養段階（trophic level）のつながりである。

(1) 陸上生態系における食物連鎖

植物にはじまって生態系の中を流れるエネルギーの移動経路には，植物が生きたまま植食動物に食われるところから出発する生食食物連鎖（grazing food chain）と，枯れてから動物や微生物に消費される腐食連鎖（detritus food chain）とがある。森林では一般に動物による葉の摂食は数％にすぎない。しかし，湿潤気候下の森林や草原群落では，1年間の純生産量の90％以上が腐食連鎖に流れているものと考えられている。森林では，全動物現存量の80〜90％がミミズ・トビムシ・線虫などの土壌動物であり，それらは鳥や哺乳類に較べ，著しく体が小さく，世代の回転が速いことから，土壌動物の生産力は現存量の比率以上に大きいものと推定されている。陸上生態系では腐食連鎖が圧倒的に重要である。

陸上の植物体のC:N比は40〜100:1であるが，これに対してバクテリア，菌類，デトライタス食者，植食性動物，肉食性動物などの従属栄養生物では8〜10:1である。従って従属栄養生物は植物のC:N比を変更して自分のC:N比に近づけるようなシステムが必要である。そのためには窒素を付け加えるか，炭素を選択的に除くか，しなければならない。シロアリでは窒素を付け加えるのに，腸内に共生させている窒素固定バクテリアの作用で空中窒素を固定して利用し，また自分の排泄物中に含まれる窒素を，共生するバクテリアや菌類によって同化（アミノ酸合成）して取り入れる道をとっている。また，メタン細菌を共生させて，メタンガスとして体外の炭素を排出している。このようなシロアリがもつ共生系は，森林内の物質循環に大きく寄与している（図6-10）。

(2) 海洋生態系における食物連鎖

海洋生態系の漂泳環境には2種類の食物連鎖が存在する。一つは珪藻など大型の植物プランクトンをカイアシ類などの一次消費者が食べ，これをプランクトン食性の二次消費者が食べ，更に魚食性の三次消費者が食べる生食食物連鎖（grazing food chain）である（図6-11）。食物連鎖よりも複雑に入り組んだ食物網（food web）の方が現実に近い物質やエネルギーの流れを示しているが，複雑なために定量的な解析は困難である。

各栄養段階の生物量を重ねるとピラミッド構造を示す場合もあるし，逆ピラミッド構造になる場合もある（図6-12）。植物プランクトンの生産に依存する食物連鎖では逆ピラミッド構造を示すことがあり，生産力は高いが生物量の小さい短命の植物プランクトンが，より大きな生物量を持つ長命の動物プランクトンを支えている。

生食食物連鎖に対して，バクテリアが大きな役割を果たす微生物環（microbial loop）も側鎖として同時に存在する。バクテリアはプランクトンなどの死骸や溶存態有機物を利用して増殖するが，小さすぎるのでカイアシ類などの植食性動物プランクトンはこれを食べることができない。そこで図6-11のように原生動物を介してバクテリアが生産した有機物を食物連鎖に取り込むことになる。これが微生物環とよばれるもので，従来海洋のバクテリアの多くは寒天培地では培養できず，現存量がよく分からなかったが，1980年代になってその重要性が分かり，微生物環の存在が知られるようになった。微生物環は，低緯度海域だけでなく，高緯度海域でも重要であることが明らかになってきた。

(3) トップダウンとボトムアップ

ある食物連鎖が捕食者の捕食圧によって支配されているとき，その食物連鎖は，トップダウンコントロールであるという。一般に基礎生産者が短命で，生長速度が速く，捕食者の捕食に素早く応答する時にトップダウンの傾向が大きい。一方でエネルギーや栄養塩の流れから生物群集を考えるとき，ある栄養段階はその一つ下位の栄養段階に大きな影響を受ける。食物連鎖が資源の得られやすさによって支配されているとき，その食物連鎖はボトムアップコントロールであるという。

生物多様性 (biodiversity)：種の豊富さだけでなく，種の下位レベルである個体間の遺伝子の多様性も含むし，種の上位レベルの生態系や生息場所の多様性も含まれる。生物の出現や組成の変化だけでなく，豊度（多い少ない），分布，行動の多様性（生物間の相互作用）も含まれる。さらに広くとらえると，人間の文化の多様性も生物多様性に入れることができ，他の生物や生態系に影響を及ぼしている。生物多様性は生態系サービスの基盤となっている（国連環境計画2007より）。

6-4-4　物質循環

　生命活動には元素や化合物が必要なので，生物はエネルギーを使って非生物的環境からこれらの物質を取り込む。生物体のほとんどの部分は水からできているが，それ以外の大部分は炭素化合物からできている。この炭素化合物にはエネルギーも蓄えられている。炭素は，光合成の際にCO₂として食物連鎖に入り込み，炭水化物，脂質，タンパク質となる。太陽エネルギーも光合成の際にこれらの物質に取り込まれ，食物連鎖に入り込む。生物が仕事のために，これら高エネルギー分子を消費するとき，エネルギーは熱として系外に出る。ここでエネルギーと炭素のカップリングは解消される。熱は大気に失われ，再利用されることはないが，太陽エネルギーは，絶えず供給されるので心配はない。これに対して炭素は再びCO₂として大気に放出される。

　ここではこの炭素と，同様に生物体の構成元素として重要な窒素の地球規模での循環を考える。

地球化学的循環と生物地球化学的循環：地球における元素の挙動は全体として「サイクルをなす物質輸送システム」であると考えることができ，これを「物質循環 (Matter cycle)」という。地球化学的循環 (Geochemical cycle) と生物地球化学的循環 (Biogeochemical cycle) とに大別できる。前者が大陸地殻の侵食や海洋

底への沈積など，無機化学的反応を主体とする循環に対し，後者は生物の生命活動が関与する循環である。物質循環にはエネルギーの流れを伴っており，物質循環とエネルギーの転送は生態系の最も重要な機能である。地球には持続可能な生物地球化学的循環が形成されており，その駆動力は多様な生物の生命活動である。

(1) 炭素の循環

　炭素は二酸化炭素だけではなく，一酸化炭素，メタン，炭酸イオン，重炭酸イオン，遊離炭酸，炭酸塩鉱物や生物を含む有機物質として存在している。炭素の自然における年間循環量は，大気と陸上植生との間では（光合成と呼吸），60ギガトン，大気と海洋との間では（ガス交換，光合成および呼吸），90ギガトンである（図6-13）。海洋は，炭素の最大の貯蔵庫であり，大気中の二酸化炭素濃度は海洋との交換で主にコントロールされる。

　化石燃料の燃焼により，年間6ギガトンの炭素が，また森林破壊により年間1.2ギガトンの炭素が大気中に放出されている。そのうち破壊された森林の再成長の効果，二酸化炭素や窒素の増加で生じる施肥効果による陸上の吸収，海洋の吸収の残り3.3ギガトンが大気中で毎年増加することになる。この値は地球上の全炭素量に較べると大変少なく見えるが，このわずかな変化の蓄積が地球生態系に大きな変化を与えることになる。化石燃料の燃焼による二酸化炭素放出量は，1860年から年率4％で指数関数的に増加している。森林破壊による二酸化炭素放出の増加は19世紀，20世紀初頭には主に温帯域で生じていたが，ここ数十年，熱帯域が主になっている。

(2) 窒素の循環

　大気の80％は窒素分子 (N₂) で構成されているが，N₂はきわめて安定で反応性が低い。生物反応で窒素を利用するには，窒素を他の元素と結合させる（固定）必要がある。N₂の一部は，燃焼や稲妻のような高温で化学的にO₂と反応して固定される（図6-14）。大気中で生成する窒素酸化

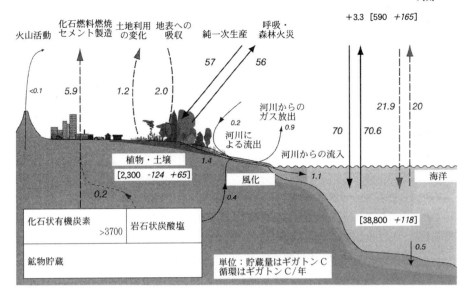

図6-13　炭素の現存量と循環（単位はギガトン＝10⁹トン）

実線の矢印は産業革命以前の循環で，波線の矢印は1980年代から1990年代にかけての平均的な人間活動による循環。括弧内の立体数字は産業革命以前の貯蔵量で，斜体数字は産業革命以降の変化量

[Sarmiento,J.L.andGruber,N.(2006)*OceanBiogeochemicalDynamics* PrincetonUniversityPressより改変]

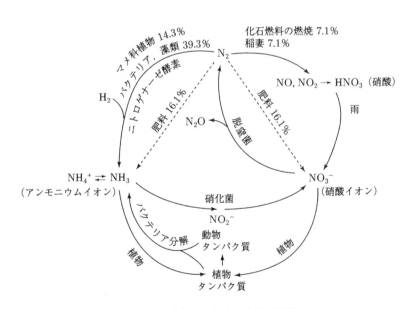

図6-14　生物圏における窒素の循環

[羽柴輝良監（2009）「応用生命科学のための生物学入門」改訂版，培風館より引用]

物は硝酸に変換され，雨で洗われ，その結果土壌に硝酸が供給される。しかし，このように大気中で固定される窒素の量では大量の植物の生産には不十分であり，ある種のバクテリア（マメ科植物と共生しているバクテリア）やラン藻（シアノバクテリア）という藻類が，N_2をNH_3に還元することで賄われている。植物は窒素源としてアンモニアを直接利用できるが，動物は植物を食べることによって窒素を獲得する。植物や動物が死ぬと，組織中の窒素はバクテリアに分解されてアンモニアになる。アンモニアは別のバクテリアによって酸化され，亜硝酸を介して硝酸に変換される（硝化nitrification）。固定された窒素が大気圏に戻されないと，大気圏の窒素のプールは枯渇してしまう。実際には脱窒細菌が硝酸を還元してN_2に戻すことで窒素が大気圏に戻され（脱窒denitrification），窒素サイクルが閉じている。

　古くから農業の肥料として用いられてきたのは動物の糞尿であるが，ここ数十年来次第に工業的に作られた化学肥料に置き変わってきた。世界の窒素肥料の生産は過去50年間に急激に増加し，マメ科植物による窒素固定量の2倍以上になっている（固定窒素量で年間9千万トン対4千万トン）。今日ではこれに化石燃料の燃焼による酸化窒素が毎年2千万トン加わる。窒素は食料生産性の向上に不可欠であるが，生態系を保全し，人間社会を持続的に発展させるためには窒素循環の合理的管理が必要である。

生態系サービス：生物多様性が人間およびその他の生物に提供すると考えられる利益のことで，供給サービス（食物，木材，繊維，燃料，水など），調整サービス（洪水や気候のコントロール），文化的サービス（精神的，リクレーション，文化的）と支持サービス（栄養塩循環，土壌形成など）からなる。現在では，供給サービスに対する人類の要求が高まったために，生態系サービスの60％が劣化したり，持続可能なレベルを超えて利用されたりしている（国連環境計画2007より）。

■ 演習問題 ■
1）多様性と生態系の安定性の関係について述べよ。
2）陸上生態系の一次生産者と海洋生態系の一次生産者ではC：N比が異なることを知った。このような生物体の元素組成を研究する学問分野を化学量論（stoichiometry）とよぶ。上記以外の生物の化学量論について，具体例をあげ，その内容を記述せよ。
3）海洋にはバクテリアが非常に多いことが明らかになった経緯を説明せよ。
4）トップダウンとボトムアップの具体的な例を記述せよ。

6-5　地球環境の変化と生態系の保全

　世界人口は膨張を続けており，1950年から2015年の間の平均で年間約7500万人増加し，2015年には73億人を超えた。2050年の人口は97億人に達すると予測されている（UN, 2018）（図6-15）。このような人口増加と人間活動の高度化によって，生物活動が活発な生物圏（biosphere）とそれを支えている気圏，水圏，陸圏では汚染や破壊が進行しつつある。微量ガス濃度の上昇による温暖化，オゾン層の破壊，酸性降下物，海洋汚染，森林破壊，砂漠化，といった地球規模の環境破壊と栄養塩・農薬・重金属による水質汚染などの地域環境破壊は，生物圏を構成する多様な生態系に深刻な影響を与え，生物多様性は減少しつつある。

　人類が地球上で生きていくには，生活する場の環境を良好な状態に維持し，食料生産の場（農地や海洋）と生産力を保全すると同時に，多様な生態系を保全することが不可欠である。農地を含む多様な生態系は，食料，水，空気を供給・浄化し，気候を調整し，栄養循環・土壌形成を担うなどの生態系サービスを通じて人類の生存を支えている。この機能を維持するためには地球の無機的環境とともに生物多様性を保全しなくてはならない。

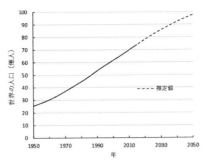

図6-15 世界人口の推移と予測
（国連統計データ（World Population Prospects 2017. 2018, https://population.un.org/wpp/）をもとに作図した。）

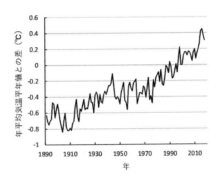

図6-16 世界の年平均気温平年差の推移（1981 ～ 2010年の30年平均値に対する差，℃）
（気象庁（http://www.data.jma.go.jp/cpdinfo/temp/list/an_wld.html）のデータを引用し，作図した。）

6-5-1 地球環境の変化と生態系への影響

(1) 温暖化

IPCC5（気候変動に関する政府間パネル第5次評価報告書，2014）では，「人間による影響が20世紀半ば以降に観測された温暖化の支配的な原因であった可能性が極めて高い」と記述されている。これにより，地球温暖化は現実の問題であること，その原因は人為起源の温室効果ガスの増加による，ということが明らかにされた（図6-16）。

18世紀の産業革命以降，人間活動の拡大に伴って大気中の微量ガスの濃度は急激に増加し，2017年の二酸化炭素，メタン，亜酸化窒素の大気中濃度はそれぞれ406 ppm，1859 ppb，330 ppbにまで達している（World Meteorological Organization，2018）（図6-17）。これらのガスは，太陽光線を吸収して熱せられた地表面から放射される赤外線を吸収して大気温度を上昇させる効果（温室効果）を持つ。大気中の濃度，1分子当たりの赤外線吸収量および大気中での寿命をもとに計算した温暖化への寄与は，二酸化炭素が76％と最も大きく，次いでメタン，亜酸化窒素，フロン類となっている（図6-18）。世界人口の推移，経済成長速度，経済構造，環境技術の進歩・導入などの程度に依存した数種の想定シナリオによって異なるが，IPCC5によれば，2100年前後（2081 ～ 2100年の平均）の二酸化炭素換算濃度（放射強制力による換算）は475 ～ 1313 ppmに増加し，地上の年平均気温は1995年前後（1986 ～ 2005年の平均）に比べて，0.3 ～ 4.8℃上昇すると予測されている。

工業化以後の大気中の二酸化炭素濃度上昇の主原因は化石燃料の使用であり，土地利用の変化（森林から農地への転用による樹木と土壌に固定された有機態炭素の放出）も寄与している。メ

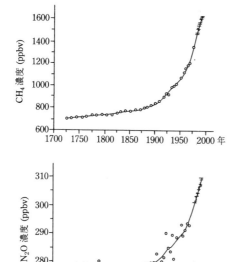

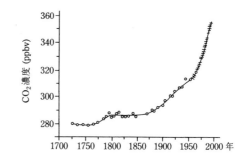

図6-17　大気中の温室効果ガス（二酸化炭素，メタン，亜酸化窒素）の濃度の変化
南極氷床コアの分析値（○）および直接観測（CO$_2$，N$_2$O：南極点，CH$_4$：タスマニア島ケーブグリム）による観測値（＋）から得られた年平均濃度。
［羽柴輝良監（2009）「応用生命科学のための生物学入門」改訂版，培風館より引用］

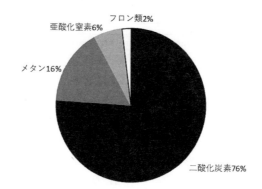

図6-18　2010年の世界の人為的温室効果ガス排出量
（IPCC第5次評価報告書第3作業部会報告書技術要約 (https://www.ipcc.ch/site/assets/uploads/2018/02/ipcc_wg3_ar5_summary-for-policymakers.pdf) より作図）

タン濃度の増加は農業（湛水された水田や反芻動物から放出される）や化石燃料の使用といった人為起源が主である。亜酸化窒素の総排出量の3分の1以上は人為起源であり，主として農業（主に，化学肥料などに由来するアンモニア態窒素が畑地において硝酸に変化する過程で生成）に由来する。

このような地球温暖化（global warming）は地球上の水循環，海水位，気象，人間の健康，生態系に重大な影響を与える。IPCC5では以下の主要な8つのリスクを高い確信度で予測している。

①高潮，沿岸域の氾濫及び海面水位上昇による，沿岸の低地並びに小島嶼開発途上国及びその他の小島嶼における死亡，負傷，健康障害，生計崩壊のリスク。

②いくつかの地域における内陸洪水による大都市住民の深刻な健康障害や生計崩壊のリスク。

③極端な気象現象が，電気，水供給並びに保健及び緊急サービスのようなインフラ網や重要なサービスの機能停止をもたらすことによるシステムのリスク。

④特に脆弱な都市住民及び都市域又は農村域の

屋外労働者についての，極端な暑熱期間における死亡及び罹病のリスク。

⑤特に都市及び農村におけるより貧しい住民にとっての，温暖化，干ばつ，洪水，降水の変動及び極端現象に伴う食料不足や食料システム崩壊のリスク。

⑥特に半乾燥地域において最小限の資本しか持たない農民や牧畜民にとっての，飲料水及び灌漑用水の不十分な利用可能性，並びに農業生産性の低下によって農村の生計や収入を損失するリスク。

⑦特に熱帯と北極圏の漁業コミュニティにおいて，沿岸部の人々の生計を支える，海洋・沿岸生態系と生物多様性，生態系の財・機能・サービスが失われるリスク。

⑧人々の生計を支える陸域及び内水の生態系と生物多様性，生態系の財・機能・サービスが失われるリスク。

(2) オゾン層の減少

成層圏中のオゾン層（O_3濃度が高い層）は，太陽からの有害な紫外線を吸収し，地上の生物を保護している。ハロカーボン類や亜酸化窒素は対流圏では安定なために，その上層にある成層圏オゾン層に達し，オゾンの触媒的な分解を進行させる（オゾン層の破壊）。氷粒子がオゾン分解能の高いCl_2やHOClの生成に触媒的に作用するために，南極のオゾン層は極端に希薄になりオゾンホール（ozone hole）が生じる。オゾンホールは1980年代から1990年代にかけて急激に増加し，その後は拡大傾向はみられず，年次変動が大きくなっている。オゾンホールが出現する南半球では紫外線量の増加は深刻な問題となっており，この地域では1980年代前半と比べて紫外線量が6〜14％増加したと推定されている。フロン類は塩素を含み，化学的に安定（不燃性，非爆発性）で，冷媒や電子・機械部品の洗浄などに使用されているが，この塩素がオゾン分解の原因となるCl_2やHOClの給源になっている。オゾン層破壊によって増加する紫外線は大部分がUV-B（280〜315 nm）である。成層圏オゾン量が1％減少すると，地表のUV-B量は2％増加すると予想され，それによって皮膚ガンの発病率が3％増加するとされている。また，オゾン層の減少は成層圏の気温低下をもたらし，気候変化の原因にもなる。植物に対してUV-BはDNAの損傷以外に光合成の電子伝達系や酵素反応の阻害を起こし成長を阻害するために，作物の減収や生態系にも影響すると考えられる。しかし，植物体内での紫外線吸収物質の産生による適応や可視光による緩和が生じるため，紫外線増加の農業や生態系への影響は複雑である。

(3) 酸性雨

酸性降下物は化石燃料の燃焼に伴う二酸化硫黄や窒素酸化物，およびこれらが大気中で酸化されて生成した硫酸や硝酸である。大気中の二酸化炭素と平衡にある水のpHは5.6である。したがって，一般には酸性雨はpHが5.6未満の雨，霧を指すが乾性降下物も含めることもある。雨中のアンモニアは酸性物質を中和するが，土壌中では微生物によって硝酸に変化するため，潜在的な酸性物質である。これらの酸性物質は局地的に発生するが，気流により長距離輸送され，その影響は国境を越えて広域に及ぶ。酸性雨が植物に直接付着した場合，pH3以下では成長抑制が起こるが，pH4〜5の場合では影響は少ない。

酸性雨の生態系におよぼす影響としては，土壌酸性化を通じた森林生態系への影響と湖沼の酸性化による水生生物への影響が懸念されている。酸性雨により多量の水素イオンが土壌に添加されると，塩基養分の溶脱の後に土壌の溶解によりアルミニウムイオンや重金属イオンの溶出が起こる。土壌中でこれらの濃度が高まると植物根や土壌微生物の活性が低下し，森林衰退の原因となる。また，湖沼では底質からの有害金属イオンの溶出により水生生物が死滅する。ドイツのシュバルツバルトでは75％の森林が酸性雨により被害を受けているとされている。しかし，酸性雨と森林衰退との因果関係は不明な部分もあり，森林後退の原因解明が急がれている。

(4) 水の汚染

人間活動の拡大や鉱工業生産の増大に伴い，有機物や窒素，リンの栄養塩類による富栄養化

(eutrophication)，鉱工業排水や廃棄物に由来する重金属，農薬などによって水が汚染されている。

工場排水，生活排水，畜産排水，肥料が過剰に施用された農地からの表面流去水とともに窒素とリン酸が水系に多量に流入すると，プランクトンや藻類の大量発生を招き，赤潮やアオコ（水の華）が発生する。これらが起こると溶存酸素が減少し，多様な生物の死滅や分解生成物による悪臭や有害物質の発生を招く。また，赤潮中の渦鞭毛藻やアオコ中のラン藻には動物に対する毒性物質を含むものがあり，アオコ中のMicrocystisやAnabaenaはミクロシスチンという肝臓毒を含むことが知られている。農地に肥料や畜産廃棄物が過剰に施用された場合，硝酸イオンは土壌にほとんど吸着・保持されないので地下に浸透し，地下水汚染の原因となる。また，農地や上流部のゴルフ場に散布された農薬や半導体工場などで使用されたトリクロロエチレンなどの揮発性有機塩素化合物による地下水汚染，難分解性のDDTやPCBなどの有機塩素化合物による海洋汚染，鉱工業排水に含まれる

カドミウム，水銀，鉛などの重金属による水質汚染，などが複雑にからみあった水質汚染が進行している。

農薬や重金属，あるいは生殖異常を引き起こすとされているダイオキシン類などの内分泌撹乱化学物質は，脂肪組織に蓄積しやすく，生物濃縮によって食物連鎖の上位の動物で飛躍的に濃度が増加する。そのために水系での濃度が低くても，難分解性である場合は長期にわたって広域の生態系に影響する。

(5) 土地の荒廃

持続的で高い食料生産を行うには，土壌が肥沃で安定していることが必要である。しかしながら，地球の土壌は劣化しつづけている（図6-19）。ブラジルのリオ・デ・ジャネイロで1992年に開催された国連環境開発会議（地球サミット）において，砂漠化（desertification）は，「乾燥・半乾燥ならびに乾性半湿潤地域における気候上の変動や人間活動を含む様々な要素に起因する土地の荒廃（land degradation）である。」と定義された。国連環境計画（UNEP，1997）によれば，これまでに地球の陸地の15％に相当する約20億

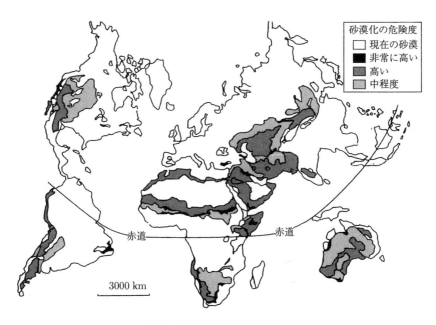

図6-19　世界の砂漠化地図
［羽柴輝良監(2009)「応用生命科学のための生物学入門」改訂版，培風館より引用］

haの土地が人間活動によって荒廃し，その原因は家畜の過放牧（35％），森林伐採（29％），過剰耕作および不適切な灌漑（28％），植生の過利用－燃料用木材の過剰採取（7％）および産業開発や都市の拡大（1％）であると推定されている。土壌劣化の要因としては，土壌浸食による土壌の喪失（水食が11億ha，風食が5.5億ha）が最も多く，次いで化学的劣化（2.3億ha）と物理的劣化（0.8億ha）となっている。

　水分不足によって疎林や草原しか成立しない半乾燥地では，家畜の放牧を過度に行うと，植生が回復できず，裸地化する。また，湿潤地域では傾斜地や起伏地に同じ作物を連作すると，土壌が裸地になる期間が長くなり，水食や風食を受けやすくなる。このような土壌侵食によって肥沃な表土が失われ，作物生産力は急激に低下し，乾燥地域では植生が回復できなくなり，砂漠化していく。

　焼き畑農業，家畜の放牧，燃料用および工業用木材獲得のために森林伐採が行われている。森林が伐採されると，植生からの有機物供給の停止，土壌有機物の酸化分解による土壌構造の退化，水分貯留力の低下によって侵食を受けやすくなる。最終的には養分に富む表土が失われることにより植生が回復できなくなり，砂漠化していく。特に，熱帯林においては，もともと表土が薄いうえに，侵食によって失われると，植物の生育に必要な養分が枯渇し，植生回復は非常に困難になる。森林の破壊は固定された二酸化炭素のストックを大気に開放することにもなるので，地球温暖化抑止の観点からも森林の維持・回復は重要である。

　土壌の化学的劣化には重金属や農薬による土壌汚染と塩類集積によるものがあり，物理的劣化には過度の耕作による土壌構造の破壊や大型農業機械による土壌圧縮などがある。乾燥地，半乾燥地では，塩類を下層に多量に含むために不適切な灌漑を行うと，毛管現象によって下層の塩類が表層に集積し，塩類化／アルカリ化によって多くの植物は生育できなくなる。工業化や農業の機械化が進んだ地域では，土壌汚染と土壌圧縮によって土壌劣化が進行している。

6-5-2　環境・生態系の保全と持続的食料生産の調和

（1）環境変化と食料生産

　環境悪化は直接的に食料生産に大きな影響を与え，生物多様性の低下は生態系サービスの劣化を通じて食料生産の持続性をおびやかす。食料生産の持続性を高めるには，大気，水，土壌環境と生態系を保全することが不可欠である。作物残さ・家畜排泄物などの有機物を土壌に還元し，多様な作物を輪作・混作することなどによって農地の生産力が維持され，同時に農地生態系の環境保全機能（土壌保全，水質浄化，大気浄化，物質循環など）が高く維持されてきた。現代では，化石エネルギー，農薬，肥料の多量投入によって労働生産性と単位面積当たりの作物収量が飛躍的に向上したが，一方で農業による他の生態系の汚染と破壊は無視できなくなってきている。

　先進国では，農薬，化学肥料の不適切な使用や集約的な大規模畜産が，河川，湖沼，地下水の農薬や硝酸塩による汚染，窒素・リン酸の多量流出による水系の富栄養化問題を引き起こしている。また，トウモロコシなどの連作栽培地域では激しい表土侵食によって土壌生産力が低下し，一方で豊富な養分を含む土壌が流入した水系では深刻な水質汚染を引き起こしている。経済基盤や土壌資源が脆弱な開発途上国では，人口増加に見合う多量の食料を生産するために，過度な焼畑農業，過耕作，過放牧によって森林破壊や土壌荒廃が生じている。また，牛などの反芻動物と水田生態系は温室効果ガスであるメタンの発生源であり，過剰に肥料が施肥された畑地は温暖化とオゾン層破壊の原因となる亜酸化窒素の発生源でもある。

　一方で，地球環境の変化は農業生産に大きな影響を与える（図6-20）。二酸化炭素濃度の上昇による作物の光合成活性の増大や蒸散抑制は作物生産を増加させるが，気温上昇は作物や家畜の高温障害，土壌水分不足，土壌有機物の

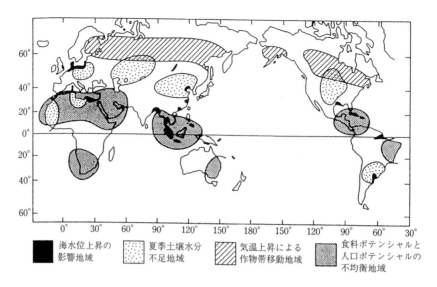

図6-20　二酸化炭素濃度が2倍になった温暖化気候の食料生産への影響予想
［羽柴輝良監(2009)「応用生命科学のための生物学入門」改訂版，培風館より引用］

凡例:
■ 海水位上昇の影響地域
⋯ 夏季土壌水分不足地域
╱ 気温上昇による作物帯移動地域
▨ 食料ポテンシャルと人口ポテンシャルの不均衡地域

減少，病害虫の発生増加を招き，作物生産を低下させる要因となる。温暖化によって作物栽培適地は移動または消滅する可能性がある。エジプト，東南アジア，中国などの大河川の河口三角州は世界で最も肥沃な土地であるが，これらは海水位上昇によって失われるか，海水遡上によって農業用水の確保が困難になる可能性がある。中緯度地域に分布するカザフスタン，中国，アメリカ合衆国，アルゼンチンなどの主要な畑作地帯では，もともと夏期の水分が不足しやすく，温暖化によって水分不足が激化し，食料生産力の低下が予測されている。一方，従来寒冷であった高緯度地域では温暖化によって気候条件は良くなるが，もともと土地が痩せているので現在の中緯度地域に匹敵する作物生産力を期待するのは困難とされている。熱帯林を中心とした森林生態系の破壊は生物多様性の劣化の主要な原因となっている。森林破壊は温暖化を促進し，陸圏における水資源の枯渇を助長し，転用された農地の不適切な土壌管理は土壌流出による水系の富栄養化問題を深刻にしている。環境破壊，生物多様性喪失，食料生産の持続性劣化の三重苦を招いている。農地からの有機物・栄養塩類・有害物質の流出は水系の富栄養化や汚染を引き起こし，水資源の破壊とともに水産業に多大な負の影響を与えている。

(2) 生態系の保全と持続的食料生産

これまで見てきたように，食料生産を支える土地資源と水資源が劣化しつつある状況の中で新たに増加する人口を養うことが求められている。一人当たりの穀物収穫面積は，穀物栽培面積が大きく増加しなかった一方で人口の急激な増加によって1950年は0.23haであったが，2017年は0.10haへと大幅に低下した。穀物生産量の増加は，農地開発と単位面積当りの生産量の増加によるものであり(図6-21)，その要因は，高収量品種の育種，化学肥料・農薬の多投入，灌漑およびこれらをバックアップしてきた各種の農業技術である。一方で，窒素・リン酸肥料，農薬，水資源の多量使用は水系汚染，生態系劣化を招く原因の一つとなっている(図6-22)。農地生態系の物質循環ポテンシャルを超えた過度の利用は土壌劣化と自然生態系の破壊を引き起こし，人間の生存を直接脅かすことになる。環境と生態系を保全しつつ，食料生産を持続的に増加させることが求められている。そのために

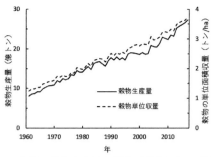

図6-21 世界の穀物生産量と耕地面積あたりの穀物収量
(国連食糧農業機関の統計データ (FAOSTAT, 2019, http://fac.org/faostat/en/#data) をもとに作図)

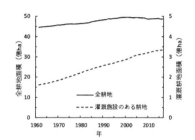
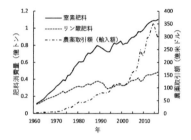

図6-22 世界の食糧生産に関係する耕地面積,灌漑面積,化学肥料および農薬使用量の推移
(国連食糧農業機関の統計データ (FAOSTAT, 2019, http://fac.org/faostat/en/#data) をもとに作図)

は,農地生態系の物質循環機能を回復し,農業による環境負荷を最小限にし,自然生態系からの恩恵(生態系サービス)を有効に活かすことが重要である。その具体的な方法として様々な技術が提唱されている。EU(ヨーロッパ連合)では「環境保全型(あるいは粗放型)農業」,アメリカ合衆国では「低投入持続的農業(LISA:Low Input Sustainable Agriculture)」,わが国では環境保全型農業(農業の有する物質循環機能などを生かし,環境との調和などに留意しつつ,土づくり等を通じて化学肥料,農薬等の使用による環境負荷の軽減に配慮した持続的な農業)が提案,実行されている。

これらの農法を具体化するために様々な技術が検討されている。土壌資源と水資源の保全には,アグロフォレストリー(agroforestry),不耕起栽培などの保全耕法(conservation tillage),環境浄化への水田の積極的活用などが挙げられる。アグロフォレストリーは焼畑林業,混牧林などとよばれる農地と林地の持続的なローテーションである。アレイクロッピング(alley cropping)は,その例の一つで,傾斜地の等高線に沿って4〜6m間隔に植えたマメ科樹木の間にトウモロコシ,キャッサバ,コーヒーなどの作物を栽培する方式である。これにより,樹木によって土壌侵食を防止し,その窒素固定と下層の養分を循環利用することにより土壌保全・地力維持(生産の持続性)がはかられる。保全耕法では,地表面の作物残さと不耕起によって土壌侵食が効果的に抑制され,さらに耕耘省略による省力・省エネルギーによる温室効果ガス発生抑制効果も大きい。水田農業はそもそも連作障害や土壌侵食が起こりにくく,灌漑水を通じた上流からの栄養分を効率的に活用しうる持続的な高生産性農業システムである。さらに,水田は洪水防止・水源かん養・土壌侵食防止・水質浄化などの環境保全機能が高く,畑を含めた日本の農業全体でのこれらの機能は年間約6兆

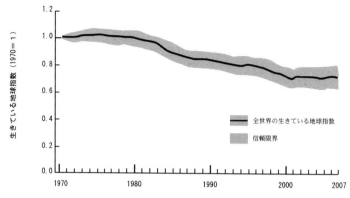

図6-23　全世界の生きている地球指数（LivingPlanetIndex）
（LivingPlanetReport2010：世界自然保護基金／ロンドン動物学協会（2010）より引用し，作図した。）
生きている地球指数（LPI）は世界の生物多様性の状態を示す指数である。2544種の鳥類，ほ乳類，両生類，爬虫類および魚類の7593個体群の変動を測定した3つの指数の平均値である。1970年〜2007年の間に，LPIは約30％減少したとされている。灰色部分は信頼限界を表す。

円になると試算されている。農薬・肥料の使用量を合理的に削減することは水質汚染を抑制し，生態系への負の影響を緩和するために非常に重要である。そのためには病害虫の発生予察・土壌診断に基づいた資材施用量の決定，生態系内で代謝されやすい農薬の開発，天敵生物を活用した病害虫防除法，除草剤に依存しない総合的雑草防除法の開発，肥料の利用効率を飛躍的に高める施肥技術，土壌養分を過度に蓄積させない畜産廃棄物の循環利用技術などがある。水産資源の持続的再生産のためには海洋資源の評価と適正管理に加えて，陸圏－水圏のつながりを解明することも重要である。

　今，地球上では生物がこれまでにない速度で絶滅し，生物多様性が喪失している（図6-23）。生態系の安定と機能の土台となるのが生物の多様性である。生物多様性を食料生産に活かし，農業によって保全することは可能だろうか？森林は水資源をかん養し，食料生産を支えていることはよく知られているが，森林が生物多様性を通じて，大きな恩恵をもたらすことが明らかになっている。コスタリカのコーヒー園では森林に接している領域では20％高い収穫があった。これは，森林からハチが飛翔し，受粉効率を向上させていたのである。また間作（他の作物を

畝の間に栽培する）によって農薬に依存しない野菜栽培が可能である。これは，間作作物に多くの昆虫が集まり，それを捕食する天敵昆虫の密度が高まり，野菜害虫の密度を低下させるためである。これらの例は農地およびその周辺の生態系の生物多様性を高めることが作物栽培にメリットがあることを示している。生物間相互作用をうまく活用しながら生態系を保全しうる好例である。また，農地生態系を生物多様性保全に活用する試みがなされている。冬期間に水田に湛水する（冬期湛水水田）ことによってマガンやハクチョウの夜のねぐらを創出し（宮城県大崎市），湛水期間の延長と水稲の有機栽培によってドジョウやカエルなどの水田生物を増加させ，一度は絶滅したコウノトリ（兵庫県豊岡市）やトキ（新潟県佐渡市）のえさ場を創出し，野生復帰に活かそうという試みが行われている。これは，農地生態系を自然生態系の保全・回復に活用する"賢明な利用（wise use）"の好例である。人間の工夫と知恵によって環境，生態系の保全は食料生産と調和しうるのである。

冬期湛水水田による生物保全〜生物の保全と
食料生産を調和させる試み〜：世界的な生物
多様性の喪失が明らかになってきている。そ
の原因は環境破壊や生物の生息地の分断・喪
失であり，そのことに人間活動が大きく影響
している。大型の水鳥は，食物網の上位に位
置し，ドジョウやカエルや昆虫をエサとする
ため，多様な生物が豊かな環境でないと生存
できない。これらは，里地の生物多様性を象
徴する生物といえる。自然湿地が急速に失わ
れつつある中で，水田は自然湿地の機能を代
替することが期待されている。しかしながら，
基盤整備による水田の乾田化や水田と排水路
との遮断，過度の農薬使用等によって，水田
の生物保全機能（多面的機能の一つ）は低下し
ている。

　近年，わが国では一度は絶滅したコウノト
リ（兵庫県豊岡市）やトキ（新潟県佐渡市）の人
工繁殖に成功し，自然に帰す試みが行われて
いる。これらの肉食の水鳥の自然復帰を成功
させるカギは水田が握っている。河川などの
自然湿地に加えて，水田にエサとなるドジョ
ウやカエルが豊かであることが必要になって
くる。そこで，普通は水の無い冬期の水田に
水を張り（冬期湛水水田），水稲栽培は農薬使
用を減じた方法で行われる，冬期湛水・有機
栽培が注目されている。産卵や成長に水辺が
必要な，これらの生物は冬期湛水によって豊
かになり，コウノトリやトキの生存を支えるこ
とが期待されている。さらに，冬期湛水・有
機栽培は絶滅が心配されているメダカやいく
つかのアカトンボなどの身近な生きものを復
活させるかもしれない。生物に配慮した農法
で栽培されたコメは，「生きものブランド米」と
して都市住民に知られ，支援の輪が広がって
いる。生物保全と持続的な食料生産を調和さ
せる試みである。

■ 演習問題 ■

1)農業は地球環境や生態系にどのような影響を
　与えているか説明せよ。

2)生態系の保全は食料生産にどのようなメリッ
　トがあるか具体例をあげ，説明せよ。

■ 参考図書 ■

1)日本生態学会（編）(2004)：生態学入門，東京
　化学同人
2)宮下直・野田隆史(2003)：群集生態学，東京
　大学出版会
3)佐藤宏明・山本智子・安田弘法（編著）(2002)：
　群集生態学の現在，京都大学学術出版会
4)内田俊郎(1998)：動物個体群の生態学，京都
　大学学術出版会
5)伊藤嘉昭・山村則男・嶋田正和(1992)：動物
　生態学，蒼樹書房
6)Elton, C.S.著・（翻訳書）川那部浩哉ほか（共
　訳）(1989)：動物の生態，思索社
7)Elton, C.S.著・（翻訳書）川那部浩哉（監訳）
　(1990)：動物群集の様式，思索社
8)Pianka, E.R.著・（翻訳書）伊藤嘉昭（監修）：
　(1980)進化生態学（原書第2版），蒼樹書房
9)川那部浩哉（監修），東正彦・安部琢哉（編）
　(1992)：シリーズ地球共生系1. 地球共生系と
　は何か. 平凡社
10)Begon, M., Harper, J.L., Townsend, C.R.
　(1996): Ecology, 3rd ed. Blackwell Science
11)Lalli, C.M., Parsons, T.R. (1997)：*Biological
　Oceanography: an Introduction*, 2nd ed.
　Butterworth-Heinemann
12)Spiro, T.G., Stigliani, W.M.著・（翻訳書）岩
　田元彦・竹下英一（訳）(2000)：地球環境の化
　学，学会出版センター
13)United Nations Environment Programme
　(2007): Global Environment Outlook GEO4
　environment for development
14)Mackenzie, A., Ball, A.S., Virdee, S.R.著・
　（翻訳書）岩城英夫（訳）(2001)：生態学キー
　ノート，シュプリンガーフェアラーク東京
15)FAO国連食糧農業機関(2019)：統計データ
　(http://www.fao.org/faostat/en/#data)
16)IPCC (The Intergovernmental Panel on
　Climate Change. 2014)：Fifth assessment

report (http://www.ipcc.ch/about/)

17) United Nations Environment Programme (UNEP) (1997) : World Atlas of Desertification 2nd Edition.

18) WMO (World Meteorological Organization, 2018) : Greenhouse Gas Bulletion No.14 (https://www.wmo.int/pages/prog/arep/gaw/ghg/GHGbulletion.html)

遺伝資源の利用と保全

我々は多種多様な生物の中から我々にとって都合の良い性質や形質を選び出し，食料や素材として利用している。このような多様性は遺伝的な多様性のもとに成り立っている。それぞれの種が永い時間をかけてさまざまな環境や環境変動，生態的地位に適応してきた結果，このような多様性が生み出されてきたと考えられている。

生物の多様性はいくつかの階層に分けられる。Noss（1990）によれば生物多様性のにおける階層性と要素は，1）遺伝子 Gene，2）種 Species または個体群 Population，3）群衆 Community または生態系 Ecosystem，4）景観 Landscape である（表7-1）。遺伝的多様性は種や個体群の多様性のもととなり，さらには生態系や景観の多様性のもとにもなっている。このような，生物が環境の影響を受けるだけではなく環境へも影響を与えているという考え方は1960年代にジェームス・ラブロック（Lovelock, J.）により提唱された。ラブロックにより地球自体を地球と生物が相互に関係し合い環境を作り上げているある種の巨大な生命体とみなすことができるとする「ガイア仮説（ガイア理論）：Gaia Hypothesis」が提唱され，生物の環境へ及ぼす影響の重要性が示された。当初この考え方には強い批判もあったが次第に受け入れられるようになった。1980年代になると生物の多様性を遺伝的な資源，遺伝資源（Genetic Resources），として捉え，永続的に利用するため，あるいは地球環境の維持のために保全する必要があるという考えが示されるようになった（フランケルとソレー：Frankel, O.H. and Soule, M.E. 1981）。近年の人口増加に伴い，食糧生産の増加が重要な課題となっている。このような問題に対しては短期的，長期的両面での対応が必要となるが，多くの場合，科学技術による近視眼的・部分的な措置が主流となって

表7-1　生物多様性における階層性とその要素

階　層	組成的要素	構成的要素	機能的要素
景　観	景観タイプ	景観パターン	景観過程とその分布 土地利用傾向
生態系	生態系タイプ	相観パターン ハビタット構造	種間相互作用 生態系過程
種・個体群	種・個体群	個体群構造	生活史 個体群統計過程
遺伝子	遺伝的組成	遺伝的構造	遺伝的過程

表7-2　生物分類の変遷

リンネ 1735年	ヘッケル 1894年	ホイタッカー 1969年	ウーズ 1977年	ウーズ 1990年	アドル 2005年	
二界説	三界説	五界説	六界説	3ドメイン説	3ドメイン12界説	
	原生生物界	モネラ界	真性細菌界	真性細菌ドメイン	真性細菌ドメイン	真性菌界
			古細菌界	古細菌ドメイン	古細菌ドメイン	ユリアーキオータ界
						クレンアーキオータ界
		原生生物界	原生生物界	真核生物ドメイン	アーメボゾア上界	アーメボゾア界
					バイコンタ上界	エクスカバータ界
						リザリア界
						ハクロビア界
						ストラメノバイル界
						アルベオラータ界
植物界	植物界	植物界	植物界			植物界
		菌界	菌界		オピストコンタ上界	菌界
動物界	動物界	動物界	動物界			動物界

いる。しかし，遺伝資源を有効に，持続的に利用し続けるためには地球全体の大きな生命の流れに配慮した長期的な措置も必要となってくる。

　本章では遺伝資源の持続的利用と保全のために集団の遺伝的組成をどのように定量化しどのように維持するか，遺伝資源として存在する多様な遺伝子の中からどのように人類にとって有用な形質を選び出し固定化するか，保全にとってどのような問題が生じているかについて論じる。

7-1　現存する多種多様な生物と分類

　世界にはさまざまな動植物が生息しており，種数は膨大な数に上り，正確な数の把握は難しい。日本だけでも相当な数の動植物が生息している。日本産生物種数調査会によれば日本に生息している動物は動物界全体で約6万種，推定未知種を含めると30万種，植物では植物界で約9,300種，原生生物界で約6,200種，菌界で約13,000種とされている。これらの生物種は名前がつけられ分

類がなされている。これら生物種がどのように分類されるのが合理的かはアリストテレス以来様々な工夫がなされている。近代的な分類体系はリンネ（Linne, C.）によって体系化された。リンネは生物を二つの界（Kingdom）に分け（二界説），その下に門（Phylum），綱（Class），目（Order），科（Family），属（Genus），種（Species）と細分化された階層的な分類単位を設けた。そしてそれぞれの種を属名と種小名をラテン語で表記する二命名法（二名法）を考案した。界は最も上位の分類単位で基本的階級の一つである。現在でも基本的な分類のルールは変化していないが，リンネの分類自体がそのまま残っているわけではなく，その後の様々な発見や情報を基に再編されてきた（表7-2）。リンネの後，顕微鏡が発明されたことにより生物の分類は二界説では不十分となった。ヘッケル（Haeckel, E.H.P.A .）は動物界，植物界に原生生物界を加えた三界説を提唱した。ホイタッカー（Whittaker, R.H.）は独立栄養生物を植物界，従属栄養生物を動物界と

し，腐食栄養生物を菌界として独立させたほか原核生物界を細胞核を有する原核生物界と持たないモネラ界の二つに分けた五界説を提唱した。1970年代以降になると分子生物学的情報が分類に用いられるようになり，ウーズ（Woese, C.R.）はrRNAのアミノ酸配列の違いからモネラ界を真正細菌界（Bacteria）と古細菌界（Archaea）の二つに分ける六界説を提唱した。さらにキャバリエースミス（Cavalier-Smith, T.）は原生生物界を藻類を中心とするクロミスタ界，ミトコンドリアを持たないアーケゾア界，そのほかを原生生物界とする八界説を提唱した。このキャバリエースミスの八界説は近年まで用いられてきた。その後，ウーズ（Woese, C.R.）は界の上に新たにドメイン（Domain）を設け，生物全体を真核生物，真正細菌，古細菌の3ドメインに分類する新たな考え方を提案した。近年ではDNAの解析技術の向上に伴い塩基配列情報そのものを用いて系統化することが試みられている。最も新しい分類では三つのドメインの下に12の界を設けている。真正細菌ドメインの下に真正細菌界（大腸菌など），古細菌ドメインの下に16s rRNAの塩基配列情報で分けられるユリアーキオータ界（メタン菌など）とクレンアーキオータ界（好熱菌など）を設けている。真核生物ドメインの下にはアメーボゾア上界とバイコンタ上界，オピストコンタ上界の三つの上界が設けられ，アメーボゾア上界の下にアメーボゾア界（アメーバー動物）が，バイコンタ上界の下にエクスカバータ界（ミドリムシなど），リザリア界（有孔虫など），ハクロビア界（植物プランクトンなど），ストラメノバイル界（べん毛虫など），アルベオラータ界（ゾウリムシなど），植物界の六つの界が設けられ，オピストコンタ上界の下に菌界（シイタケなど）と動物界が設けられている。これらの分類方法はその時代における技術や知見を基に行われており，分け方やそこに含まれる種についてかなりの変遷が見られる。今後も新たな情報が加わることにより変化することが予想される。

我々ヒトをこの分類に当てはめると真核生物ドメイン・オピストコンタ上界・動物界・脊索動物門・哺乳綱・サル目・ヒト科・ヒト属（Homo）・ヒト種（sapiens）となり，学名は*Homo sapiens*となる。また，我々が食するイネは真核生物ドメイン・バイコンタ上界・植物界・被子植物門（植物の場合PhylumではなくDivisionを用いる）・単子葉植物綱・イネ目・イネ科・イネ属（*Oryza*）・イネ種（*sativa*）となり，学名は*Oryza sativa*となる。ジャポニカ種（*O. s. japonica*）とインディカ種（*O. s. indica*）は亜種として分類されている。「コシヒカリ（水稲農林100号）」や「ひとめぼれ（水稲農林313号）」はジャポニカ種の中の品種となる。

7-2 生物集団の遺伝的多様性

種は生物集団の最も基本的な単位といえる。また，生物は単独で存在しているのではなく，多くの場合同じ種に属する複数の個体からなる集団（population）を形成している。遺伝学における集団は通常メンデル集団（Mendelian population）をさし，「個体相互に交配の可能性を持ち，世代とともに遺伝子を交換する有性繁殖集団」と定義される。また，種は地球上で一様に分布しているのではなく，個体の分布密度には偏りが見られ，地域集団（local population）を形成している。このような種や地域集団はそれぞれの地域の環境に適応し生息していることから，それぞれ独自の遺伝的特性を有していると考えられる。野生集団の保全や品種改良等の育種を行う場合，このような集団の遺伝的組成や形質の遺伝支配を把握する必要がある。ここでは集団の遺伝的組成をどのように定量的に把握するかについて述べる。

7-2-1 集団の遺伝的組成

それぞれの集団の遺伝的組成を定量的に表す指標として遺伝子型頻度（genotype frequency），と遺伝子頻度（gene frequency）がある。二倍体生物で常染色体上に2対立遺伝子，AとBを有する1遺伝子座を仮定した場合，N個体からなる集団におけるこの遺伝子座の遺伝子型AAの

遺伝子型頻度と対立遺伝子 A の遺伝子頻度は以下のように求められる。

遺伝子型 AA の頻度＝遺伝子型 AA の数／全個体数

対立遺伝子 A の頻度＝対立遺伝子 A の数／全対立遺伝子数（個体数の二倍）

それぞれの個体は一つの遺伝子座に二つの対立遺伝子を有しているので全対立遺伝子数は個体数の2倍となる。また，ある対立遺伝子の場合，ホモ接合体は二つ，ヘテロ接合体は一つ有していることとなる。グッピーのアスパラギン酸アミノ基転移酵素（$Aat\text{-}1$）遺伝子座で観察された多型における遺伝子型頻度と遺伝子頻度を求めると次のようになる。

表現型（遺伝子型）	個体数
A （AA）	33
AB（AB）	52
B （BB）	15
合計	100

遺伝子型 AA，AB，BB の頻度はそれぞれ
qAA＝33/100＝0.33
qAB＝52/100＝0.52
qBB＝15/100＝0.15

対立遺伝子 A と B の頻度はそれぞれ
qA＝（33×2＋52）/（100×2）＝118/200＝0.59
qB＝（15×2＋52）/（100×2）＝82/200＝0.41

となる。なを，2対立遺伝子の場合qAがわかればqA＋qB＝1よりqB＝1－qAとして求めることができる。対立遺伝子間に優劣がない場合，遺伝子型頻度は表現型頻度（phenotype frequency）と等しくなる。

　実際の集団における遺伝的組成を求めようとする場合，まず手がかりとなるのは表現型である。色や形などの形質は遺伝様式が不明な場合や対立遺伝子間に優劣がある場合があり，表現型から直接遺伝子型を推定できない場合がある。そのため，酵素タンパク質の多型であるアイソザイム（isozyme）や塩基配列中の繰り返し配列の多型であるマイクロサテライト（microsatellite）のような共優性（codominant）の形質が使われる。また，対立遺伝子数をkとした場合，遺伝子型の数は $k(k+1)/2$ となる。対立遺伝子が増加するにしたがい遺伝子型数は飛躍的に増加する。表記する数が少なくてすむという点で遺伝子頻度による表記が通常用いられている。

7-2-2　ハーディ・ワインベルグの法則

　ハーディ・ワインベルグの法則は1908年，イギリスの数学者ハーディ（Hardy, G.H.）とドイツの医者ワインベルグ（Weinberg, W.）によって明らかにされた。この法則は有性生殖集団における遺伝子型頻度と遺伝子頻度がある条件の下で世代を越えて一定であるとしている。ハーディ・ワインベルグの法則は以下の三つの部分から成り立っている。
1）任意交配が行われ，遺伝的浮動，自然選択，突然変異，移住がないとき遺伝子型頻度と遺伝子頻度は毎代不変である。
2）このときの配偶子系列は接合体系列の二乗で表される。2対立遺伝子 A，B の時，A の頻度を p，B の頻度を q とすると遺伝子型 AA，AB，BB の頻度はそれぞれ p^2，$2pq$，q^2 で表される。
3）平衡状態が乱されても一世代の任意交配により新たな平衡状態に達する。

ハーディ・ワインベルグの法則の証明　この法則が成り立つことは簡単な計算で確認することができる。ある世代で2対立遺伝子 A，B を仮定しそれぞれの頻度を p と q とする。この頻度は次世代にそれぞれの対立遺伝子が伝わる確率でもある。したがって，次世代における遺伝子型 AA，AB，BB の頻度はそれぞれ p^2，$2pq$，q^2 となる。このときの対立遺伝子 A の頻度は $p^2+1/2 \cdot 2pq$

表7-3 グッピーのAat-1遺伝子座における遺伝子型の分布とハーディ・ワインベルグの法則から期待される遺伝子型の分布の検定

遺伝子型	AA	AB	BB	合計
表現型の頻度	p^2	$2pq$	q^2	
観察値	33	52	15	100
期待される割合	0.348	0.484	0.168	1
期待値	34.8	48.4	16.8	100
χ^2値	0.093	0.216	0.193	0.554

$p = 0.59,\ q = 0.41$

となる。$p + q = 1$であるから$p^2 + 1/2 \cdot 2pq = p^2 + p(1-p) = p^2 + p - p^2 = p$となり、前世代と変化していない。$B$の頻度も同様に計算することができる。この遺伝子頻度から決められる遺伝子型頻度はそれぞれp^2, $2pq$, q^2となり遺伝子型頻度も前世代から変化していない。

ハーディ・ワインベルグの法則への適合性の検定
ある集団がハーディ・ワインベルグの法則に合った状態にあるかどうかを検定するには、ある世代から抽出したサンプルの遺伝子頻度を求め、その遺伝子頻度から期待される各遺伝子型の個体数（期待値）と実際に観察された個体数（観察値）が一致しているかどうかを統計的に検定すればよい。検定にはχ^2検定が用いられる。χ^2の値は以下のように求められる。

$\chi^2 = \sum (期待値 - 観察値)^2 / 期待値$

このときの自由度は対立遺伝子数をkとすると$k(k-1)/2$で求められる。前述のグッピーにおけるAat-1遺伝子座における各遺伝子型の分布を検定してみよう。それぞれの遺伝子型の頻度を遺伝子頻度から求め、さらに合計の個体数を掛け期待値を求める。各遺伝子座の期待値と観察値からχ^2値を求め、合計する。法則に適合しているかどうかはχ^2の表で調べる。表7-3に遺伝子型の分布と検定結果を示す。

χ^2の値は0.554となった。2対立遺伝子の場合の自由度は1で、このときのχ^2の値は危険率5％のχ^2値3.841より小さいので、期待値と観察値の間に有意な差があるとは言えない、となる。即ち、ハーディ・ワインベルグの法則に適合していることになる。巻末にχ^2の表を添付する。

7-2-3 ハーディ・ワインベルグの法則を乱す要因

ハーディ・ワインベルグの法則が完全に成り立っていれば集団の遺伝的組成はまったく変化せず、一定の遺伝的組成を有する集団が存在し続けることとなる。ごく短い期間ではこのような現象は起こり得るが、長い時間を考えた場合、集団の遺伝的組成は何らかの要因によって変化する。生物の進化や遺伝的多様性を考えた場合、ハーディ・ワインベルグの法則が成り立つほうがむしろ例外といえるかもしれない。集団における遺伝的組成の変化はハーディ・ワインベルグの法則が成立する際に仮定した条件が乱された時に生じる。それぞれの条件が乱されたときどのような遺伝的組成の変化が生じるかを成立条件ごとに述べる。

遺伝的浮動 それぞれの世代の遺伝的組成はその前世代の配偶子の抽出による。したがって、抽出される配偶子の数が少ないほど前世代の遺伝的組成の反映は難しくなり、前世代とは異なった遺伝的組成を示す確率が高くなる。このような現象を遺伝的浮動（genetic drift）と呼び、

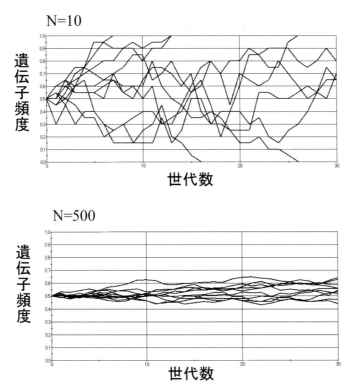

図7-1　各個体が任意に交配した際のN＝10とN＝500の時の遺伝子頻度変化

個体数が有限である集団では避けられない問題である。図7-1にN＝10の時とN＝500の時の遺伝子頻度の変化をシミュレーションした結果を示す。このシミュレーションでは2対立遺伝子を仮定し，ランダムに選んだ親10個体（500個体）から次世代を作成し，次世代の中から親10個体（500個体）を選ぶことを繰り返す。10家系について初期値0.5から30世代における遺伝子頻度の変化を追跡している。N＝10の時の変動が非常に多きのがわかる。N＝500の時は各家系の遺伝子頻度が0.5付近に留まるのに対して，N＝10の時はそれぞれが大きく変動し，30世代後まで2対立遺伝子を維持できた家系は10家系中4家系のみであった。親として多くの個体を用いた場合，遺伝子頻度が安定することがわかる。

　上記のシミュレーションは全ての個体が繁殖に等しく関与していることを仮定しているが，実際の集団では見かけの個体数と繁殖に関与する個体数との間には差異がある。見かけ上の集団を構成する個体数はメンデル集団（理想集団）を考えた場合の個体数と比べて多いのが普通である。見かけ上の集団を理想集団へ置き換えて個体数を換算した値を「集団の有効な大きさ（effective population size：Ne）と呼び，自然集団の保全や育種的な管理を行う際に重要な指標となる。

任意交配からのずれ　ハーディ・ワインベルグの法則は無限集団（個体数が無限大）を仮定している。しかし，現実の集団が無限大であることは無く，どんなに大きな集団でも有限である。有限集団では遺伝的浮動が生じると共に，血縁関係にある個体間での交配も生じやすくなる。血縁関係にある，共通の祖先が存在する，個体間での交配を近親交配（inbreeding）と呼び，集団の大きさが小さいほど生じやすい。近親交配の程度を表す値として近交係数（inbreeding coefficient：F）が用いられ，ある個体の相同遺伝子が共通の祖先遺伝子に由来する確率と定義

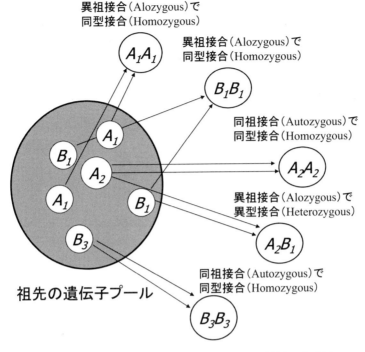

異祖接合（Alozygous）で
同型接合（Homozygous）

異祖接合（Alozygous）で
同型接合（Homozygous）

同祖接合（Autozygous）で
同型接合（Homozygous）

異祖接合（Alozygous）で
異型接合（Heterozygous）

同祖接合（Autozygous）で
同型接合（Homozygous）

祖先の遺伝子プール

図7-2 各同祖接合，異祖接合，同型接合，異型接合の概念図

される。図7-2にその概念図を示す。相同遺伝子の組合せには三つのパターンがある。同祖接合（autozugous）で同型接合（homozygous），異祖接合（alozygous）で同型接合，異祖接合で異型接合（heterozygous）である。図7-2ではA_2A_2とB_3B_3が同祖接合の同型接合，A_1A_1とB_1B_1は異祖接合の同型接合，A_2B_1は異祖接合の同型接合となる。ある世代において同祖接合の同型接合となる確率が近交係数である。

ある個体での近交係数の算出例を図7-3に示す。図に示すⅠとⅡが雄親と雌親にあたりそれぞれの遺伝子型をABとCDとする。個体ⅢとⅣがⅠとⅡから生まれた兄妹ということになる。この図で共通祖先を持ちうるのは個体Ⅴである。個体Ⅴの共通祖先が個体ⅠとⅡになる。個体Ⅴで個体ⅠとⅡが有する対立遺伝子がホモ接合体となる確率が個体Ⅴの近交係数にあたる。個体Ⅰが有する対立遺伝子Aが個体Ⅴでホモとなる確率は1/16，他の対立遺伝子がホモ接合体となる確率もそれぞれ1/16となるから，いずれの

対立遺伝子がホモ接合体となる確率は$(1/16) \times 4 = 0.25$となり，これが個体Ⅴの近交係数となる。

集団中で近親交配が行われるとヘテロ接合体の割合が毎世代$2pqF$低下し，両方のホモ接合体がpqF増加する。したがって，近親交配が続けば集団中からヘテロ接合体が消失し，いずれかのホモ接合体のみの集団となってしまう。その際，遺伝子頻度は変化せず，遺伝子型頻度のみが変化することとなる。

自然選択 特定の対立遺伝子を持った個体や特定の遺伝子型の個体が他の個体と比べて生存に有利な場合や不利な場合をさす。表7-4に劣性対立遺伝子に選択が働いた場合の遺伝子頻度の変化を示す。ここでは劣性対立遺伝子aに選択が働く場合を示す。sは選択係数を表す。選択が働いた次の世代での遺伝子型頻度の合計は1.0とならないので，全体を$1 - sq^2$で割って標準化する必要がある。標準化されたそれぞれの遺伝子型から算出された次世代のaの頻度q^1は$(q - sq^2)/(1 - sq^2)$となる。一世代あたりのqの変化

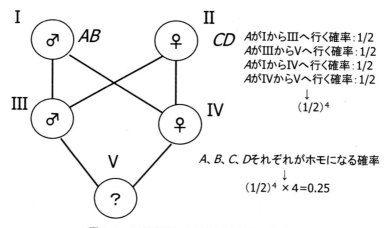

図7-3　兄弟交配における近交係数の算出例

表7-4　劣性対立遺伝子に対する選択

	遺伝子型			
	AA	Aa	aa	Total
適応度（W）	1	1	$1-s$	
遺伝子型頻度（初期値）	p^2	$2pq$	q^2	1.0
一代目	p^2	$2pq$	$q^2(1-s)$	$1-sq^2$
標準化	$p^2/(1-sq^2)$	$2pq/(1-sq^2)$	$q^2(1-s)/(1-sq^2)$	

$$q^1 = (1/2) \cdot (2pq/(1-sq^2)) + q^2(1-s)/(1-sq^2) = (q-sq^2)/(1-sq^2)$$
$$\Delta q = q^1 - q = -spq^2/(1-sq^2)$$

率Δqは$-spq^2/(1-sq^2)$となる。この場合，Δqが0になるのはqが0になる場合，即ち，集団中から対立遺伝子aが無くなるときである。

選択が最も強いのは致死の場合である。$s=1$がこの場合にあたる。$s=1$の場合Δqは$-q^2/(1+q)$となる。また，次世代のaの頻度q_1は$q_0/(1+q_0)$で表される。更に，t世代後のaの頻度qtは$q_0/(1+tq_0)$となる。aの頻度が半分になる世代数は$t=1/q$で表される。初期頻度0.5の劣性致死因子の集団中での頻度変化を図7-4に示す。劣性致死の場合，選択の対象となる対立遺伝子が集団中から無くなるまで選択は続くが，初期に大きかった変化率は次第に小さくなりほとんど変化しなくなる。これは集団中で対立遺伝子aがヘテロ接合体で存在するようになり，ホモ接合体として顕在化しにくくなるためである。100世代後のaの頻度は0.0098と約1％であるがホモ接合体となる確率は0.000096で一万個体に一個の割合となる。

多くの自然選択で選択は対象となる対立遺伝子が集団中から消失するまで選択が続くが例外的に平衡状態が生じる場合がある。超優性（overdominance）のように両方のホモ接合体に選択が働く場合，それぞれのホモ接合体への選択係数による平衡状態が出現する。表7-5に両方のホモに選択が働く場合の例を示す。ここでは対立遺伝子間に優劣を考えないので対立遺伝子をAとBで表す。遺伝子型AAに働く選択係数をs，BBに働く選択係数をtとすると，Δqは$(pq(sp-tq)/(1-sp^2-tq^2)$となりpとqが0とならなくともΔqが0となる場合が生じる。それは$sp-tq=0$となる場合である。ここから算出

表7-5 両方のホモ接合体に選択が働く場合（超優性）

	遺伝子型			
	AA	AB	BB	Total
適応度（W）	$1-s$	1	$1-t$	
遺伝子型頻度（初期値）	p^2	$2pq$	q^2	1.0
一代目	$p^2(1-s)$	$2pq$	$q^2(1-t)$	$1-sp^2-tq2$
標準化	$p^2(1-s)/(1-sp^2-tq^2)$	$2pq/(1-sp^2-tq2)$	$q^2(1-t)/(1-sp^2-tq^2)$	

$$\Delta q = (pq(sp-tq)/(1-sp^2-tq^2)) \qquad p=t/(s+t)$$
$$q=s/(s+t)$$

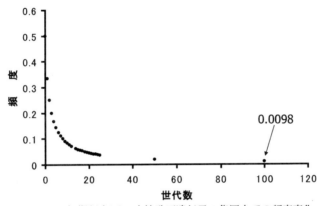

図7-4 初期頻度0.5の劣性致死遺伝子の集団中での頻度変化

される平衡頻度は$p=t/(s+t)$，$q=s/(s+t)$となる。Aの初期頻度を0.9とし，$s=0.7$，$t=0.6$を仮定した場合の個体数100の集団におけるAの頻度変化を図7-5に示す。この場合に期待される平衡頻度は0.54である。遺伝子頻度は0.9から急激に低下し，多少の増減はあるものの期待される平衡頻度である0.54付近に留まっている。超優性が働く場合，初期の遺伝子頻度とは無関係に選択係数のみで決まる平衡頻度で安定することとなる。

突然変異　突然変異では塩基配列に変化が生じ新たな対立遺伝子が生じる。突然変異が一方向にのみ生じる場合，対立遺伝子AがBに変化する，対立遺伝子Aは集団中から消失し，Bのみとなる。両方向で生じる場合，$A \Leftrightarrow B$，それぞれの方向への突然変異率からなる平衡頻度が生

じる。$A \rightarrow B$の突然変異率をu，$B \rightarrow A$の突然変異率をvとした時，qAの平衡頻度は$v/(u+v)$，qBの平衡頻度は$u/(u+v)$であらわされる。uを10^{-6}，vを10^{-9}とした場合のqAは約0.001と非常に低頻度となり，突然変異だけで集団に及ぼす影響は非常に小さいことがわかる。これまでに述べてきた遺伝的浮動や任意交配からのずれ，自然選択では対立遺伝子が減少するのみで新たな対立遺伝子が加わることはなかった。突然変異は集団に及ぼす影響は大きくないが集団に新たな対立遺伝子を供給するという意味で重要である。

移住　移住により遺伝子型頻度や遺伝子頻度は変化するが，その影響の大きさは移住される集団と移住する集団の間での遺伝子頻度の差や移住の規模による。移住する集団とされす集団と

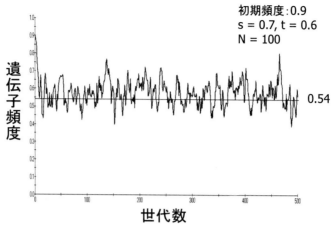

図7-5　超優性の場合の遺伝子頻度変化

の間に遺伝子頻度の差異がある場合，混合した集団は見かけ上ホモ接合体の数が期待される値よりも多くなるホモ接合体過剰が観察される。この現象はワーランド効果（Wahlund's effect）と呼ばれる。しかし，移住が行われた集団中でランダムな交配が行われた場合，以降の世代ではハーディ・ワインベルグの法則が成り立つこととなる。

7-2-4　ハーディ・ワインベルグの法則の応用

ハーディ・ワインベルグの法則は単純で基本的な法則なので応用範囲は広い。劣性対立遺伝子の集団中での頻度の推定やハーディ・ワインベルグの法則への適合の有無から集団構造の把握，集団における近交係数の推定，有害遺伝子の存在の有無や量の推定などさまざまな範囲で用いられている。更に次に述べる量的形質の遺伝においてもある世代の中での遺伝子型の分布の推定にはこの法則が用いられている。

7-2-5　遺伝的多様性の定量化

1959年にアイソザイム（同じ基質特異性を示すアミノ酸配列の異なるタンパク質）が発見されて以降，多様性の指標として生化学的な変異が用いられるようになった。近年ではマイクロサテライトやSNP等のDNAにおける配列変異が用

いられるようになった。これらのアイソザイムやDNA変異は共優性でヘテロ型とホモ型を表現型から直接判別できることから広く利用されることとなった。

アイソザイムなどの遺伝マーカーが用いられるようになると，集団中の変異の量が意外に多いことがわかった。それまでは，生物の基本型は野生型で突然変異により変異型が現れるがその多くは自然選択により集団中から取り除かれる，と考えられてきた。しかし，様々な遺伝マーカーによる情報が集まると，集団中には突然変異と自然選択とのバランスで期待される以上の変異が存在していることが明らかとなった。このような突然変異と自然選択とのバランスから期待される以上の頻度で二つ以上の遺伝的に異なる型が存在する状態を多型（polymorphism）とよぶ。このような遺伝的に多様な状態を定量的に表す指標として平均ヘテロ接合体率と平均対立遺伝子数が考案された。

平均ヘテロ接合体率（average heterozygosity）

平均ヘテロ接合体率（He）はある個体のある遺伝子座がヘテロである確率と定義される。ある集団の10個体における10の遺伝子座を調べたところ，5遺伝子座でそれぞれ10個体中4個体ヘテロ接合の個体が観察されたとする。この場合，

変異が観察された遺伝子座におけるヘテロ接合体率は0.4となる。10遺伝子座の平均は0.2となる。これが平均ヘテロ接合体率となる。

　ハーディ・ワインベルグの法則は無限個体の集団を仮定している。しかし，現実の集団はどんなに大きな集団であっても有限である。有限な集団において平均ヘテロ接合体率は常に減少する。一世代当たりの減少率Δhは以下の式で表される。

$$\Delta h = -1/2N$$

　ここでNは個体数である。また，t世代後の平均ヘテロ接合体率h_tは以下の式で表される。

$$h_t = (1-1/2N)^t h_0$$

　ここでtは世代数，h_0は平均ヘテロ接合体率の初期値である。

　このように集団の平均ヘテロ接合体率は個体数に反比例して減少する。雄雌各1個体の集団（有性生殖を行う生物での最小個体数）での平均ヘテロ接合体率の減少率は25％となる。一方で，これは75％の変異が集団中に残ることを意味している。

平均対立遺伝子数（The average number of allels per locus）

　平均対立遺伝子数はそれぞれの遺伝子座で観察される対立遺伝子数の平均値である。ある集団の10個体における10の遺伝子座を調べたところ，5遺伝子座でそれぞれ3対立遺伝子が観察されたとする。変異の観察されなかった遺伝子座における対立遺伝子数は1となるので，10遺伝子座を平均すると2となる。これがこの集団の平均対立遺伝子数となる。平均対立遺伝子数も有限集団中では減少することとなる。しかし，平均対立遺伝子数の場合集団中での頻度が関係してくるため，平均ヘテロ接合体率のように単純ではない。次世代のある遺伝子座における平均対立遺伝子数（A'）は次の式で表される。

$$A' = A - \sum (1-p_j)^{2N}$$

　ここでNは個体数，p_jはある遺伝子座におけるj番目の対立遺伝子頻度である。平均対立遺伝子数の場合，その遺伝子座における対立遺伝子の頻度が関係してくる。当然，高頻度で観察される対立遺伝子よりも低頻度の対立遺伝子の方が集団から失われる確率は高くなる。

　平均対立遺伝子数は個体数2のボトルネックを経た後に大きく減少することになる。これは2個体が保有することができる対立遺伝子数は遺伝子座当たり最大4であるからである。ボトルネック以前に対立遺伝子数が多かったとしてもボトルネック後に保有できる対立遺伝子数は遺伝子座当たり最大4となる。これは，個体数2のボトルネックを経ても75％の変異が残る平均ヘテロ接合体率とは異なる。ボトルネックに関しては平均ヘテロ接合体率よりも平均対立遺伝子数の方が敏感であると言える。

7-3　量的形質の遺伝と品種改良の基礎

　形質には質的形質（qualitative trait）および量的形質（quantitative trait）がある。質的形質は，メンデルが遺伝の実験で調べたエンドウの種子の形（丸型としわ型）やウシの角の有無など，表現型が不連続でその差異を定性的に識別できる。一方，量的形質は，イネの穂数やウシの体重など表現型が連続的に分布しておりその差異を定量的に識別する。質的形質は，一般に効果の大きな単一あるいは少数の遺伝子座（locus）による支配を受けており，このような遺伝子座の遺伝子をメジャージーン（major gene）という。一方，量的形質は，効果が小さな多数の遺伝子座による影響を受けており，このような遺伝子座の遺伝子をポリジーン（polygene）という。農畜水産資源の育種改良を考えた場合，高成長能力（収穫量，体重，乳量など），環境適応能力（温耐性，塩分耐性など）および繁殖能力（産子

（卵）数など）などの育種対象となる形質の多くが量的形質にあたる。そのため，量的形質を対象とした育種手法の開発は重要な課題であり，このような量的形質を取り扱う遺伝学を量的遺伝学（quantitative genetics）という。

7-3-1 量的形質をどのように捉えるか

我々がある個体から直接得られる情報は，個体の表現型に対する測定値である。それぞれの個体について，観察あるいは測定された量的形質の値を表現型値（phenotypic value：P）という。表現型値は，遺伝子型の違いによる効果（遺伝子型値，genotypic value：G）と，その個体に無作為に働く環境効果（environmental effect：E）との和として以下の式で表される。

$$P = G + E$$

量的形質の遺伝子型値は，表現型値に関与する個々の遺伝子の働きを総合的にとらえたものであり，様々な遺伝的効果に分割することができる。1遺伝子座について考えた場合，遺伝子型値が対立遺伝子の違いで相加的な値をとる場合，このような個々の対立遺伝子が表す加算的（相加的）な効果を相加的遺伝子効果（additive genetic effect）という。また，相加的にならず交互作用として現れる効果を優性効果（dominance effect）という。2遺伝子座以上の場合，異なる遺伝子座間の対立遺伝子または遺伝子型間の交互作用による効果をエピスタシス効果（epistatic effect）という。表現型値に関与する遺伝子座が複数ある場合，全遺伝子座に関する相加的遺伝子効果，優性効果およびエピスタシス効果の和を，それぞれ相加的遺伝子型値（additive genetic value：A），優性偏差（dominance deviation：D）およびエピスタシス偏差（epistatic deviation：I）という。遺伝子型値は，これらの値の和として以下の式で表される。

$$G = A + D + I$$

環境効果は，表現型値に含まれるすべての非遺伝的効果である。環境効果は，個体の生まれた年次や季節，飼育環境など，実験計画や統計処理によって制御できる大環境効果（macro environmental effect）や，人為的に制御できない環境効果や測定誤差などを含めた小環境効果（micro environmental effect）などあり，小環境効果は連続分布を表す。大環境効果は，環境効果（E）に通常含めない。

量的形質は，効果の小さな多数の遺伝子座が独立して働き，各遺伝子座の対立遺伝子が等分的に相加的遺伝子効果を表す場合に連続分布となる。各遺伝子座でヘテロ接合体の個体間で交配した場合，子の遺伝子型値と遺伝子型頻度との関係の例を図7-6に示す。各遺伝子座（A, B, C, …）の2つの対立遺伝子（大文字および小文字）が共優性（codominance）を表し，その効果がそれぞれ＋1および−1であり，全平均が0とする。このとき，形質に関与する遺伝子座が，1遺伝子座，2遺伝子座と多数の遺伝子座に増加した場合，遺伝子型値 x の遺伝子型頻度 $f(x)$ は，平均（μ）および分散（σ^2）の正規分布に近似する。さらに，小環境効果が加わることでさらに連続的な曲線となっていく。

7-3-2 遺伝率と遺伝相関

表現型値（P）は，遺伝子型値（G）と環境効果（E）から成り立っており，遺伝子型値と環境効果が独立，すなわち，GとEの共分散（covariance：$cov(G,E)$）を0とする。このとき，表現型値の分散である表型分散（phenotypic variance：σ_P^2）は，以下の式で表される。

$$\sigma_P^2 = \sigma_G^2 + \sigma_E^2 + 2cov(G, E) = \sigma_G^2 + \sigma_E^2$$

したがって，表型分散は遺伝分散（genetic variance：σ_G^2）および環境分散（environmental variance：σ_E^2）の和として表される。さらに，遺伝子型値は相加的遺伝子型値（A），優性偏差（D）およびエピスタシス偏差（I）からなることから，各効果が独立している場合，遺伝分散についても以下の式のようにそれぞれ各効果の分散である相加的遺伝分散（additive genetic variance：σ_A^2），優性分散（dominance variance：σ_D^2）およびエピスタシス分散（epistatic variance：σ_I^2）に分けることができる。

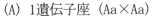

(A) 1遺伝子座 (Aa×Aa)

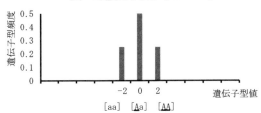

(B) 2遺伝子座 (AaBb×AaBb)

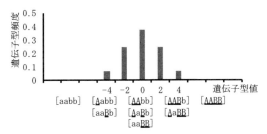

(C) 3遺伝子座 (AaBbCc×AaBbCc)

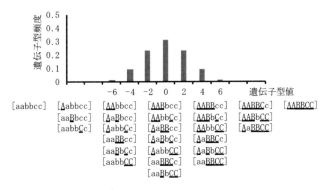

(D) 多遺伝子座 (AaBbCc… ×AaBbCc…)

正規分布 $f(x) = \dfrac{1}{\sqrt{2\pi\sigma^2}}e^{-\frac{(x-\mu)^2}{2\sigma^2}}$

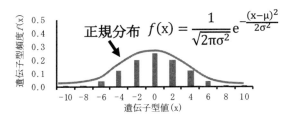

図7-6 量的形質の分布

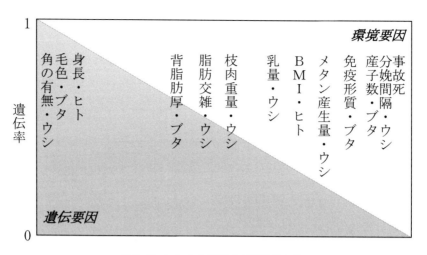

図7-7　ヒトおよび家畜の遺伝率の例

$$\sigma_G^2 = \sigma_A^2 + \sigma_D^2 + \sigma_I^2$$

　量的形質の個体間差のうち親から子に遺伝するのは遺伝的な違いであり，環境による個体間差は遺伝しない。この遺伝的な違いの大きさを表す指標が遺伝率（heritability）である。遺伝率は，相加的遺伝子型値の表現型値に対する回帰として定義される。相加的遺伝子型値の表現型値に対する直線回帰から得られる回帰係数（$b_{A/P}$）が遺伝率（h^2）であり，以下の式で表される。

$$h^2 = b_{A/P} = \frac{cov(A, P)}{\sigma_P^2} = \frac{\sigma_A^2}{\sigma_P^2} = \frac{\sigma_A^2}{\sigma_A^2 + \sigma_E^2}$$

したがって，遺伝率は表型分散に占める相加的遺伝分散の割合として表され，$0 \leq h^2 \leq 1$ の範囲をとる。ヒトおよび家畜について推定された主な遺伝率を図7-7に示す。一般に生存力や繁殖性などの適応度と関わる形質の遺伝率は低く，体長や体重などの成長関連形質では中程度から高い遺伝率が報告されている。

　遺伝相関（genetic correlation）とは，2形質の表現型値P1，P2間の遺伝的な相関関係を表す。P1＝A1＋E1，P2＝A2＋E2を仮定した場合，2形質間の遺伝相関（r_G）は2形質間の相加的遺伝子型値A1，A2の相関係数であることから，以下の式で表される。

$$r_G = \frac{cov(A1, A2)}{\sqrt{\sigma_{A1}^2 \times \sigma_{A2}^2}}$$

　遺伝率や遺伝相関など集団の遺伝的特性を表す指標を遺伝的パラメーター（genetic parameter）という。実際の育種集団に関する遺伝的パラメーターは，血統情報から得られる個体間の似通い情報を用いて制限付き最尤法（restricted maximum likelihood：REML）やベイズ推論などで推定する。これには大規模な計算が必要となるが，近年では情報技術の発展により，分散成分を推定するための効率的なプログラムがいくつか開発され利用されている。

7-3-3　選抜と交配

　選抜（selection）とは，交配（mating）に用いる個体を望ましい能力によって選び，または望ましくない個体を淘汰（culling）することをいう。選抜の効果を表す最も基本的な変化は集団平均の変化であり，このような変化を選抜反応（selection response）といい，その指標として遺伝的改良量（genetic gain）がある。遺伝的改良量（ΔG）は，表現型値を指標に選抜した場合に，親世代の選抜前の集団平均からの選抜された親から産まれた子の集団平均との差をいう

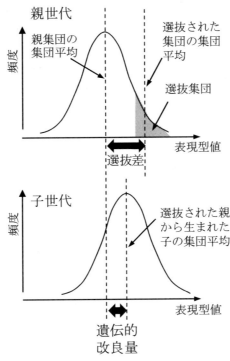

親世代

頻度

親集団の
集団平均

選抜された
集団の集団
平均

選抜集団

表現型値

選抜差

子世代

頻度

選抜された親
から生まれた
子の集団平均

表現型値

遺伝的
改良量

図7-8 選抜差と遺伝的改良量

（図7-8）。遺伝的改良量は，選抜差（selection differential）および遺伝率を用いて推定できる。選抜差とは，選抜により選ばれた個体の集団平均と全集団平均との差をいう。遺伝的改良量 ΔG は，選抜差（S）と遺伝率（h^2）の積として表すことができ，親集団の情報のみで期待される子の集団平均を推定できる。また，遺伝的改良量は，以下の式としても表される。

$$\Delta G = Sh^2 = S \times \frac{\sigma_G^2}{\sigma_P^2} = \frac{S}{\sigma_P} \times \frac{\sigma_G}{\sigma_P} \times \sigma_G = ih\sigma_G$$

ここで，iは選抜強度（selection intensity）といい，標準化された選抜差を表す。また，σ_Gは相加的遺伝分散の平方根を表す。hは遺伝率の平方根であり，個体自身が表現型値を持つ場合，選抜の正確度を表す。

選抜は，交配方法を考慮することで制御できる。交配方法にはランダムに行う無作為交配（random mating）や遺伝的血縁関係を考慮して行う作為交配（non-random mating）などが

ある。作為交配には，近い血縁個体間の近縁交配（assortative mating）や遠い血縁個体間の遠縁交配（disassortative mating）がある。特に近縁交配は，個体の持つ遺伝子型のホモ化を促進するため，優良な対立遺伝子の固定に役立つことから選抜において重要な交配方法である。しかし，過度な近縁交配は生存力や繁殖性などの生物としての適応度が著しく低下する近交退化（inbreeding depression）が起こるため，注意が必要である。

7-3-4 育種価の予測

量的形質の選抜を行う場合，望ましい能力を持った個体を判断するために，次世代に伝わる遺伝的能力を表す評価指標が必要となる。このとき，親から子に伝わるのは遺伝子型ではなく対立遺伝子なので，遺伝子型値の中でも特に相加的遺伝子型値が重要となる。この相加的遺伝子型値は育種価（breeding value）ともいわれる。

量的形質の選抜では，表現型値よりも次世

代に伝わる育種価が選抜基準として用いられる。したがって，育種価をいかに正確に予測するかが重要となる。育種価の予測には，遺伝的パラメーターが既知でなければならない。遺伝率（h^2）は相加的遺伝子型値の表現型値に対する回帰係数であるため，対象集団の遺伝率が既知で大環境効果が制御できている場合，表現型値（P）を持つ個体の予測育種価（$\widehat{A}$）は，表現型値の集団平均（$\overline{P}$）を用いて以下の式で表される。

$$\widehat{A} = h^2 \times (P - \overline{P})$$

このとき，育種価の予測精度の指標である選抜の正確度は，遺伝率の平方根（h）である。選抜の正確度は，真の育種価と予測育種価との間の相関係数である。

　実際の育種集団では，同一集団内に異なる出生年や飼養条件など大環境効果が未知であり，また個体間の血縁関係が複雑になっていることから，単純な直線回帰からでは育種価を正確に予測できない。そのため，これら大環境効果を考慮し，血縁情報から個体間の似通いを考慮することで正確で偏りのない育種価を予測するBLUP法（best linear unbiased prediction）が用いられている。BLUP法では，混合モデル方程式を解くことで大環境効果の推定と育種価の予測を同時に行うことができる。近年では，遺伝率の推定と同様に大規模な育種集団においても混合モデル方程式を解くための効率的なプログラムが開発され利用されている。

7-3-5　DNAマーカーを用いた育種

　育種で利用するゲノム情報とは，DNAレベルで個体間の違いを識別できるDNAマーカー（DNA marker）である。DNAマーカーとは，個体間で塩基配列の違い（多型性）がみられる特異的な塩基配列である。1990年にヒトゲノムプロジェクトが開始し，DNAの全塩基配列を解読するゲノム解読が実施された。そして，2003年にヒトゲノム解読宣言がなされるとともに，それまでに培われた解読技術を活用して多くの生物種のゲノム解読も並行して実施されてきた。現在では多くの生物種において，塩基配列情報を表した物理的地図だけでなく，タンパク質コード領域やゲノム領域の遺伝子機能を注釈づけたゲノム情報とともに，DNAマーカーの物理的地図上の位置がNCBI（National Center for Biotechnology Information）などのデータベースに整備されている。

　DNAマーカーには，塩基置換によるものと構造多型によるものがある。塩基置換によるものとして，個体間で1塩基のみで差がみられる一塩基多型（single nucleotide polymorphism：SNP）がある。構造多型とは，ある塩基配列の並びが1つの単位となり，その繰り返し数による個体間差をいう。挿入（insertion），欠失（deletion），マイクロサテライト（microsatellite）およびコピー数多型（copy number variation：CNV）などがある（図7-9）。DNAマーカーは，表現型値に直接影響を与えるものもあれば，そ

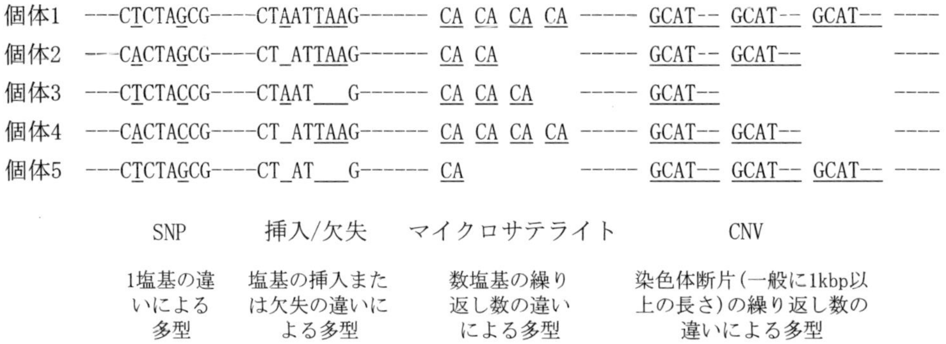

個体1　---CTCTAGCG----CTAATTAAG------- CA CA CA CA ----- GCAT-- GCAT-- GCAT-- ----

個体2　--CACTAGCG----CT_ATTAAG------- CA CA ----- GCAT-- GCAT-- ----

個体3　-CTCTACCG----CTAAT___G------- CA CA CA ----- GCAT-- ----

個体4　--CACTACCG----CT_ATTAAG------- CA CA CA CA ----- GCAT-- GCAT-- ----

個体5　-CTCTAGCG----CT_AT___G------- CA ----- GCAT-- GCAT-- GCAT-- ----

SNP	挿入/欠失	マイクロサテライト	CNV
1塩基の違いによる多型	塩基の挿入または欠失の違いによる多型	数塩基の繰り返し数の違いによる多型	染色体断片（一般に1kbp以上の長さ）の繰り返し数の違いによる多型

図7-9　DNAマーカーの種類

れ自身は表現型値に影響を与えないただの目印としてのものもある。このうち，量的形質の表現型値に影響を与える遺伝子座を量的形質遺伝子座（quantitative trait locus：QTL）といい，DNAマーカーの遺伝子型と表現型値との関連性を調査することで，QTLのゲノム上の位置や表現型値への効果を知ることができる。

　DNAマーカーを育種に利用するためには，2つの方法がある。一つは，対象となる表現型値との関連性を表すDNAマーカーを直接選抜する方法であり，マーカーアシスト選抜（marker-assisted selection：MAS）という。MASは，このQTLもしくはQTLの近傍にあるDNAマーカーを指標に優良な対立遺伝子を選抜し，望ましい表現型値を持った集団を造成する方法である。もう一つは，ゲノム上の多数のDNAマーカーを同時に選抜指標とする方法であり，ゲノミック選抜（genomic selection）という。ゲノミック選抜は，全ゲノムを多数の染色体断片に分割し，各染色体断片内にあるDNAマーカーをすべて用いて個体のゲノム育種価（genomic breeding value）を予測し選抜していく手法である。ゲノミック選抜は，ゲノム上の多数のDNAマーカーを同時に用いることから，効果の大きなQTLだけでなくポリジーン効果もゲノムレベルで考慮できる。

　近年，マイクロアレイを用いることで数万SNP以上を同時に遺伝子型判定できる高密度SNPチップが開発された。この高密度SNPチップ上のSNPとQTLとの間の連鎖の関係を利用したQTL探索法をゲノムワイド関連解析（genome-wide association study：GWAS）という。高密度SNPチップを用いることで，MASに利用可能なQTLの探索が容易になり，また，数万SNPを同時に選抜指標としたゲノミック選抜が可能となった。

今後の展開と問題点：量的形質の多くは，効果の小さな多数のポリジーンによって影響を受けることがヒトをはじめ作物や家畜においてもゲノムレベルで明らかになってきた。また，様々な生物種において，高密度SNPチップが比較的安価になってきた。2001年にMeuwissenらがゲノミック選抜に関する理論を初めて報告して以来，これらの情報の蓄積や技術革新によって，現在では高密度SNPチップを用いたゲノミック選抜の実用化が期待されている。家畜では，乳用種であるホルスタイン種のゲノミック選抜が欧米をはじめ日本でも実施されている。また，いくつかの作物種においてもゲノミック選抜の有効性が報告されている。今後，様々な量的形質においてゲノミック選抜を実施することで，従来の育種手法よりも効果的な選抜が期待される。

7-4　生物の多様性と遺伝資源の保全

　地球の誕生はおよそ45億年前とされ，生命の痕跡の化石は約40億年前の地層から発見されている。この40億年の歴史の間に，多数の生物種が出現したことが化石などから明らかとなっている。その数は記録されているものだけでも150万種と言われるが，正確な数を把握することは難しい。一方，生態系の中で生活域を同一にする種は敵対や共存しながら，微妙なバランスを保っている。すなわち，生活域と種の間の関係が微妙なバランスを保持しているといっても差し支えない。このような種の多様性（diversity）について，それぞれの種の間に存在する微妙な関係に関して我々は未だ十分な知識を有していない。その知識が十分でなかったために，過去に様々な生物種を絶滅やそれに近い状態まで追い込んでしまった例が多く存在する。生物の多様性の世界を理解するのは，それぞれの種の間に存在する微妙な相互関係を理解する必要がある。

7-4-1　開発と種の絶滅

　20世紀の後半になり，地球上の様々な生物の絶滅種や絶滅危惧種が急増している。ノーマン・マイアース（Myers, N.）によれば，絶滅した生物の数は17-18世紀にかけて4年間に1種であったが，20世紀前半までには毎年1種，1975年には毎年1000種，1990年代には毎年4万種にまで増加しているとされている。地球の長い歴史においては，大きな気候変動により4回の大絶滅時代があったとされている。生物は歴史上，カンブリア紀の大爆発のように多様性が大きくなり，環境に適応，進化する上で絶滅により選択が生じる現象を繰り返している。生物種の絶滅は歴史上の自然現象としてとらえれば問題とはならない。しかし，近年，種が誕生する以上に絶滅していることから生物多様性に深刻な影響を与えている。1970年代以降の急激な絶滅種の増加は明らかに人間による環境破壊や資源としての乱獲，加えて生態系の撹乱が原因である。ヒトは自然科学と知能を駆使して生活環境を自らの都合の良い方向へと改変を行って来た一方で，ヒトは自らの利益を得るために多くの環境の改変を行い，その結果，多くの種の絶滅をもたらしてきた。人による開発と種の絶滅の話は過去のものではなく現在も生じている問題である。特に発展途上国では社会インフラの整備と共に電力需要が増加している。電力の供給源として水力発電があり，発電のためのダム建設が各地で行われようとしている。以下にメコン川流域における開発と遺伝資源の保護に関する取り組みに関して紹介する。

(1) メコン川の地誌

　メコン川は中国のチベット高原を源とし，ラオス，ミャンマー，タイ，カンボジア，ベトナムを経て南シナ海にそそぐ，全長4500kmの東南アジア最大の国際河川である（図7-10）。ここに生息する魚類は約1300種とされ，現在でも新たな種が発見されている。また，ここに生息する魚類の多くは下流域と上流域を行き来している。メコン川は大きく上中流域と下流域に分けられ

る。チベット高原から流れ下ってきたメコン川はタイ領内のチェンコーンあたりから流れが緩やかになり，ここから河口までの1600kmでの標高差は約200mしかない。特にカンボジア領内に入るとほとんど標高差が無くなり，メコン川の支流であるトンレサップ川にあるトンレサップ湖と200km下流のメコン川本流との合流地点にあるプノンペンとの標高差は2mしかない。

(2) メコン川の水量変化

　メコン川は季節により流量が大きく変化する（図7-11）。チベット高原の雪解け水が流れ込む6月から水量が増加し，10月まで水量が多い時期が続く。この時期メコン川の水位は約10m増加する。そのため下流のプノンペンの方が上流のトンレサップ湖の方より水位が低くなるため，メコン川からトンレサップ湖へ河川水が流入することになる。この時期トンレサップ湖をはじめとするメコン川流域は洪水となりあふれた河川水で覆われた氾濫原や浸水林を形成する。このことにより氾濫原に肥沃な土が運ばれ農業生産を上げているとともに，浸水林は小型魚の隠れ家となり稚魚の「ゆりかご」となる。氾濫原で成長した稚魚は水位が下がるとともにメコン川本流へと移動し河川での生活を行うこととなる。このようにメコン川の水位変化は生息する魚類だけではなく周辺地域の農業にも貢献している。

(3) メコン川に生息する魚とダム建設の影響

　メコンオオナマズはメコン川に生息するナマズの一種で，体長3m，体重300kgに達する巨大魚で，メコン川に生息する淡水魚の象徴的存在である。草食性であることから他の肉食性のナマズと比べ食味にくせが無く，高級魚として扱われている。メコン川の下流域に生息するが，産卵は河口から約1600km上流にあるタイのチェンコーン付近で行われているとされている。このようにメコンオオナマズはメコン川を広く回遊している。逆に，メコン川に生息する大型のコイの仲間，パーカーホは浸水林で繁殖を行い，浸水林で成長した仔魚はメコン川本流へ移動し成長する。これらメコン川を広く回遊する種は

図7-10　メコン川の流程と周辺国家，都市

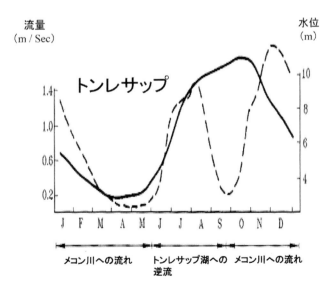

図7-11　トンレサップ湖におけるメコン川の流量と推移
　　　　実線が水位，破線が流量を表す

ダムが建設されることにより生息域が分断されることになる。また，ダムによる水量調整が行われ浸水林が消滅すればその存在自体が危機を迎えることとなる。

これまでメコン川下流域の本流にはダム建設は行われてこなかった（上中流の中国ではすでにダムが建設されている）。現在，メコン川本流では二基のダムが建設中で9基のダムが計画されている。2018年4月にカンボジアのトンレサップ湖畔にあるシェムリアップにおいてメコン川委員会（MRC；タイ，ラオス，カンボジア，ベトナムが参加，4年に1度開催）が開催され「シェムリアップ宣言」を採択した。共同宣言では「持続可能で平等な水資源の利用」を確認したが，前回2014年の「ホーチミン宣言」で強調された「ダム建設などによる河川の生態系への影響を最小化」の文言は加えられなかった。メコン川にダムを建設すれば周辺諸国の電力需要には対応できるようになるが，河川の生態系や周辺の農業には大きな影響を与える。

ダム建設による具体的な例としてナイル川におけるアスワンハイダムの建設が挙げられる。アスワンハイダムの建設により灌漑が進み洪水は起きなくなり，農地面積が増大するとともに生産量も増大した。一方で洪水による肥沃な土の流下は無くなり，化学肥料に頼らざるを得なくなっている。また，耕作地では蒸発量が多いため塩分の溶出量よりも堆積量が多くなり塩害が生じている。また，地中海沿岸地方ではナイル川からの栄養塩供給が減少したことによるプランクトンの減少で漁業生産にも影響が出ている。ダム建設では流砂サイクルの断絶も生じる。流砂の減少による肥沃な土地の減少以外にも，デルタ地帯の縮小，流域の河岸侵食が問題となっている。メコン川でも同様の問題が生じる可能性が指摘されており，建設に際してはより慎重な検討が望まれる。

7-4-2　人為管理下での遺伝資源の再生

このように絶滅した種もしくは絶滅に瀕している種ははその繁殖力が個体数の多さからは想像できないほど弱いものが多い。このことは見かけの個体数と集団の有効な大きさ（Ne）を比較したとき，Neが意外なほど小さいことからも想像できる。見かけの個体数が多くともNeが小さいということは絶滅の確率も我々が実際に感じているよりも高いことを意味している。ヒトの及ぼす影響によって絶滅する種が増加することを放置すれば，多くの生物種の間に存在する微妙なバランスが崩れ，多様な生物によって構成される生態系自体を破壊することに繋がるという危機意識が広まっている。もっとも単純な再生手法は人為生産による個体数の回復である。以下に人が再生産を行い，再生産個体を自然に返すという手法の実例と問題点について紹介する。

トキ（*Nipponia nippon*）

トキはかつて日本各地に生息していたが昭和に入って激減，1981年に人工繁殖を目的とした最後の野生トキ5羽の捕獲が行われたことにより日本の時は絶滅した。人工繁殖が試みられたものの日本で捕獲した時からの雛の誕生は見られなかった。そこで，1985年以降DNA分析から遺伝的に同一種と確認された中国のトキを導入しての繁殖が試みられた。なかなか人工繁殖は成功しなかったが1998年に雄一羽が人工飼育下で誕生して以来人工繁殖は順調に進み2012年には飼育トキは119羽，放鳥されて野性下にいるとき77羽の合計276羽となった。しかし，これらのトキは全て1999年に中国から来た1つがいから生まれた子孫である。前述のNeに換算した場合，Neはほぼ2である。全ての個体が血縁関係にある現状は好ましいとは言えないが，新たな個体を導入するか新たな変異が生じるまで個体数を維持し続けるしかない。

ライチョウ（*Lagopus mutus japonicus*）

ライチョウはキジ科の鳥で北半球の温帯から寒帯にかけて分布する。日本では中部地方の高山タイに生息しており，ライチョウの仲間の中では最南端に生息している。観光客や登山者の増加により生息数が激減している。中央アルプスでは50年ほど前の1965年頃までは生息が確認されていたが，その後確認されておらず，絶滅し

たとされている。白山にも昭和初期までは生息記録はあるが現在では生息していない。八ヶ岳や蓼科山には江戸時代に生息の記録があるが現在では生息していない。

　ライチョウの人工ふ化の試みは2015年に乗鞍岳における22個の採卵が最初で，現在，上野動物園など3施設で人工ふ化個体14羽が飼育されている。これらの試みは生息域外保全の基礎となる「創始個体」の確立を目的としている。これはトキの人工繁殖における失敗の経験から，野生集団に十分な多様性が残されている間に，将来の減少に備えた人工ふ化の技術の確立が望まれたことによる。現在，人工ふ化技術の確立と共に野生復帰技術の確立も望まれている。

イワナ (*Saluvelinus leucomaenis*)

　イワナはサケ科の冷水性魚で河川の通常最上流部に生息している。日本には4亜種が知られており，それらは北海道－東北に生息するエゾイワナ (*S. l. leucomaenis*)，東北南部から本州中部日本海側の河川に生息するニッコウイワナ (*S. l. pluivius*)，本州中部の太平洋側河川に生息するヤマトイワナ (*S. l. japonicus*)，中国地方の河川に生息するゴギ (*S. l. imbrius*) の4亜種に分けられる。これら4亜種のうち最初に養殖に成功したのはエゾイワナである。内水面の漁業協同組合には漁業権認可の条件として放流が義務化されている（義務放流）。一定の放流数を確保するために他地域で生産された種苗が放流されることになった。そのためにニッコウイワナやヤマトイワナの生息域にエゾイワナが放流される事例が多く見られた。荒川や阿武隈川の上流域の遺伝的調査では本流の個体群には他地域の遺伝子と思われる様々な組成が混ざっているのに対し砂防ダムなどの堰堤により本流とは隔離されている支流では他地域とは混じりの無い組成となっている。このことから隔離されている支流域ではそれら河川本来の遺伝的組成を有する個体群が残っているものと考えられる。今後これら本来の個体群をどのように保全して行くかが課題となる。また各河川でもその河川独自の遺伝的組成を有する個体を放流しようとする試み

がなされている。

7-4-3　管理単位の決定

　種が異なれば別々の管理単位として管理しなければならない。亜種や地方品種などの種内での分集団はどうだろうか？種内でも遺伝的に分化した集団は別個の遺伝的管理が必要と考えられている (Moritz 1995)。そのような集団は「進化的に重要な単位 (Evolutionaly Significant Unit (ESU)」と呼ばれている。Crandall et al. (2000) は集団を可換性（交換可能性：exchangeability）のタイプによって分類することを提唱している。この時，可換性を近年のものか歴史的なものか，生態的か遺伝的かによって八つに分類し，それぞれの管理策を提唱した（表7-6）。

　具体的な例として阿武隈川のイワナを考えてみる。本流から堰堤などで隔離された二つの支流間で遺伝的に差異が観察された場合を考える。二つの支流が隔離されたのは堰堤が建設された昭和期，1960年頃であるから時間的には「近年」である。従って，遺伝的には近年（＋），歴史的（－）となる。生態的には近年も歴史的にも差異は無いので，両方とも（－）となる。Crandall et al. (2000) の分類に当てはめればType 8となり，「単一集団として扱う：可換性が人為的な影響による場合，元の状態に復元する」となる。

7-4-4　レッドリストとレッドデータブック

　レッドリストとレッドデータブックはいずれも絶滅の危機にさらされている世界の野生動物の現状を知る手がかりとなるものである。レッドデータブックは1966年に国際自然保護連合 (IUCN) が絶滅のおそれのある動物および植物にそれぞれのランクをつけ，種ごとにデータをまとめたものである。その後，それぞれの分類ごとに定期的に改訂が行われている。レッドデータブックはそれぞれの種の形態，繁殖，分布，対策などの詳細な情報を含むために改訂に比較的長期を要する。レッドリストは同様に国際自然保護連合もしくは環境省や地方自治体，学術団体などで作成された絶滅に瀕している種

表7-6　可換性の有無からの集団管理の在り方の検討

		遺伝的	生態的	遺伝的	生態的	
ケース1	近　年	+	+			別種
	歴史的	+	+			
ケース2	近　年	+	+	+	+	別種として扱う
	歴史的	−	+	+	−	
ケース3	近　年	−	+			個別の集団として扱う
	歴史的	+	+			
ケース4	近　年	+	+	−	+	個別の集団として扱う
	歴史的	−	−		+	
	近　年	−	−			
	歴史的	+	+			
ケース5	近　年	+	−			自然な収斂であれば単一集団，人為的であれば別個の集団として扱う
	歴史的	+	+			
ケース6	近　年	−	+			基本的に別個の集団として扱う
	歴史的					
ケース7	近　年	−	−			単一集団として扱う
	歴史的	+	−			
ケース8	近　年	+	−	−	−	全て単一集団として扱う
	歴史的	−	−	−	+	
	近　年	−	−	+	−	
	歴史的	+	−	−	+	
	近　年	+	−	−	−	
	歴史的	−	+	−	−	

のリストである。レッドリストは詳細な情報を含まないためにレッドデータブックと比較すると頻繁に改訂が行われている。絶滅種あるいは絶滅が危惧される種は人間の生活圏に近いところに生息する種で多く認められ，個体数の減少の原因が人間の様々な活動に起因することが示唆される。

　国際自然保護連合（IUCN）によって絶滅に瀕している種をリストする際にその危うさを程度に

よってランクづけしている。

絶滅種（Extinct）過去50年間に渡って観察されなくなり，事実上絶滅しているもの。絶滅と野生絶滅に分けられる。

絶滅危惧種（Endangered）個体数がはだはだしく減少しており，放置すればやがて絶滅するとみなされるもの。近絶滅種（絶滅危惧IA類），絶滅危惧種（絶滅危惧IB類），危急種（絶滅危惧II類）に分けられる。

準危急種（Lower Risk）現時点では絶滅危険度は小さいが，生息条件の変化によっては絶滅危惧に移行する可能性のある種である。

情報不足種（Data Deficient）現時点では絶滅危険度を判定するためのデータが十分に採取されていない種である。

7-4-5　生物多様性の保全に関する国際条約や措置

　20世紀の末期にかけ，深刻な問題となった環境問題を受け，1992年6月にブラジルのリオデジャネイロで開催された国連環境会議において生物多様性の利用と保全に関する問題が取り上げられ，生物の多様性に関する国際条約が交わされた。生物の多様性を生態系，種，遺伝子の3つのレベルでとらえている。この条約には3つの目的があり，①生物の多様性を保全すること，②その構成要素の持続可能な利用を目指すこと，③遺伝資源の利用から生じる利益を公正かつ公平に分配することを目的としている。本条約は当初はいわゆる「種子戦争」のような先進国による遺伝資源の囲い込みを防ぐ目的が重視されたが，その後の会議の発展によって生物多様性に関する決議（森林が有する生物多様性や外来種に関するものも含む），生物多様性に影響を及ぼす可能性のあるバイオテクノロジーによる遺伝子組換え生物の移送，取り扱い，利用についても規定するようになった。この国際条約を批准した国は目的に沿って，それぞれの国で条約上の義務を履行するために，行政および政策上の措置を講じる必要がある。多くの先進国と途上国がこの国際条約を批准しているが，アメリカは批准を行っていない。我が国おいては1995年に生物多様性国家戦略が策定された。さらに2008年6月にはこの方針に基づいて，生物多様性基本法が設定された。この法律では前文に，我らは，人類共通の財産である生物の多様性を確保し，そのもたらす恵沢を将来にわたり享受できるよう，次の世代に引き継いでいく責務を有すると記載されている。また，遺伝子組換え生物の制限に関する部分はコロンビアのカルタ

ヘナで会議が行われたために，カルタヘナ法もしくはカルタヘナ議定書と呼ばれる場合もある。我が国ではカルタヘナ議定書を受け，国内法として遺伝子組換え生物等の使用等の規制による生物の多様性の確保に関する法律が2004年に施行された。遺伝子組換え等を規制する法令としては初の罰則を含む法令となった。

　2010年10月には日本の名古屋市で生物多様性条約第10回締約国会議（COP10）が開催され，「生物の多様性に関する条約の遺伝資源の取得の機会及びその利用から生ずる利益の公正かつ衡平な配分に関する名古屋議定書」が採択された。この条約が画期的だったのは，環境条約であるにもかかわらず「遺伝資源の利用から生ずる利益の公正かつ衡平な配分をこの条約の関係規定に従って実現することを目的とする」と経済的側面を前面にうたった点にある。これまで途上国にあった遺伝資源を，先進国企業が医薬品や食料品，化粧品などの製品開発に利用し，利益を上げている事例が多くあったが，これを改め「遺伝資源の利用から生ずる利益の公正かつ衡平な配分をこの条約の関係規定に従って実現することを目的とする」と経済的側面を前面にうたった点がこの条約の画期的な点であると言える。

7-4-6　生物多様性のまとめ

　多くの種は何億年という果てしなく長い時間を経て進化した。それぞれの種が有する特定の地域に存在していることは理由がある。またそれぞれの種の間には微妙な相互関係が存在する。この相互関係を無視して我々人間が人為的に操作（種の移動，乱獲，化学物質汚染など）を行えば，生態系全体が大きく崩れる可能性が存在する。そのような状態になれば我々人間自身が高い代償を払わなければならない。生物種の間にある微妙な相互作用に目を向け，生態系全体を研究し理解しようとする努力が必要と考えられる。加えて地球上に存在する多様な遺伝的資源は長い時間をかけて自然が生み出した恵みであり，その利益は特定の国や企業，団体が独占すべきものではないし，次世代へ大切な資産とし

て受け継いでゆく責任がある。

■ 演習問題 ■

1)ハーディ・ワインベルグの法則が3対立遺伝子の場合でも成立することを示せ。

2)下に示す家系図における個体Ⅸの近交係数を求めよ。

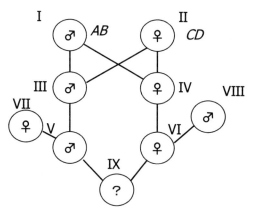

3)量的形質が連続分布となるための条件について述べよ。

■ 参考図書 ■

1)佐々木義之(1996):動物の遺伝と育種,朝倉書店

2)鵜飼保雄(2002):量的形質の遺伝解析,医学出版,

3)田中嘉成・野村哲郎(訳)(1993):DSファルコナー・量的遺伝学入門,蒼樹書房

4)三菱総合研究所(監訳)(1982):OHフランケル・ME ソレー・遺伝子資源－種の保全と進化－,家の光協会

5)大羽滋(1997):UP BIOLOGY 集団の遺伝,東京大学出版会

6)Tave(1992):Genetics for fish hatchery managers 2nd Edition, An A VI book

7)星川淳(訳)(1989):J. ラヴロック・地球生命圏,工作舎

8)西田睦監訳(2007):保全遺伝学入門,文一総合出版

9)鷲谷いずみ・矢原徹一(1997):保全生態学入門,文一総合出版

10)中嶋正道・荒井克俊・岡本信明・谷口順彦編著(2015):水産遺伝育種学。東北大学出版会

11)Allendorf F. W. and G. Luikart, 2007, Conservation and the genetics of populations, Blackwell Publishing

12)祝前博明・国枝哲夫・野村哲郎・万年英之(編)(2017):動物遺伝育種学,朝倉書店,2017

13)村松正實・木南凌(監修)(2011):Strachan and Read・ヒトの分子遺伝学　第4版,メディカル・サイエンス・インターナショナル

χ² 分 析 表

	P=0.10	0.05	0.02	0.01	0.005	0.002	0.001
df = 1	2.706	3.841	5.412	6.635	7.879	9.549	10.828
2	4.605	5.991	7.824	9.210	10.597	12.429	13.816
3	6.251	7.815	9.837	11.345	12.838	14.796	16.267
4	7.779	9.488	11.668	13.277	14.860	16.924	18.467
5	9.236	11.071	13.388	15.086	16.750	18.908	20.515
6	10.645	12.592	15.033	16.812	18.548	20.791	22.458
7	12.017	14.067	16.622	18.475	20.278	22.601	24.322
8	13.362	15.507	18.168	20.090	21.955	24.352	26.124
9	14.684	16.919	19.679	21.666	23.589	26.056	27.877
10	15.987	18.307	21.161	23.209	25.188	27.722	29.588
11	17.275	19.675	22.618	24.725	26.757	29.354	31.264
12	18.549	21.026	24.054	26.217	28.300	30.957	32.909
13	19.812	22.362	25.472	27.688	29.819	32.535	34.528
14	21.064	23.685	26.873	29.141	31.319	34.091	36.123
15	22.307	24.996	28.259	30.578	32.801	35.628	37.697
16	23.543	26.296	29.633	32.000	34.267	37.146	39.252
17	24.769	27.587	30.995	33.409	35.718	38.648	40.790
18	25.989	28.869	32.346	34.805	37.156	40.136	42.312
19	27.204	30.144	33.687	36.191	38.582	41.610	43.820
20	28.412	31.410	35.020	37.566	39.997	43.072	45.315
21	29.615	32.671	36.343	38.932	41.401	44.522	46.797
22	30.813	33.924	37.660	40.289	42.796	45.962	48.268
23	32.007	35.172	38.968	41.638	44.181	47.391	49.728
24	33.196	36.415	40.270	42.980	45.559	48.812	51.179
25	34.382	37.652	41.566	44.314	46.928	50.223	52.620
26	35.563	38.885	42.856	45.642	48.290	51.627	54.052
27	36.741	40.113	44.140	46.963	49.645	53.023	55.476
28	37.916	41.337	45.419	48.278	50.993	54.411	56.892
29	39.087	42.557	46.693	49.588	52.336	55.792	58.301
30	40.256	43.773	47.962	50.892	53.672	57.167	59.703
31	41.422	44.985	49.226	52.191	55.003	58.536	61.098
32	42.585	46.194	50.487	53.486	56.328	59.899	62.487
33	43.745	47.400	51.743	54.776	57.648	61.256	63.870
34	44.903	48.602	52.995	56.061	58.964	62.608	65.247
35	46.059	49.802	54.244	57.342	60.275	63.955	66.619
36	47.212	50.998	55.489	58.619	61.581	65.296	67.985
37	48.363	52.192	56.730	59.892	62.883	66.633	69.346
38	49.513	53.384	57.969	61.162	64.181	67.966	70.703
39	50.660	54.572	59.204	62.428	65.476	69.294	72.055
40	51.805	55.758	60.436	63.691	66.766	70.618	73.402
41	52.949	56.942	61.665	64.950	68.053	71.938	74.745
42	54.090	58.124	62.892	66.206	69.336	73.254	76.084
43	55.230	59.304	64.116	67.459	70.616	74.566	77.419
44	56.369	60.481	65.337	68.710	71.893	75.874	78.750
45	57.505	61.656	66.555	69.957	73.166	77.179	80.077
46	58.641	62.830	67.771	71.201	74.437	78.481	81.400
47	59.774	64.001	68.985	72.443	75.704	79.780	82.720
48	60.907	65.171	70.197	73.683	76.969	81.075	84.037
49	62.038	66.339	71.406	74.919	78.231	82.367	85.351
50	63.167	67.505	72.613	76.154	79.490	83.657	86.661

索　引

（重要個所の該当ページのみを抽出）

あ行

アーキア ……………………………… 10
iPS細胞 ……………………………… 25
アクチン関連タンパク質 ……………… 75
アグロバクテリウム法 ………………… 97
アグロフォレストリー ………………… 192
亜硝酸還元酵素 ………………………… 127
アシルトランスフェラーゼ系 ………… 156
アセチル-CoA ………………………… 151
アデニン ………………………………… 51
アミノアシルtRNAシンテターゼ ……… 82
アミノ化反応 …………………………… 59
アミノ基転移酵素 ……………………… 60
アミノ酸 ………………………………… 35
アミノ酸生合成 ………………………… 59
アミノ酸プール ………………………… 156
アミロプラスト ………………………… 9
アラキドン酸 …………………………… 66
RNAサイレンシング ………………… 131
RNAポリメラーゼ …………………… 79
r選択 …………………………………… 171
αヘリックス …………………………… 41
α-リノレン酸 ………………………… 66
RuBPカルボキシラーゼ・オキシゲナーゼ …… 32
アレイクロッピング …………………… 192
アレルギー ……………………………… 162
アレロパシー …………………………… 173
アロステリック効果 …………………… 81
アンチコドン …………………………… 82
ES細胞 ………………………………… 118
EC（EnzymeCode）番号 ……………… 43
イオンチャネル共役型受容体 ………… 18
異型接合 ………………………………… 200
異型配偶子 ……………………………… 104
維管束鞘細胞 …………………………… 125
育種価 …………………………………… 206
異質染色質 ……………………………… 4
移出 ……………………………………… 169

異数性 …………………………………… 94
異祖接合 ………………………………… 200
一塩基多型 ……………………………… 210
一次構造 ………………………………… 40
遺伝 ……………………………………… 69
遺伝暗号 ………………………………… 82
遺伝子 …………………………………… 69
遺伝子型 ………………………………… 89
遺伝子型頻度 …………………………… 197
遺伝相関 ………………………………… 208
遺伝子組換え …………………………… 95
遺伝資源 ………………………………… 195
遺伝子頻度 ……………………………… 197
遺伝的改良量 …………………………… 205
遺伝的浮動 ……………………………… 199
遺伝分散 ………………………………… 204
遺伝率 …………………………………… 204
移入 ……………………………………… 169
インスリン ……………………………… 150
陰性植物 ………………………………… 165
インデューサー ………………………… 81
イントロン …………………………… 54,87
エイコサペンタエン酸 ………………… 66
ATP ………………………………… 25,61
ADP …………………………………… 25
ATP依存的クロマチンリモデリング …… 73
ATP-ADP交換輸送体 ………………… 29
ABCモデル …………………………… 121
栄養生殖 ………………………………… 103
栄養段階カスケード …………………… 181
エキソン …………………………… 54,87
液胞 ……………………………………… 9
エクソソーム …………………………… 8
Sry遺伝子 ……………………………… 118
エチオプラスト ………………………… 9
エドマン法 ……………………………… 40
NADH …………………………………… 26
NADP+ ………………………………… 31

NADPH ……………………………… 31,153
N-型糖鎖 …………………………… 50
エピゲノム ………………………… 75
エピジェネティクス ……………… 75
FADH$_2$ …………………………… 28
塩基配列決定法 …………………… 96
炎症反応……………………………… 162
エンドサイトーシス ……………………14
エンハンサー ……………………… 87
O-型糖鎖 …………………………… 50
オキサロ酢酸 ……………………… 125
オーキシン ………………………… 121
オゾンホール ……………………… 187
オートファゴソーム ……………… 156
オフターゲット変異 ……………… 97
オペレーター ………………………81
オペロン ……………………………81
オリゴ糖 …………………………… 46,49
オレイン酸 ………………………… 66

か行

開口分泌 …………………………… 6
海藻多糖 …………………………… 49
解糖系……………………………… 26,151
Gauseの原理……………………… 173
化学的勾配………………………… 28
化学量論…………………………… 184
核 …………………………………… 3
核小体……………………………… 3,86
獲得免疫 …………………………… 158
核膜………………………………… 3
核膜孔……………………………… 3
核膜孔複合体……………………… 4
活動電位…………………………… 147
滑面小胞体………………………… 5
過敏感反応………………………… 132
花粉………………………………… 105
CAM光合成 ……………………… 126
CAM植物 ………………………… 126
カルス……………………………… 25
カルタヘナ議定書………………… 216

カルニチン ………………………… 156
カルニチン輸送タンパク質 …………… 154
カルビン回路……………………… 31,61
カルビン・ベンソン回路 ………… 32
カロチノイド ………………………31
環境………………………………… 165
環境収容力………………………… 170
環境要因…………………………… 165
ガングリオシド …………………… 58
感染特異的タンパク質 …………… 132
気孔………………………………… 29,124
基質特異性………………………… 42
基質認識部位……………………… 45
基質誘導適合説…………………… 43
寄生………………………………… 172
キーストーン種 …………………… 173
キセニア ……………………………91
逆転写酵素………………………… 95
ギャップ …………………………… 174
QTL解析 ………………………… 207
Q$_{10}$ ……………………………… 167
共生………………………………… 173
競争………………………………… 172
鏡像異性体 ………………………… 38
競争的排除則……………………… 173
共存培養 …………………………… 98
共通分子パターン（PAMPs）…………… 132
近交係数…………………………… 200
近交退化…………………………… 209
菌体外多糖 ………………………… 49
グアニン ……………………………51
クエン酸回路……………………… 26
組換え価…………………………… 91,92
クラススイッチ …………………… 161
クラスリン …………………………15
グリコーゲン ……………………… 153
グリコーゲン顆粒 ………………… 7
グリコサミノグリカン …………… 50
クリステ …………………………… 4
CRISPR-Cas 9 …………………… 97
グリセリド ………………………… 57

グリセロールリン酸シャトル機構 ………… 29
グリセロ糖脂質 …………………………… 58
グリセロリン脂質 ………………………… 57
グルカゴン ………………………………… 150
グルタミン合成酵素 ………………… 59,127
グルタミン酸合成酵素 …………………… 127
グルタミン酸脱水素酵素 ………………… 59
クローニング ……………………………… 95
クロマチン ………………………………… 72
クロロフィル ……………………………… 30
クローン …………………………………… 103
クローン選択説 …………………………… 160
群集 ………………………………………… 168
形質 ………………………………………… 89
形質転換 …………………………………… 25
K選択 ……………………………………… 171
茎頂分裂組織 ……………………………… 119
ゲノミック選抜 …………………………… 211
ゲノム ……………………………………… 53
ゲノムインプリンティング ……………… 118
ゲノムプロジェクト ……………………… 75
ゲノム編集 ………………………………… 96
ゲノムワイド関連解析 …………………… 211
原核細胞 …………………………………… 1
原核生物 ………………………………… 9,76
原形質連絡 ………………………………… 9
減数分裂 ……………………… 105,110,111
五員環 ……………………………………… 46
光化学系 I ………………………………… 31
光化学系 II ………………………………… 31
光化学反応 ………………………………… 61
光学異性体 ………………………………… 38
光合成 ………………………………… 30,61
校正機能 …………………………………… 76
抗生物質 …………………………………… 85
酵素 ………………………………………… 42
構造遺伝子 ………………………………… 81
構造多糖 …………………………………… 49
酵素共役型受容体 ………………………… 19
孔辺細胞 …………………………………… 29
酵母人工染色体 …………………………… 96

古細菌 ……………………………………… 10
コスミド …………………………………… 96
個体群 …………………………………… 129,168
個体群成長速度 …………………………… 130
五単糖 ……………………………………… 46
コドン ……………………………………… 82
コール酸 …………………………………… 58
ゴルジ空砲 ………………………………… 5
ゴルジ小胞 ………………………………… 5
ゴルジ装置 ………………………………… 5
ゴルジ層板 ………………………………… 5
コルヒチン処理 …………………………… 94
コレストロール …………………………… 58
根粒 ………………………………………… 128
根粒菌 ……………………………………… 128

さ行

細菌 ………………………………………… 9
サイトカイニン …………………………… 121
細胞骨格 …………………………………… 7
細胞質 ……………………………………… 1
細胞質遺伝 ………………………………… 93
細胞質分裂 ………………………………… 23
細胞周期 ………………………………… 23,77
細胞周期（初期胚） ……………………… 115
細胞小器官 ………………………………… 1
細胞板 ……………………………………… 22
細胞壁 ……………………………………… 9
細胞壁多糖 ………………………………… 50
細胞膜 ……………………………………… 1
再利用（サルベージ）合成 ……………… 63
挿し木 ……………………………………… 103
砂漠化 ……………………………………… 189
サブユニット ……………………………… 42
酸化的リン酸化反応 ……………………… 26
三次構造 …………………………………… 40
酸性雨 ……………………………………… 187
三点検定交雑 ……………………………… 93
ジアステレオマー ………………………… 39
CF_1 ……………………………………… 31
CO_2補償点 ……………………………… 126

C₃光合成 ································· 125

C₃植物 ···································· 125

Gタンパク質共役型受容体 ········19

GTP ······································ 28

GTP結合タンパク質··················· 151

C₄光合成 ······························ 125

C₄植物 ··································· 125

色素 ·· 8

色素体 ······································ 9

シグナル伝達 ·························19

シグナル分子 ·························17

シクロデキストリン ················· 50

脂質 ······································ 56

視床下部ホルモン ·················· 150

指数的個体群成長 ················· 169

次世代シークエンサー ············· 97

雌性配偶子······························ 104

自然免疫································· 157

質的形質································· 205

シトシン································· 51

自動シークエンサー ················ 97

シトクローム b_6/f ················· 31

シトクロム c ························ 28

シナプス································· 148

ジベレリン······························ 122

脂肪酸································· 56

脂肪酸合成······························ 64

脂肪滴································· 7

集光反応································· 30

従属栄養································· 124

重複受精································· 108

受精································· 109

受粉································· 106

主要組織適合抗原複合体 ········· 158

純生産································· 178

純同化率································· 130

硝化································· 183

硝酸還元酵素 ························ 127

硝酸同化································· 127

小胞体································· 5

触媒反応機構 ························ 45

植物網································· 181

食物連鎖································· 181

人為突然変異 ························ 94

真核細胞································· 1

真核生物································· 9,77

神経系································· 147

人工多能性幹細胞 (iPS 細胞) ········ 24

真正細菌································· 10

真正染色質································· 4

水解小体 (リソソーム) ················ 6

スクロース································· 33

ステロイド································· 58

ストロマ································· 30

スフィンゴミエリン ················· 57

スフィンゴ糖脂質 ················· 58

スフィンゴリン脂質 ················· 57

スプライシング ···················· 87

生活型································· 176

制限酵素································· 95

精細胞································· 104

生産構造································· 129

生産構造図································· 129

精子································· 104

精子完成································· 110

精子形成································· 110

生殖細胞································· 110

生食食物連鎖 ························ 181

性染色体································· 93

生体イメージング ················· 100

生態系································· 168

生態系サービス ···················· 184

成長ホルモン ························ 150

静的抵抗性································· 131

生物圏································· 184

生物多様性································· 182

生物濃縮································· 210

セカンドメッセンジャー ············· 123

絶滅危惧種································· 208

セラミド································· 57

セレブロシド································· 58

遷移································· 178

染色質………………………………… 3
染色体………………………………… 69
染色体地図…………………………… 93
全身獲得抵抗性……………… 131,133
セントロメア………………………71
全能性………………………………… 119
選抜…………………………………… 208
選抜反応……………………………… 205
相加的遺伝子効果…………………… 206
総生産………………………………… 178
相対成長率…………………………… 130
層別刈り取り法……………………… 129
相補的DNA（cDNA）……………… 95
相利共生……………………………… 173
疎水結合……………………………41
ソマトスタチン150,151
粗面小胞体…………………………… 5

た行
体細胞クローン……………………… 118
代謝回転……………………………… 156
胎膜…………………………………… 117
対立遺伝子…………………………… 89
多精子受精…………………………… 115
脱窒…………………………………… 183
多糖…………………………………… 46
ターミネーター……………………… 80
多量元素……………………………… 128
TALEN……………………………… 96
胆汁酸………………………………… 58
単糖…………………………………… 46
地球温暖化…………………………… 187
致死遺伝子…………………………… 90
窒素固定……………………………… 128
窒素固定菌…………………………… 128
窒素同化……………………………… 127
チミン………………………………51
チャネルタンパク質………………13
中間径フィラメント………………… 7
中心体………………………………… 7
中立…………………………………… 173

チラコイド…………………………… 30
Tiプラスミド……………………… 97
TATAボックス……………………… 86
DNA………………………………… 70
DNA複製…………………………… 75
DNA複製開始点……………………71
DNA複製フォーク………………… 75
DNAポリメラーゼ………………… 75
DNAマーカー……………………… 210
DNAリガーゼ……………………… 95
T細胞………………………………… 158
TCA回路……………………………… 26
底生環境……………………………… 176
T-DNA……………………………… 97
デオキシリボ核酸…………………… 50
適応免疫……………………………… 158
denovo合成………………………… 63
テロメア……………………………… 72
テロメラーゼ………………………… 79
転移RNA…………………………… 53
電気化学的プロトン勾配…………… 26
電気的勾配…………………………… 28
電子伝達……………………………31
電子伝達系…………………………… 26
転写…………………………………… 79
転写因子……………………………… 86
糖衣…………………………………… 2
同型接合……………………………… 200
冬期湛水水田………………………… 193
糖質…………………………………… 46
糖新生………………………………… 153
同祖接合……………………………… 200
糖タンパク質……………………… 49,50
動的抵抗性…………………………… 131
糖転移酵素…………………………… 62
糖ヌクレオチド……………………… 62
特定外来生物………………………… 214
独立栄養……………………………… 124
独立栄養生物………………………… 30
独立の法則………………………… 89,90
ドコサヘキサエン酸………………… 66

突然変異‥‥‥‥‥‥‥‥‥‥‥‥‥‥‥ 93,94
トップダウン‥‥‥‥‥‥‥‥‥‥‥‥ 181
トランスアミナーゼ‥‥‥‥‥‥‥‥ 60
トランスジェニック植物‥‥‥‥‥ 97
トランスジェニック動物‥‥‥‥‥ 99
トリアシルグリセロール‥‥‥‥ 57,67

な行

内的自然増加率‥‥‥‥‥‥‥‥‥ 169
内分泌‥‥‥‥‥‥‥‥‥‥‥‥‥‥‥ 149
ナトリウム-カリウムポンプ‥‥‥16
ナトリウム説‥‥‥‥‥‥‥‥‥‥ 148
二次構造‥‥‥‥‥‥‥‥‥‥‥‥‥‥ 40
ニッチ‥‥‥‥‥‥‥‥‥‥‥‥‥‥ 173
ニトロゲナーゼ‥‥‥‥‥‥‥‥‥ 128
ニューロン‥‥‥‥‥‥‥‥‥‥‥ 147
ヌクレオソーム‥‥‥‥‥‥‥‥‥ 72
ヌクレオチド‥‥‥‥‥‥‥‥‥‥‥ 62
ネクトン‥‥‥‥‥‥‥‥‥‥‥‥‥ 177
ノックアウトマウス‥‥‥‥‥‥‥ 100
のみこみ現象‥‥‥‥‥‥‥‥‥‥‥ 6

は行

バイオテクノロジー‥‥‥‥‥‥‥ 95
バイオーム‥‥‥‥‥‥‥‥‥‥‥ 176
倍数性‥‥‥‥‥‥‥‥‥‥‥‥‥‥‥ 94
胚性幹細胞（ES細胞）‥‥‥‥‥‥ 24
胚性ゲノム活性化‥‥‥‥‥‥‥ 117
配糖体‥‥‥‥‥‥‥‥‥‥‥‥‥‥‥ 49
バイナリーベクター‥‥‥‥‥‥‥ 97
胚のう‥‥‥‥‥‥‥‥‥‥‥‥‥‥ 106
胚発生‥‥‥‥‥‥‥‥‥‥‥‥‥‥ 108
排卵‥‥‥‥‥‥‥‥‥‥‥‥‥‥‥ 114
白色体‥‥‥‥‥‥‥‥‥‥‥‥‥‥‥ 9
バクテリア‥‥‥‥‥‥‥‥‥‥‥‥10
バクテロイド‥‥‥‥‥‥‥‥‥‥ 128
パターン認識レセプター‥‥‥‥‥ 157
ハーディ・ワインベルグの法則‥‥‥‥ 198
パーティクルガン法‥‥‥‥‥‥‥ 98
パピラ‥‥‥‥‥‥‥‥‥‥‥‥‥‥ 132
伴性遺伝‥‥‥‥‥‥‥‥‥‥‥‥‥ 93

反応中心‥‥‥‥‥‥‥‥‥‥‥‥‥ 30
反応特異性‥‥‥‥‥‥‥‥‥‥‥‥ 42
半保存的複製‥‥‥‥‥‥‥‥‥‥‥ 75
P680‥‥‥‥‥‥‥‥‥‥‥‥‥‥‥ 30
P700‥‥‥‥‥‥‥‥‥‥‥‥‥‥‥ 30
PEP‥‥‥‥‥‥‥‥‥‥‥‥‥‥‥ 125
PEPC‥‥‥‥‥‥‥‥‥‥‥‥‥‥ 125
BAC（bacterialartificialchromosome）‥‥‥ 96
PS I ‥‥‥‥‥‥‥‥‥‥‥‥‥‥‥ 30
PS II ‥‥‥‥‥‥‥‥‥‥‥‥‥‥‥ 30
B型DNA‥‥‥‥‥‥‥‥‥‥‥‥‥51
B細胞‥‥‥‥‥‥‥‥‥‥‥‥‥‥ 158
PCR法‥‥‥‥‥‥‥‥‥‥‥‥‥‥ 96
光呼吸‥‥‥‥‥‥‥‥‥‥‥‥‥‥‥ 32
光飽和‥‥‥‥‥‥‥‥‥‥‥‥‥‥ 126
光捕集反応‥‥‥‥‥‥‥‥‥‥‥‥ 30
光補償点‥‥‥‥‥‥‥‥‥‥‥‥‥ 126
被子植物‥‥‥‥‥‥‥‥‥‥‥‥‥ 106
微小管‥‥‥‥‥‥‥‥‥‥‥‥‥‥‥ 7
微小管形成中心‥‥‥‥‥‥‥‥‥‥ 7
ヒストン‥‥‥‥‥‥‥‥‥‥‥‥‥ 72
ヒストンアセチル化‥‥‥‥‥‥‥ 75
ヒストン修飾‥‥‥‥‥‥‥‥‥‥‥ 73
ヒストン脱アセチル化‥‥‥‥‥‥ 75
微生物環‥‥‥‥‥‥‥‥‥‥‥‥‥ 181
必須アミノ酸‥‥‥‥‥‥‥‥‥ 35,59
必須元素‥‥‥‥‥‥‥‥‥‥‥‥‥ 128
ピノサイトーシス‥‥‥‥‥‥‥‥15
漂泳環境‥‥‥‥‥‥‥‥‥‥‥‥‥ 176
病害抵抗性遺伝子‥‥‥‥‥‥‥‥ 133
表現型‥‥‥‥‥‥‥‥‥‥‥‥‥‥‥ 89
表現型分散‥‥‥‥‥‥‥‥‥‥‥ 204
病原体関連分子パターン‥‥‥‥‥ 157
非リソソーム系‥‥‥‥‥‥‥‥‥ 157
微量元素‥‥‥‥‥‥‥‥‥‥‥‥‥ 128
肥料の三大要素‥‥‥‥‥‥‥‥‥ 128
ファイトアレキシン‥‥‥‥‥‥‥ 132
ファゴサイトーシス‥‥‥‥‥‥‥15
フィコビリン‥‥‥‥‥‥‥‥‥‥‥31
フィトクロム‥‥‥‥‥‥‥‥‥‥ 123
封入体‥‥‥‥‥‥‥‥‥‥‥‥‥‥‥ 7

富栄養化……………………………… 188
フェレドキシン ……………………… 127
不完全優性…………………………… 90
複合糖質……………………………… 49
複製開始点…………………………… 76
複対立遺伝子………………………… 90
不斉炭素原子………………………… 38
腐食連鎖……………………………… 181
物質生産……………………………… 129
負のフィードバック制御 …………… 119
プラスミドベクター………………… 95
プラスミノゲン活性化因子………… 100
ブラップ法…………………………… 206
プランクトン………………………… 176
プレバイオティクス………………… 49
プロテインキナーゼ………………… 38
プロテインホスファターゼ………… 38
プロトプラスト……………………… 25
プロトンポンプ……………………… 26
H+輸送…………………………………31
プロモーター…………………… 80,99
フロリゲン…………………………… 122
分泌顆粒……………………………… 7
分離の法則…………………………… 89
片害作用……………………………… 173
β構造……………………………………41
β酸化………………………………… 64
ベクター……………………………… 95
ヘパリン……………………………… 50
ペプチドグリカン…………………… 50
ペプチド結合………………………… 35
ペプチド伸長反応…………………… 84
ペルオキシソーム……………… 6,32
遷移状態……………………………… 45
ベントス……………………………… 177
ペントースリン酸回路……………… 151
片利共生……………………………… 173
包膜…………………………………… 30
補酵素A……………………………… 64
補償深度……………………………… 165
捕食…………………………………… 172

捕食寄生……………………………… 172
捕食者仮説…………………………… 176
ポストゲノム………………………… 75
ホスファチジルコリン…………… 57,67
ホスファチジン酸…………………… 67
ホスホグリセリン酸………………… 32
保全耕法……………………………… 192
ボトムアップ………………………… 181
ホスファチジルイノシトール …… 68
ホスファチジルエタノールアミン … 67
ホスファチジルセリン……………… 68
ホメオティック突然変異体………… 121
ポリジーン…………………………… 204
ポリヒドロキシルアルデヒド …… 46
ポリペプチド………………………… 35
ホルモン……………………………… 149
ホルモン受容体……………………… 151
翻訳…………………………………… 79
翻訳開始反応………………………… 84

ま行
マイクロフィラメント ……………… 7
マーカーアシスト選抜……………… 211
膜輸送タンパク質……………………13
マロニル-CoA……………………… 154
ミカエリス定数……………………… 44
ミカエリスメンテンの式 ………… 44
密度依存効果………………………… 170
ミトコンドリア …………………… 4,32
ミトコンドリア外膜 ………………… 4
ミトコンドリア基質………………… 4
ミトコンドリア内膜 ………………… 4
無性生殖……………………………… 103
メジャージーン……………………… 204
メタロチオネイン遺伝子…………… 99
メッセンジャー RNA ……………… 53
免疫学的記憶………………………… 158
メンデル集団………………………… 197
メンデルの法則……………………… 88
モルガン単位………………………… 93

や行

湧昇	180
優性遺伝子	89
有性生殖	103,109
優性の法則	89
雄性配偶子	104
雄性不稔	107
輸送小胞	6
ユーカリア	10
ユビキチン	157
ユビキノン	28
陽性植物	165
葉肉細胞	29
葉緑体	29,61
四次構造	40

ら行

ラギング鎖	76
ラクトース合成酵素	62
ラセミ体	39
卵	104
卵成熟	114
卵胞	112
リソソーム系	156
リゾホスファチジン酸	67
リーディング鎖	75

リノール酸	66
リプレッサー	81
リブロースジリン酸	32
リボ核酸	50
リボソーム	5,83
リボソームRNA	53,83
リポ多糖	50
流動モザイクモデル	1
量的形質	203
量的形質遺伝子座	206
緑藻	29
臨界深度	167
リンゴ酸	125
リンゴ酸・オキサロ酢酸シャトル	29
リンゴ酸シャトル機構	29
リン酸化連鎖（カスケード）反応	19
リン酸トランスロケイター	33
Rubisco	32,62
劣性遺伝子	89
レッドリスト	210
レプリコン	76
連鎖地図	93
六員環	46
六単糖	46
ロジスティック的成長	169

鳥山　欽哉

とりやま　きんや

Toriyama　Kinya

1983年　東北大学農学部卒業
1988年　東北大学大学院農学研究科博士課程修了，農学博士
1988年　同　大学農学部助手
1991年　岩手大学農学部助教授
1993年　東北大学農学部助教授
1999年　同　大学大学院農学研究科助教授
2005年　同　大学大学院農学研究科教授

農学生命科学を学ぶための
入門生物学［改訂版］

Introductory Biology for Agriculture Life Science
〔Revised Edition〕

©K. Toriyama 2020

2020 年 1 月 31 日　　初版 第 1 刷発行
2024 年 7 月 31 日　　初版 第 2 刷発行

編　者／鳥　山　欽　哉
発行者／関　内　　　隆
発行所／東北大学出版会
　　　　〒 980-8577　仙台市青葉区片平 2-1-1
　　　　TEL：022 − 214 − 2777
　　　　FAX：022 − 214 − 2778
　　　　http://www.tups.jp
　　　　E-mail：info@tups.jp
印刷所／カガワ印刷株式会社
　　　　〒 980-0821　仙台市青葉区春日町 1-11
　　　　TEL：022 − 262 − 5551

ISBN978-4-86163-343-0 C3045
定価はカバーに表示してあります。
乱丁，落丁はおとりかえします。